基础物理实验教程

主编　杨能勋　王玉清
编者　石延梅　刘艳峰
　　　朱小敏　刘竹琴

科学出版社
北京

内 容 简 介

本书依据《高等学校理工科类大学物理实验课程教学基本要求》和医药类专业大学物理课程教学基本要求，并结合信息技术和新技术在基础物理实验应用与发展成果编写而成，还吸收了传感器等新技术与医学有关的部分实验内容，既符合基础物理实验自身发展规律和知识体系，又适应理工科、医学类学科专业的要求. 全书分为七部分，重点介绍了基础物理实验基本知识和基本要求，力、热学实验，电磁学实验，光学实验，医用物理实验，设计性实验，书的最后附录包含实验报告写作格式、基本测量数据记录和处理举例、物理常数表和实验数据记录表.

本书可作为高等院校理工科和医学类专业物理实验课教材，也可供实验教师和技术人员作为参考.

图书在版编目（CIP）数据

基础物理实验教程 / 杨能勋，王玉清主编. —北京：科学出版社，2020.8

ISBN 978-7-03-065852-4

Ⅰ. ①基… Ⅱ. ①杨…②王… Ⅲ. ①物理学-实验-高等学校-教材 Ⅳ. ①O4-33

中国版本图书馆 CIP 数据核字（2020）第 149767 号

责任编辑：窦京涛 赵 颖 / 责任校对：杨聪敏
责任印制：赵 博 / 封面设计：蓝正设计

科学出版社 出版
北京东黄城根北街 16 号
邮政编码：100717
http://www.sciencep.com

天津市新科印刷有限公司印刷

科学出版社发行 各地新华书店经销

*

2020 年 8 月第 一 版 开本：720×1000 B5
2025 年 1 月第九次印刷 印张：18 1/2
字数：373 000

定价：49.00 元

（如有印装质量问题，我社负责调换）

前　言

基础物理学实验是高等院校理工科、医学类专业学生开设的一门实践性教学的必修基础课，是大学生进入大学后实际技能训练的开端. 它的任务是通过实验过程培养学生发现、分析和解决问题的能力，为今后从事科学研究打下坚实的基础. 为此，必须让学生系统地掌握物理实验的基本知识、基本方法和基本技能. 同时随着时代的发展，从培养掌握现代科学技术的创新人才的高度出发，必须将新的教学理念、教学方法、教学内容和新的实验技术及科学领域中的新成果在物理实验课中得到反映，使物理实验课教学内容和教学体系的改革融合时代信息，适应时代发展.

本书具有以下特点：

(1) 以“加强基础、重视应用、提高素质、培养能力、开拓视野”为指导思想，以培养学生独立实验能力为核心，以提高学生创新意识和创新能力为目标，对课程教学体系、教学内容进行了新的构思与设计.

(2) 本书对如何书写实验报告作了详细说明和示范，并给出了一个实验报告范例，为学生书写规范实验报告提供了参考.

(3) 本书介绍了物理实验数据处理的方法，能使学生规范数据处理过程和提高数据计算的准确性，也可作为指导教师检查学生数据正误的依据. 部分实验还增加了实验数据处理方法和过程等内容.

(4) 本书吸纳了传感器等新技术以及科技发展成果在物理实验中的应用内容.

全书结构如下：第 1 章，基础物理实验基本知识；第 2 章，基础物理实验课基本要求；第 3 章，力、热学实验；第 4 章，电磁学实验；第 5 章，光学实验；第 6 章，医用物理学实验；第 7 章，设计性实验；附录. 参与本书编写的同志主要是延安大学物理与电子信息学院的杨能勋老师、王玉清老师、石延梅老师、刘艳峰老师、朱小敏老师、刘竹琴老师. 全书由杨能勋老师负责修改和定稿.

在编写过程中，得到了延安大学教务处、物理与电子信息学院领导的大力支持与帮助；征求了许多兄弟院校从事物理实验教学的一线教师的意见和建议，参考并吸收了许多兄弟院校的有关资料和经验；科学出版社的编辑为本书的编写创造了积极的条件并付出了辛劳，在此表示衷心的感谢.

限于编者的学识，错误和不妥之处在所难免，敬请广大读者和同仁指正.

编　者

2020 年 5 月

基础物理实验课学生守则

为了培养学生良好的实验素质和严谨的科学态度，保证实验顺利进行和进一步提高实验教学质量，特制定以下学生守则.

(1) 实验课不得迟到，迟到 15 分钟及以上者不能参加本次实验课，本次实验课成绩为零. 若有事或生病缺课,要有班主任签字的证明或病假条. 事后持有关证明材料与教师联系，安排补做.

(2) 禁止在实验室内喧哗、打闹、抽烟、吃东西、随地吐痰及乱扔垃圾.

(3) 课前必须认真预习，必要时完成预习报告，明确该次实验的目的和测量内容，经教师审核许可后方可进行实验操作.

(4) 进入实验室必须按安排表以小组序号入座.

(5) 实验前仔细清点仪器,如发现缺损及时向教师报告. 实验结束后必须整理好仪器并摆放整齐.

(6) 正确安排、调整、使用仪器，爱护实验室一切仪器设备，不得随意拆卸挪动. 实验中有违章操作或故意损坏仪器者，按相关规定赔偿.

(7) 电学实验接线后，学生必须自查、互查，无误后需经教师检查许可方能通电.

(8) 要认真求实完成每一个实验，要求如实记录实验数据，不得抄袭和捏造数据，如实验数据不真实，将在该次实验报告成绩总分扣除 20 分. 测量数据必须当堂交教师审阅签字，整理好仪器、桌椅后，方可结束实验.

(9) 每次实验要安排值日生，课后按教师要求整理打扫实验室.

(10) 要按时、规范、认真完成实验报告，并于下次实验课前交上次实验报告. 实验报告正文中不能缺少实验数据记录部分内容，并且必须经过设计和整理放在报告中对应位置，不能将原始实验数据记录直接作为实验报告正文. 交报告时应附上有教师签字的原始数据记录.

(11) 每次实验成绩按百分制评定，成绩直接标注在实验报告上. 实验报告成绩评定：预习占 20%，操作占 30%，报告占 50%.

(12) 凡实验考核不合格、无故缺课两次及以上、缺交报告占总份数 1/3 及以上者，课程成绩不合格.

物理与电子信息学院物理系

2019 年 4 月

目　录

第1章　基础物理实验基本知识

1.1　基础物理实验课的目的和任务

物理实验课是一门实践性很强的课程，它和理论课具有同等重要的地位，物理实验的方法、思想、仪器和技术已经被普遍地应用在自然科学各个领域和技术部门. 实验研究有其自己的一套理论、方法和技能. 通过学习本课程使学生了解到科学实验的主要过程与基本方法，为今后的学习和工作奠定基础. 本课程以基本物理量的测量方法，基本物理现象的观察和物理思想研究，常用测量仪器的结构原理和使用方法为主要内容进行教学，对学生的基本实验能力、分析能力、表达能力和综合运用设计能力进行严格的培养. 本课程是对理、工、农、医、军事学等学生进行科学实验基本训练的一门必修基础课，是学生进入大学后接受系统实验方法和实验技术训练的开端. 基础实验能力是科学研究的基本功，只有具备熟练扎实的实验基础知识、方法和技能，才有可能在科学研究中做出成绩. 在培养既懂理论又会动手，能解决实际问题的高级人才的过程中，物理实验课具有独特的、不可替代的作用.

开设物理实验课的目的简单来说有以下四点.

(1) 学习物理实验的基本知识、基本方法和基本技能，锻炼学生操作技能. 包括学习使用各种测量仪器，学习各种物理量的测量方法，观察分析各种实验现象，还要学习测量误差的理论知识，学会正确地记录和处理数据，正确地表达实验结果，对实验结果进行正确地分析评价等，为以后的科学研究工作或其他科学技术工作打下良好的实验基础.

(2) 学习实验的物理思想，培养在实验观察基础上对实验进行分析、综合、判断、推理和提出新思想的认识过程的思维能力.

(3) 逐步培养起严肃认真、实事求是的科学态度和工作作风，养成良好的实验习惯.

(4) 通过实际的观察和测量，加深对物理理论知识的理解和掌握，同时激发学习物理科学的兴趣.

物理实验课程的具体任务有以下几点.

(1) 通过对实验现象的观察、分析和对物理量的测量，学习物理实验知识，加深对物理学原理的理解.

(2) 培养与提高学生的自学能力、实践能力、思维判断能力、书写表达能力和设计创新能力.

(3) 培养与提高学生的科学实验素质. 要求学生具有理论联系实际和实事求是的科学作风，严肃认真的科学态度，主动研究的探索精神，遵守纪律、团结协作和爱护公共财物的优良品德.

1.2 物理量的测量与测量误差

1. 测量

进行物理实验，不仅要进行定性的观察，还要进行定量的测量. 测量是指为确定被测量对象的量值而进行的被测物与仪器相比较的实验过程. 记录下来的比较结果(含数值大小和单位)就是测量数据.

根据测量方法可将测量分为直接测量和间接测量. 由仪器直接读出测量结果的叫直接测量，例如，用米尺、游标卡尺测量物体的长度，用物理天平或电子天平称衡物体的质量，用温度计测量温度，用电压表测电压等，都是直接测量. 由直接测量结果经公式计算才能得出待测结果的叫间接测量，例如，测量圆柱的直径 d 和高度 h，再由公式 $V=\frac{1}{4}\pi d^2 h$ 求出圆柱体的体积就是间接测量.

根据测量条件来分，有重复性测量(等精度测量)和复现性测量(非等精度测量). 重复性测量是指在同一条件下进行的多次测量，例如，同一个人，用同一台仪器，每次周围环境条件相同时的测量. 反之，若每次测量时的条件不同，或测量仪器改变，或测量方法、条件改变，这样所进行的一系列测量叫复现性测量.

此外，根据测量次数，还可分为多次测量与单次测量.

测量仪器是指用以直接和间接测出被测对象量值的所有器具，如游标卡尺、螺旋测微器、天平、停表、电压表、电流表、温度计等.

2. 误差

1) 误差的定义

在任何测量过程中，由于测量仪器、实验条件及其他原因，测量是不能十分准确的，测量结果与客观存在的真值之间总有一定差异，测量值 x 与真值 x_0 之差定义为误差，即

$$\Delta x = x - x_0 \tag{1.2-1}$$

显然误差 Δx 有正负大小之分，因为它是测量值与真值的差值. 有时将 Δx 称为绝对误差，而将 $\Delta x / x_0$ 称为相对误差. 但要注意，绝对误差不是误差的绝对值. 由于真值一般是得不到的，因此误差也无法计算. 实际测量中是用多次测量的算

术平均值 $\overline{x}$ 来代替真值，测量值与算术平均值之差称为偏差，又称残差，即

$$\Delta x = x - \overline{x} \tag{1.2-2}$$

相对误差(常用百分数)表示为

$$E = \frac{\Delta x}{\overline{x}} \times 100\% \tag{1.2-3}$$

误差存在于测量之中，测量与误差形影不离，随着科技水平的不断提高，测量误差可以被控制得越来越小，但永远不会是零. 分析测量过程中产生的误差，将影响降低到最低程度，并对测量结果中未能消除的误差做出估计，是实验中的一项重要工作，也是实验的基本技能.

实验总是根据对测量结果误差限度的要求来制定方案和选用仪器的，不要以为仪器精度越高越好，因为测量的误差是各个因素所引起的误差的总和，要以最小的代价来取得最好的结果. 要合理地设计实验方案，选择仪器，确定适当的测量方法. 间接测量时依据实验条件对测量公式进行修正，可以减少某些误差因素的影响；在调节仪器时(如调铅直、水平)，要考虑到什么程度才能使它的偏离对实验结果造成的影响可以忽略不计；电表接入电路的方法和选择量程都要考虑到引起的误差大小. 在测量过程中，某些对结果影响大的关键量，要想办法将它测准，有的物理量测不太准对结果没有什么影响，就不必花费太多的时间和精力去对待. 处理数据时，某个数据取到多少位，怎样使用近似公式，作图时坐标比例、尺寸大小怎样选取，如何求直线的斜率等，都要考虑引入误差的大小.

2) 误差的分类

根据误差的性质和产生的原因，可分为系统误差和随机误差.

(1) 系统误差. 是指在一定条件下多次测量结果总是向一个方向偏离，其数值一定或按一定规律变化，系统误差的特征是它的规律的确定性. 系统误差的来源有以下几方面.

① 仪器误差. 由于仪器本身的缺陷或没有按规定条件使用仪器而造成的误差. 例如，用停表测运动物体通过某段路程所需的时间，若停表走时太快，即使测量多次，测量的时间 t 总是偏大，是仪器不准确造成的.

② 理论误差. 由测量所依据的理论公式本身的近似性，或实验条件不能达到理论公式所规定的要求所带来的误差. 例如，依据公式 $S = gt^2/2$ 用落球法测量重力加速度，由于空气阻力的影响，多次测量的结果总是偏小.

③ 观测误差. 由观测者本人生理或心理特点造成的. 例如，上述的停表计时测量，若手的反应滞后或超前于眼的观察，则会带来测量误差.

在任何一项实验工作和具体测量中，若已能确定系统误差的大小或影响因素，则这种误差称为已定系统误差，此时应对测量结果进行修正(如修正仪器的零差)，或者想办法最大限度地消除或减少可能存在的系统误差.

还有一类系统误差，例如，用某一级别的电表进行电学测量，在用精度更高的仪器对电表进行校准之前，只知道测量误差可能存在于某个大致范围，而不知道它的具体数值，这种误差称为未定系统误差.

(2) 随机误差. 实验中即使采取了措施，对系统误差进行修正或消除，并且进行了精心观测，然而每次测量值仍会有差异，其误差值的大小和符号的正负起伏不定，无确定性，这种误差是由于感官灵敏度和仪器精密度所限，周围环境的干扰以及随着测量而来的其他不可预测的随机因素的影响造成的，因而把它叫做随机误差. 当测量次数很多时，随机误差就显示出明显的规律性. 实践和理论都证明，随机误差服从一定的统计规律.

(3) 过失误差. 由于测量者过失(如实验方法不合理，用错仪器，操作不当，读错刻度，记错数据等)引起的误差是一种人为的过失误差，只要测量者采取严肃认真的态度，过失误差是可以避免的.

1.3 不确定度与测量结果的评定

1.2 节介绍了误差的定义为测量值与真值的差值，由于真值往往是未知的，因而误差也是未知的，但是我们可以根据测量数据和测量条件按一定的理论方法对测量可能的误差范围进行计算. 测量的可能误差范围表明了测量结果的可疑程度，称为不确定度. 不确定度是近真值的可能误差的量度，不确定度越小，测量结果越准确，因而不确定度是测量质量的重要表征.

1993 年，国际标准化组织等 7 个国际组织联合发布了《测量不确定度表示指南》，我国也制定了《测量不确定度评定与表示》的国家技术规范(JJF1059-1999)，为评定不确定度提供了理论依据和计算规范.

1. 直接测量的不确定度计算

计算不确定度时，将各种来源的不确定度分为两类，即用统计方法计算的 A 类标准不确定度和用非统计方法计算的 B 类标准不确定度.

1) A 类标准不确定度

在同一条件、无限多次测量的情况下，被测物测量值随机变化，导致每次测量值 x_i 不一定相同，对于某一次测量而言，其结果具有随机性，对于大量的测量值，可发现它们服从统计规律，并可用概率密度函数 $P(x)$来描述这种规律.

正态分布是一种很重要的概率分布，理论及实践均表明，大多数随机事件可以认为近似服从正态分布，其概率密度函数 $P(x)$可表示为

$$P(x)=\frac{1}{\sigma\sqrt{2\pi}}\mathrm{e}^{-\frac{(x-\mu)^2}{2\sigma^2}} \tag{1.3-1}$$

其中，μ 在概率论中称为数学期望，若不考虑系统误差，其物理意义即相当于测量的真值；σ 是决定 x 的离散程度的参数，称为标准差；σ^2 称为方差.

$P(x)$的图形如图 1.3-1 所示，$P(x)$在某一点的值，即随机变量 x 落在该点的概率.

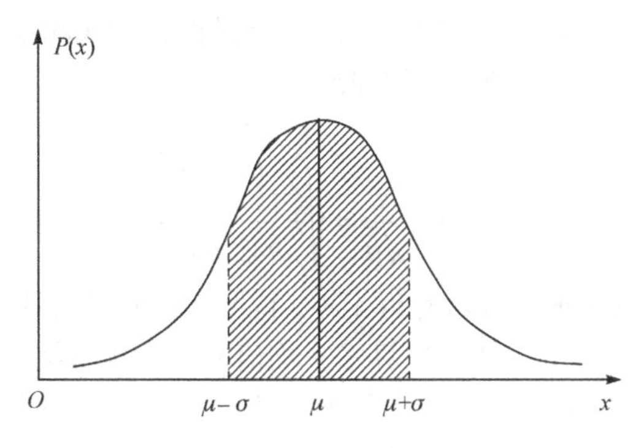

图 1.3-1　正态分布曲线

正态分布具有如下特征.

(1) 函数 $P(x)$具有单峰性，x 值离 μ 越远，出现的概率越小.

(2) 函数 $P(x)$具有归一性，即在区间$(-\infty, +\infty)$对 $P(x)$积分的值等于 1. σ 值越大，曲线越扁平. 无论 σ 的值是多少，在区间$(\mu-\sigma,\ \mu+\sigma)$对 $P(x)$积分的值等于 0.683，即 x 值出现在该区间的概率(或称该区间的置信概率)为 68.3%.

(3) 函数 $P(x)$具有对称性及抵偿性，即以 μ 为对称轴，x 值为 $\mu\pm\sigma$ 的概率相等，而 $\mu+\sigma$ 与 $\mu-\sigma$ 的算术平均值为 μ，由此可知，测量值的算术平均值是测量值的最佳近似值，当测量次数趋近于无穷时，算术平均值即等于真值.

设对 x 进行了 n 次独立重复观测，则以其算术平均值作为 x 的测量值.

$$\overline{x}=\frac{1}{n}\sum_{i=1}^{n}x_i \tag{1.3-2}$$

理论计算得到，当测量次数 $n\to\infty$ 时，标准差 σ_x 为

$$\sigma_x=\sqrt{\frac{\sum_{i=1}^{n}(x_i-\mu)^2}{n}}\quad (n\to\infty)$$

而实际的测量次数是有限的，且真值 μ 未知，所以 σ_x 也无法计算. 理论研究表明，在有限的 n 次测量中，可用实验标准差 s_x 来表征测量结果的分散性

$$s_x=\sqrt{\frac{\sum_{i=1}^{n}(x_i-\overline{x})^2}{n-1}} \tag{1.3-3}$$

式(1.3-3)称为贝塞尔公式. $(x_i-\overline{x})$ 为每次测量值与平均值之差，称为残差或偏差. 当测量次数趋近于无穷时，s_x 即等于 σ_x.

根据统计理论，若某物理量的观测值已消除了系统误差，只存在随机误差，则观测值分布在其真值附近. 当取若干组观测值时，它们各自的平均值也散布在真值附近，但比单个观测值更接近真值. 也就是说，多次测量的平均值比单次测量更准确，定义 $s(\overline{x})$ 为平均值的标准偏差

$$s(\overline{x})=\frac{s}{\sqrt{n}}=\sqrt{\frac{\sum_{i=1}^{n}(x_i-\overline{x})^2}{n(n-1)}} \tag{1.3-4}$$

当测量次数趋近于无穷时，$s(\overline{x})$ 趋近于零，说明增加测量次数可以减少随机误差.

在多次测量的情况下，我们以算术平均值 $\overline{x}$ 作为测量结果. 以平均值的标准偏差 $s(\overline{x})$ 作为 A 类不确定度 $u_{\mathrm{A}}(x)$，称为 A 类标准不确定度(简称 A 类不确定度，又称标准不确定度的 A 类分量)，即

$$u_{\mathrm{A}}(x)=s(\overline{x}) \tag{1.3-5}$$

测量次数 n 应充分多，才能使 A 类不确定度的评定可靠，一般实验取 6～10 次为宜.

评定 A 类不确定度还有其他方法，但用标准不确定度评定是最基本、最常用的方法，学生物理实验只采用这种方法.

2) B 类标准不确定度

B 类标准不确定度(简称 B 类不确定度，又称标准不确定度的 B 类分量)一般是由系统误差导致的. 在 1.2 节已经指出，对于确知的已定系统误差，应对测量结果进行修正. 而对未定系统误差导致的测量不确定度，虽然对某些因素采用适当的测量方法(复现性测量)，亦可用 A 类方法进行评定，但在多数测量条件下，很多误差因素要用非统计的方法进行评定.

要完整准确地评定 B 类不确定度是一件复杂且需要经验的工作. 概略的说，应对测量方法的理论依据及局限，测量仪器的可能误差范围，前人的相关测量及有关的数据等有充分的了解. 对于学生物理实验，由于某些实验仪器是非标准仪器，某些实验仪器没有在规定条件下使用或没有按规定按期校检，以及学生的经验和对实验的了解所限，要定量评定 B 类不确定度是困难的.

对于一些简单的实验，仪器误差是 B 类不确定度的主要来源，从仪器说明书及仪器准确度等级可以获得极限误差 $\varDelta$ (或容许误差、示值误差)，此类误差一般视为均匀分布，而 $\varDelta/\sqrt{3}$ 为均匀分布的标准差，则 B 类不确定度 $u_{\mathrm{B}}(x)$ 为

$$u_{\mathrm{B}}(x)=\varDelta/\sqrt{3} \tag{1.3-6}$$

严格地讲，由 $\varDelta$ 求 $u_{\mathrm{B}}(x)$ 的变换系数与实际分布有关，这里均按均匀分布近

似处理. 仪器的误差由仪器说明书或仪器上的标签给出.

仪器误差一般给出的是允差或称极限误差,将其转为 B 类不确定度 u_B 时应根据其误差分布除以一个因子 K, K 的值一般在 1～3 之间. 学生实验仪器由于没有按规定按期校验，误差可能大于出厂误差，作为近似，可直接取仪器误差作为 B 类不确定度.

对于较复杂、对实验结果影响因素较多的实验, 由实验室给出 B 类不确定度，不要求学生定量计算，只在结果分析栏中对可能的 B 类误差来源进行定性分析即可.

3) 合成标准不确定度

若已分别计算出 A、B 两类不确定度，且两类分量互不相关，则合成标准不确定度(简称合成不确定度)为

$$u_C(x)=\sqrt{u_A^2(x)+u_B^2(x)} \tag{1.3-7}$$

学生实验只考虑各分量不相关的简单情况，按上式计算标准不确定度. 由上式可看出，当某一分量比另一分量大 3 倍以上时，小的分量可忽略不计. 若只考虑了不确定度的 A 类或 B 类分量，就将该分量作为结果表达式中的不确定度.

评价不确定度除用标准不确定度 u 外，还常用扩展不确定度 U. 扩展不确定度通常由标准不确定度乘以一个大于 1 的包含因子而得到. 不同的评价方法计算出的不确定度的数值不一样，所表达的结果的置信概率也不一样，本实验室规定学生实验采用标准不确定度.

要完整地评价测量结果，除近真值及不确定度的数值外，还应给出数据分布、测量的有效自由度、结果的置信概率等参量. 要完整地理解上述参量的含义及计算方法，需具备概率论与数理统计的相关知识，这超出了本课程的范围，故在基础物理实验中不作要求.

2. 间接测量的不确定度计算

间接测量的近真值和合成不确定度是由直接测量结果通过函数式计算出来的，设间接测量的函数式为

$$y=f(x_1,x_2,\cdots,x_n) \tag{1.3-8}$$

f 为间接测量的量，它有 n 个直接测量量 x_1，x_2，…，x_n. 设各直接测量量的测量结果分别为

$$x_1=\overline{x}_1\pm u_{x_1},\quad x_2=\overline{x}_2\pm u_{x_2},\quad \cdots,\quad x_n=\overline{x}_n\pm u_{x_n}$$

这里在不引起误解的情况下，为书写方便简明，直接将 $u_C(x)$ 写为 u_x，$u_C(y)$ 写为 u_y，…，学生在做习题或写报告时亦允许简化书写.

(1) 若将各直接测量量的近真值代入函数式中，即得间接测量量的近真值

$$\overline{y}=f(\overline{x}_1,\overline{x}_2,\cdots,\overline{x}_n)$$

(2) 间接测量的合成不确定度

$$u_y=\sqrt{\left(\frac{\partial f}{\partial x_1}u_{x_1}\right)^2+\left(\frac{\partial f}{\partial x_2}u_{x_2}\right)^2+\cdots+\left(\frac{\partial f}{\partial x_n}u_{x_n}\right)^2}=\sqrt{\sum_{i=1}^{n}\left(\frac{\partial f}{\partial x_i}u_{x_i}\right)^2} \quad (1.3\text{-}9)$$

式中，n 为直接测量的个数；x_i 代表第 i 个自变量(直接测量量).

式(1.3-9)称为不确定度传递公式，即将各直接测量量的不确定度 u_{x_i} 乘以函数对各变量(直接测量量)的偏导数，求“方和根”，就得到间接测量结果的不确定度.

当间接测量的函数式为积商、指数等形式时

$$y=f(x_1,x_2,\cdots,x_n)$$

先取对数，再微分求相对不确定度

$$E_y=\frac{u_y}{\overline{y}}=\sqrt{\left(\frac{\partial\ln f}{\partial x_1}u_{x_1}\right)^2+\left(\frac{\partial\ln f}{\partial x_2}u_{x_2}\right)^2+\cdots+\left(\frac{\partial\ln f}{\partial x_n}u_{x_n}\right)^2}=\sqrt{\sum_{i=1}^{n}\left(\frac{\partial\ln f}{\partial x_i}u_{x_i}\right)^2} \quad (1.3\text{-}10)$$

已知 E_y、$\overline{y}$，由式(1.3-10)即可求出合成不确定度

$$u_y=\overline{y}\cdot E_y \quad (1.3\text{-}11)$$

这种求法与直接求 u_y 结果是一致的. 对于幂函数 $y=Ax_1^a\cdot x_2^b\cdot\cdots\cdot x_n^k$，由于

$$\frac{\partial y}{\partial x_1}=y\frac{a}{x_1},\quad \frac{\partial y}{\partial x_2}=y\frac{b}{x_2},\quad\cdots,\quad \frac{\partial y}{\partial x_n}=y\frac{k}{x_n}$$

式(1.3-9)和式(1.3-10)可化为比较简单的形式

$$u_y=y\sqrt{\left(a\frac{u_{x_1}}{x_1}\right)^2+\left(b\frac{u_{x_2}}{x_2}\right)^2+\cdots+\left(k\frac{u_{x_n}}{x_n}\right)^2} \quad (1.3\text{-}12)$$

表 1.3-1 列出了常用函数的标准不确定度表达式.

表 1.3-1　常用函数的标准不确定度表达式

函数表达式	标准不确定度的表达式
$w=x\pm y$	$u_w=\sqrt{u_x^2+u_y^2}$
$w=x\cdot y,\quad w=\dfrac{x}{y}$	$\dfrac{u_w}{w}=\sqrt{\left(\dfrac{u_x}{x}\right)^2+\left(\dfrac{u_y}{y}\right)^2}$

续表

函数表达式	标准不确定度的表达式
$w=kx$	$u_w=ku_x$，$\dfrac{u_w}{w}=\dfrac{u_x}{x}$
$w=\sqrt[k]{x}$	$\dfrac{u_w}{w}=\dfrac{1}{k}\dfrac{u_x}{x}$
$w=x^k$	$\dfrac{u_w}{w}=k\dfrac{u_x}{x}$
$w=\dfrac{x^k\cdot y^m}{z^n}$	$\dfrac{u_w}{w}=\sqrt{k^2\left(\dfrac{u_x}{x}\right)^2+m^2\left(\dfrac{u_y}{y}\right)^2+n^2\left(\dfrac{u_z}{z}\right)^2}$
$w=\sin x$	$u_w=\lvert\cos x\rvert u_x$
$w=\cos x$	$u_w=\sec^2 x\cdot u_x$
$w=\ln x$	$u_w=\dfrac{u_x}{x}$

表 1.3-1 中，常用函数的标准不确定度表达式是以相对不确定度的形式给出的，即对这些函数，先求 E_w，再计算不确定度. 计算过程和最终表达式都要比求微分简便得多.

3. 测量结果的表达

数据处理的结果要求表示成标准形式，测量结果一般表示为

$$y=\overline{y}\pm u_y\quad(\text{单位})\tag{1.3-13}$$

或用相对不确定度表示

$$E_y=\frac{u_y}{\overline{y}}\times 100\%\tag{1.3-14}$$

国家标准规定，相对不确定度最多保留两位有效数字(本实验室规定保留两位有效数字).

评价测量结果，有时还将测量结果的近真值 $\overline{y}$ 与已知的准确度较高的约定真值 y 进行比较，得到结果的百分误差，百分误差较小者，测量准确度较高，定义为

$$B=\frac{\lvert\overline{y}-y\rvert}{y}\times 100\%\tag{1.3-15}$$

其计算结果同样取两位有效数字. 约定真值的来源，可以是有关的标准、手册、精度较高的仪器的测量结果、较准确的理论计算值等.

测量后，一定要计算不确定度，如果实验时间较少，不便于比较全面计算不

确定度时，对于随机误差为主的测量情况，可以只计算A类不确定度作为总的不确定度，略去B类不确定度；对于系统误差为主的测量情况，可以只计算B类不确定度作为总的不确定度.

计算B类不确定度时，如果查不到该类仪器的容许误差，可取Δ等于仪器最小分度值或某一估计值，但要注明.

在表达测量结果时，以下几点必须予以注意.

(1) 表达式中近真值、不确定度、单位三者缺一不可.

(2) 在结果表达式中，按国家技术规范，u_y最多取两位有效数字，即两位或一位皆可. 在学生实验中，由于测量次数有限及其他因素，结果的准确性有限，故可以只取一位有效数字，多余的位数按数字修约的原则进行修约.

(3) 近真值的最后一位与不确定度的最后一位必须对齐. 例如，计算某物体体积的数值结果为$V=242.63\,\text{cm}^3$，$u_V=0.51\,\text{cm}^3$. 不确定度保留一位，最后结果应写为$V=(242.6\pm0.5)\,\text{cm}^3$，多余位数按数字修约原则修约. 若不确定度保留了两位，则最后结果应写为$V=(242.63\pm0.51)\,\text{cm}^3$. 其余写法是错误的.

测量不确定度计算举例如下.

例1 经测量，金属圆管的内径$D_1=(2.880\pm0.004)\,\text{cm}$，外径$D_2=(3.600\pm0.004)\,\text{cm}$，厚度$h=(2.575\pm0.004)\,\text{cm}$，求金属圆管体积$V$的测量结果.

圆管体积公式

$$V=\frac{\pi}{4}h(D_2^2-D_1^2) \tag{1.3-16}$$

V的近真值

$$V=\frac{3.1416}{4}\times2.575\times(3.600^2-2.880^2)=9.436\,(\text{cm}^3)$$

表1.3-1中没有V的函数表达式，需由传递公式求得不确定度，作为示例，下面分别用两种方法求不确定度.

(1) 直接求不确定度u_V.

先求V对各变量的偏导数，对某一变量求偏导数时，把其他变量看成常数.

$$\frac{\partial V}{\partial h}=\frac{\pi}{4}(D_2^2-D_1^2),\quad \frac{\partial V}{\partial D_1}=-\frac{\pi hD_1}{2},\quad \frac{\partial V}{\partial D_2}=\frac{\pi hD_2}{2}$$

$$u_V=\sqrt{\left[\frac{\pi}{4}(D_2^2-D_1^2)u_h\right]^2+\left(\frac{\pi hD_1}{2}u_{D_1}\right)^2+\left(\frac{\pi hD_2}{2}u_{D_2}\right)^2} \tag{1.3-17}$$

$$=\frac{\pi}{4}\times0.004\times\sqrt{(3.600^2-2.880^2)^2+(2\times2.575\times2.880)^2+(2\times2.575\times3.600)^2}$$

$$=0.08\,(\text{cm}^3)$$

(2) 先求相对不确定度 E_V，再求不确定度 u_V.

$$\ln V = \ln\frac{\pi}{4} + \ln h + \ln(D_2^2 - D_1^2)$$

$$\frac{\partial \ln V}{\partial h} = \frac{1}{h},\quad \frac{\partial \ln V}{\partial D_1} = \frac{-2D_1}{D_2^2 - D_1^2},\quad \frac{\partial \ln V}{\partial D_2} = \frac{2D_2}{D_2^2 - D_1^2}$$

$$E_V = \sqrt{\left(\frac{1}{h}u_h\right)^2 + \left(\frac{-2D_1}{D_2^2 - D_1^2}u_{D_1}\right)^2 + \left(\frac{-2D_2}{D_2^2 - D_2^2}u_{D_2}\right)^2} \qquad (1.3\text{-}18)$$

$$= 0.004\sqrt{\left(\frac{1}{2.575}\right)^2 + \left(\frac{2\times 2.880}{3.600^2 - 2.880^2}\right)^2 + \left(\frac{2\times 3.600}{3.600^2 - 2.880^2}\right)^2}$$

$$= 0.81\%$$

$$u_V = V\cdot E_V = 9.436\times 0.0081 = 0.08\,(\text{cm}^3)$$

由以上计算可见，把 E_V 的表达式(1.3-18)乘以 V 的表达式(1.3-16)，即可得 u_V 的表达式(1.3-17)，表明用(1)或(2)的方法求 u_V，结果是一致的，这一结论对任何形式的函数皆适用.

因此，V 的测量结果为

$$V = (9.44 \pm 0.08)\ \text{cm}^3$$

在写测量结果时，V 的近真值最后一位应与不确定度所在位对齐，故将 $V = 9.436$ 修约为 9.44，若将结果写为 $V = (9.436 \pm 0.08)\ \text{cm}^3$ 是错误的.

例 2　用螺旋测微器($\varDelta = 0.004\ \text{mm}$)对一钢丝直径 d 进行 6 次测量，测量值见表 1.3-2. 螺旋测微器的零点读数为 $-0.008\ \text{mm}$，要求进行数据处理并写出测量结果.

表 1.3-2　钢丝直径测量数据及处理表

i	1	2	3	4	5	6
d/mm	2.125	2.131	2.121	2.127	2.124	2.126
$\overline{d}_{(0)}$/mm	2.1257					
Δd_i/mm	−0.0007	0.0053	−0.0047	0.0013	−0.0017	0.0003

消除系统误差后的平均值

$$\overline{d} = \overline{d}_{(0)} - d_0 = 2.1337\ \text{mm}$$

(1) A 类不确定度.

平均值的标准偏差

$$s(\overline{d}) = \sqrt{\frac{\sum_{i=1}^{6}(\Delta d_i)^2}{6(6-1)}} = 0.0014\ \text{mm}$$

$$u_A(d)=s(\overline{d})=0.0014\ \text{mm}$$

(2) B 类不确定度.

$$\Delta=0.004\ \text{mm}$$

$$u_B(d)=\Delta/\sqrt{3}=0.004/\sqrt{3}=0.0023\ (\text{mm})$$

合成不确定度

$$u_C(d)=\sqrt{u_A^2(d)+u_B^2(d)}=\sqrt{0.0014^2+0.0023^2}=0.0027\ (\text{mm})\approx 0.003\ (\text{mm})$$

相对不确定度

$$E_d=\frac{u_C(d)}{\overline{d}}=\frac{0.0027}{2.1337}=0.13\%$$

测量结果

$$d=(2.134\pm 0.003)\ \text{mm},\quad E_d=0.13\%$$

4. 复现性测量

在改变测量条件的情况下，同一被测量的测量结果之间的一致性称为测量结果的复现性.

学生物理实验中经常用到的复现性测量，是在间接测量中改变测量条件，以求用统计的方法计算某些未定系统误差导致的不确定度.

例如，用伏安法测电阻 $R=U/I$，我们可以固定 U 的值不变(不主动调整，仍存在随机波动)，测出几组 U、I 的数值，分别求出 $U=\overline{U}\pm u_U$，$I=\overline{I}\pm u_I$，再按上文的方法计算 R 的近真值及 u_R. 在这种测量中，由于电压表读数 U 及电流表读数 I 基本不变，在该区段内表的显示值可能小于真值，也可能大于真值，即构成未定系统误差，由于我们不知道这种误差的大小及方向，所以无法对测量结果进行修正. 若我们在测量过程中主动改变 U、I 的数值，在某些区段内 U、I 的显示值可能大于真值，在另一些区段内 U、I 的值又可能小于真值，若测量次数足够多，就可能使仪器误差相互抵消，得到更接近真值的结果.

在这种测量中，我们不能再对 U、I 求平均值，因为它们本身就被改变，求其平均值无物理意义，但 R 是同一个不变的物理量，我们可求出各次测量值对应的计算结果 R_i，再求 R 的近真值及 A 类不确定度，写出测量结果，一般不要求定量计算 B 类不确定度.

例 3　用伏安法测电阻，得出如表 1.3-3 所示的实验数据，求测量结果.

表 1.3-3　伏安法测电阻的实验数据

次数	1	2	3	4
U/V	1.50	2.00	2.50	3.00
I/A	0.156	0.198	0.244	0.311

计算 R 值

$$R_1=\frac{U_1}{I_1}=\frac{1.50}{0.156}=9.62\,(\Omega),\quad R_2=\frac{U_2}{I_2}=\frac{2.00}{0.198}=10.10\,(\Omega)$$

$$R_3=\frac{U_3}{I_3}=\frac{2.50}{0.244}=10.25\,(\Omega),\quad R_4=\frac{U_4}{I_4}=\frac{3.00}{0.311}=9.65\,(\Omega)$$

近真值

$$\overline{R}=\frac{1}{4}\times(9.62+10.10+10.25+9.65)=9.91\,(\Omega)$$

A 类不确定度

$$S_R=\sqrt{\frac{(9.62-9.91)^2+(10.10-9.91)^2+(10.25-9.91)^2+(9.65-9.91)^2}{4\times 3}}=0.16\,(\Omega)$$

测量结果

$$R=(9.91\pm 0.16)\,\Omega$$

5. 单次测量

有些测量比较简单，随机误差因素影响很小. 例如，用天平测量物体质量，单次测量与多次测量结果几乎一致，测量误差主要是仪器的误差，在这种情况下，我们就只需进行单次测量，以仪器误差作为测量的不确定度(即 B 类不确定度).

有时对测量结果准确度要求不高，或在间接测量的最终结果中，该分量影响较小，也可只进行单次测量，此时对影响测量结果的随机误差，若已知其分布及 s，即以 s 作为其 A 类不确定度；若随机误差的分布不知，就只能近似估计.

单次测量的仪器误差 Δ，一般可用仪器的最小分度或最小分度估读到 1/5 或 1/2 的数值作为单次测量的绝对误差.

学生实验在随机误差不能忽略的情况下，都应进行多次测量.

例 4　用米尺测一铜棒长度，两边读数估读误差各取 0.5 mm，则单次测量长度值误差可取 1 mm.

例 5　用天平称物体质量时，由于空载和负载时天平指针的停点一般是不一致的，因此，两停点之差不超过一个分度时，可取天平感量的 1/2、1/5 或感量值作为单次测量误差.

例 6　用停表测量时间时，其误差主要是由启动和制动停表时手的动作和目测协调的情况决定的，故单次测量时，一般可估计启动、制动时各有 0.1 s 的误差，则总误差为 0.2 s.

例 7　用游标卡尺测量长度时，由于游标卡尺不估读，单次测量时就取其最小分度为绝对误差. 单次测量的近真值就是测量值.

1.4 有 效 数 字

前面已经指出，测量不可能得到被测量的真实值，只能是近似值. 记录的实验数据反映了近似值的大小，并且应在某种程度上表明误差. 我们把测量结果中可靠的几位数字加上一位可疑数字(可能有误差的数字)称为有效数字，简单地说就是测量中有意义的数字.

1. 直接测量的有效数字记录

(1) 对于不能估读的仪器，仪器的误差位一般在读数的最后一位，因此能读出的测量数据都应按有效数据记录. 对于能估读的仪器，仪器的误差位一般在估读位，因此应将准确位与估读位一并按有效数字记录. 即使最后一位或几位是“0”，也必须写上. 例如，用米尺测量物长为 25.4 mm，仪器误差为十分之几毫米，改用游标卡尺测量，测得值为 25.40 mm，仪器误差为百分之几毫米，显然 25.4 mm 与 25.40 mm 是不同的，属于不同仪器测量的，误差位不同，不能将它们等同看待.

(2) 凡是仪器上读出的，测量数的最前一位非零数到最后一位均算作有效数字，有效数字中间或末尾的“0”，均应算作有效位数. 例如，2.004 cm，2.200 cm 均是 4 位有效数字，而 0.0563 m 是 3 位有效数字.

(3) 在十进制单位换算中，其测量数据的有效位数不变. 如 5.63 cm 以米或毫米为单位表示为 0.0563 m 或 56.3 mm，仍然是 3 位有效数字. 为避免单位换算中位数很多时写一长串，或计位时错位，常用科学表达式，通常在小数点前保留一位整数，用10^n表示，如 5.63×10^{-2} m，5.63×10^{4} μm 等，这样既简单明了，又便于计算和定位.

(4) 测量结果的有效位数粗略地表明了测量的准确度，测量值的有效位数越多，测量的相对误差越小，测量越准确. 有效位数取决于被测物本身的大小和所使用的仪器精度，对同一个被测物，高精度的仪器测量的有效位数多，低精度的仪器测量的有效位数少. 例如，长度约为 2.5 cm 的物体，若用分度值为 1 mm 的米尺测量，其数据为 2.50 cm，若用螺旋测微器测量(最小分度值为 0.0l mm)，其测量值为 2.5000 cm，显然螺旋测微器的精度较米尺高很多，所以测量结果的位数较米尺的测量结果多两位. 反之，用同一精度的仪器，被测物大的物体测量结果的有效位数多，被测物小的物体测量结果的有效位数少.

2. 有效数字的运算法则

可靠数字与可靠数字进行四则运算，结果仍为可靠数字；可靠数字与可疑数字或可疑数字之间进行四则运算，结果为可疑数字.

对于较为粗略的测量，有效数字中的可疑数字只保留一位，直接测量是如此，间接测量的计算结果也是这样. 根据这一原则，为了简化有效数字的运算，约定下列规则.

(1) 有效数字进行加法或减法运算，其和或差的结果的可疑位置与参与运算的各量中的可疑位置最高者相同.

例 1　$14.6\underline{1} + 2.21\underline{6} + 0.0067\underline{2} = 16.8\underline{3272} = 16.8\underline{3}$

有效数字下面加横线表示为可疑数字.

根据保留一位可疑数字原则，计算结果应为 $16.8\underline{3}$，其可疑位与参与求和运算的三个数中可疑位最高的 14.61 相同.

推论　测量结果是若干个观测量进行加法或减法计算而得时，选用精度相同的仪器作测量最为合理.

(2) 有效数字进行乘法或除法运算，乘积或商的结果的有效位数一般与参与运算的各量中有效位数最少者相同.

例 2　$4.17\underline{8}\times10.\underline{1}=42.\underline{1978}=42.\underline{2}$

只保留一位可疑数字，乘积结果应为 $42.\underline{2}$，即为三位数，与乘数中有效位数最少的 10.1 的位数相同.

推论　测量结果是若干个观测量进行乘除法运算而得时，应按使测量值有效位数相同的原则来选择测量仪器.

(3) 乘方、开方运算的有效位数一般与其底的有效位数相同.

(4) 计算公式中的系数不是测量而得，不存在可疑数字，因此可以视为无穷多位有效数字，书写也不必写出后面的“0”. 例如，$R = D/2$，R 的有效位数仅由直接测量值 D 的有效位数决定. 无理常数 $\pi, \sqrt{2}, \sqrt{3}$ 等在公式中参加运算时，其取的位数应比最终结果多一位.

(5) 有效数字的修约：根据有效数字的运算规则，为使计算简化，在不影响最后结果应保留的位数的前提下，可以在运算前按结果多留一位的原则对数据进行修约，最后计算结果也应该按有效数字的定义进行修约. 其修约原则是“四舍六入五凑偶”，即要舍去的第一位数大于 5 时入，小于 5 时舍，正好等于 5 时则视拟保留的最后一位是奇数时入，偶数时舍.

对于较为重要的测量，为了正确评定测量结果，应计算测量结果的不确定度. 在这种情况下，我们对测量数据进行运算时，可比上述规则先多保留一到两位数字，待计算完不确定度后，根据不确定度所在位确定测量结果的可疑位. 一般情况下，不确定度只取一位或二位有效数字，测量值的有效数字是到不确定度末位为止，即测量值有效数字的末位和不确定度末位对齐. 例如，用单摆测得某地的重力加速度为 $g = (9.812 \pm 0.018)\ \mathrm{m \cdot s^{-2}}$，小数点后的位数相等，即不确定度末位的 2 和测量值末位的 8 对齐.

1.5 常用实验数据处理方法

1. 列表法

列表法是记录数据的基本方法. 欲使实验结果一目了然，避免混乱，避免丢失数据，便于查对，列表法是最好的方法. 将数据中的自变量、因变量的各个数值一一对应排列出来，可以简单明确地表示出有关物理量之间的关系，有助于检查测量结果是否合理，及时发现问题，有助于找出有关量之间的联系，建立经验公式. 设计记录表格及记录数据要求如下.

(1) 利于记录、运算和检查，便于一目了然地看出有关量之间的关系.

(2) 表中各栏要用符号标明，数据代表的物理量和单位要交代清楚，单位写在符号栏.

(3) 表格记录的测量值应正确反映所用仪器的精度.

(4) 计算过程中的一些中间结果和最后结果也可列于表格中.

(5) 记录表格一般还有序号和名称.

(6) 数据记录应真实，严禁抄袭、编造.

(7) 数据记录中发现异常数据，应进行核对，找出原因，重新测量，必要时与教师讨论.

本实验室要求记录实验数据必须用列表法.

注意：原始数据记录表格与实验数据处理表格是有区别的，不能相互代替，原始数据表格中不必包含需进行计算的量. 要动脑筋，设计出合理完整的表格.

2. 作图法

作图是在坐标纸上用图形描述各物理量之间的关系，将实验数据用几何图形表示出来. 作图的优点是直观、形象，便于比较研究实验结果，求某些物理量，建立关系式等. 作图要注意以下几点.

(1) 作图一定要用坐标纸，根据函数关系选用直角坐标纸、单对数坐标纸、双对数坐标纸、极坐标纸等，本书主要采用直角坐标纸.

(2) 坐标纸的大小及坐标轴的比例，应当根据所测得数据的有效数字和结果的需要来确定，原则上数据中的可靠数字在图中应当为可靠的，数据中的欠准位在图中应是估计的. 要适当选取 X 轴和 Y 轴的比例和坐标分度值，使图线充分占有图纸空间，不要缩在一边或一角. 坐标轴分度值比例的选取一般选间隔 1，2，5，10 等，这便于读数或计算. 除特殊需要外，分度值起点一般不必从零开始，X 轴

与 Y 轴可以采用不同的比例.

(3) 标明坐标轴. 一般是自变量为横轴，因变量为纵轴，采用粗实线描出坐标轴，并用箭头表示出方向，注明所示物理量的名称、单位. 坐标轴上标明分度值(注意有效位数).

(4) 描点. 根据测量数据，用符号“+”使其准确地落在图上相应的位置，一张图纸上画几条实验曲线时，每条曲线应用不同的标记(如“×”“○”“Δ”等)，以免混淆.

(5) 连线. 根据不同函数关系对应的实验数据点的分布，把点连成直线或光滑的曲线. 连线必须用直尺或曲线板，如为校准曲线要连成折线. 当连成直线或光滑曲线时，图线并不一定通过所有的点，而是使数据点均匀地分布在图线的两侧，个别偏离很大的点应当舍去，原始数据点应保留在图中.

(6) 写图名. 在图纸下方或空白位置处写上图的名称，一般将纵轴代表的物理量写在前面，横轴代表的物理量写在后面，中间用“-”连接，图中附上适当的图注，如实验条件等.

3. 图解法

作出实验曲线后，可由曲线求经验公式，称为图解法. 在物理实验中经常遇到的曲线是直线、抛物线、双曲线、指数曲线、对数曲线等，而其中以直线最简单.

建立经验公式的一般步骤如下：

(1) 根据解析几何知识判断图线的类型，由图线的类型确定公式的类型，或由相关理论确定公式的类型；

(2) 利用半对数、对数或倒数坐标纸，把原曲线改变为直线；

(3) 确定常数，建立经验公式.

1) 直线方程的建立

如果作出的实验曲线是一条直线，则经验公式为直线方程

$$y = kx + b \tag{1.5-1}$$

截距 b 为 $x=0$ 时的 y 值；若原实验图并未给 $x=0$ 段直线，可将直线用虚线延长交 y 轴，则可测量出截距.

求直线的斜率可用斜率截距法，在直线上选取两点 $P_1(x_1, y_1)$ 和 $P_2(x_2, y_2)$，则斜率

$$k = \frac{y_2 - y_1}{x_2 - x_1} \tag{1.5-2}$$

注意，所取两点不应为原实验数据点，并且取的两点不要相距太近，以减小误差.

由图解法求直线方程较为粗略，要求较高时可采用下文介绍的最小二乘法.

例 1　一金属导体的电阻随温度变化的测量值如表 1.5-1 所示，试求经验公式 $R = f(T)$ 及电阻温度系数 α.

表 1.5-1　金属导体的电阻随温度变化的测量值

温度/℃	19.1	25.0	30.1	36.0	40.0	45.1	50.0
电阻/μΩ	76.30	77.80	79.75	80.80	82.35	83.90	85.10

根据所测数据绘出电阻-温度关系图(图 1.5-1)，并可判断电阻与温度为线性关系.

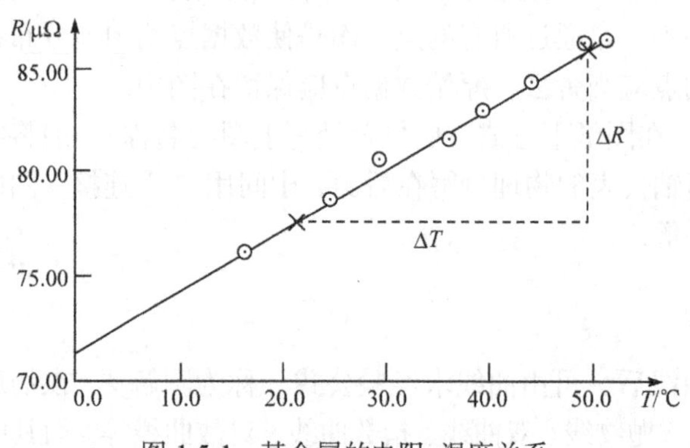

图 1.5-1　某金属的电阻-温度关系

画出直线并将直线延长求得截距

$$b = 72.00\ \mu\Omega$$

由直线上两点求出直线的斜率

$$k = \frac{8.00}{27.00} = 0.296\ (\mu\Omega\cdot℃^{-1})$$

于是得经验公式

$$R = 72.00 + 0.296T$$

电阻温度系数定义为温度改变 1℃时，电阻在 0℃附近的变化率，即 $\alpha = \Delta R/(\Delta T\cdot R_0)$，由于 $\Delta R/\Delta T = k$，$R_0 = b$，所以该金属的电阻温度系数为

$$\alpha = \frac{k}{b} = \frac{0.296}{72.00} = 4.11\times10^{-3}\ (℃^{-1})$$

2) 曲线改直线，曲线方程的建立

由曲线图直接建立经验公式一般是困难的，但是我们可以用坐标变换把曲线图改为直线图，再利用建立直线方程的办法来解决问题.

例 2　在阻尼振动实验中，测得每隔 1/2 周期 $(T = 3.11)$ 振幅 A 的数据如表 1.5-2 所示，求 $A=f(t)$.

表 1.5-2　阻尼振动时间与振幅的数据表

$t/(T/2)$	0	1	2	3	4	5
A/格	60.0	31.0	15.2	8.0	4.2	2.2

由振动理论可知，在存在阻尼的情况下，振动的振幅作指数衰减

$$A = A_0 e^{-\beta t}$$

式中，$A_0 = 60.0$ 为 $t = 0$ 时的振幅；β 为阻尼系数.

将上式取对数得

$$\ln A = -\beta t + \ln A_0$$

用单对数坐标纸作图，单对数坐标纸的一个坐标是刻度不均匀的对数坐标，另一个坐标是刻度均匀的直角坐标，以纵轴 $\ln A$、横轴 t (单位为 $T/2$)作图(图 1.5-2)，得一直线.

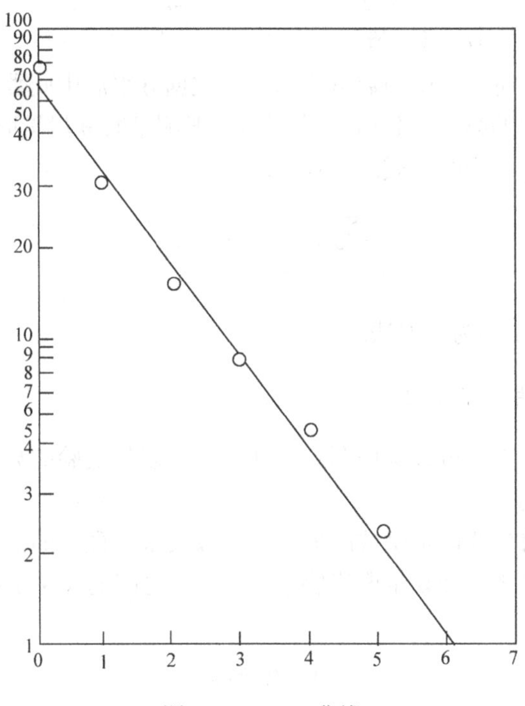

图 1.5-2　$\ln A$-t 曲线

从直线上两点(0, ln60), (6.2T/2, ln1)，可求出其斜率

$$k = \frac{\ln 1 - \ln 60}{(6.2 - 0) \times \dfrac{3.11}{2}} = -0.42$$

$$\beta = -k = 0.42$$

所求方程为

$$A = 60.0\mathrm{e}^{-0.42t}$$

4. 逐差法

逐差法是物理实验中常用的数据处理方法之一. 它是把实验测量数据分成高、低两组实行对应项相减，这种方法在实验中常用来处理 $y = a + bx$ 型的线性方程，以求出常系数 a 、b 值，进而求得 a 、b 中所包含的物理量.

设变量 x、y 间存在 $y = a + bx$ 的直线关系，对 x、y 进行 n 次测量，将 n 组测量分为前后两部分，则

(1) 如果 n 为偶数，

$$\begin{cases} b = \left(\sum\limits_{i=i+n/2}^{n} y_i - \sum\limits_{i=1}^{n/2} y_i \right) \Big/ \left(\sum\limits_{i=i+n/2}^{n} x_i - \sum\limits_{i=1}^{n/2} x_i \right) \\ a = \overline{y} - b\overline{x} \end{cases} \tag{1.5-3}$$

(2) 如果 n 为奇数，中间数可公用，即数据分组后中间数作为前一组的最后一个数据和后一组的第一个数据使用两次(一般测量时 n 尽量取偶数).

对于自变量等间距时，式(1.5-3)可简化为

$$b = \frac{\sum\limits_{i=1}^{n/2} (y_{i+n/2} - y_i) / (n/2)}{x_{1+n/2} - x_1} \tag{1.5-4}$$

式(1.5-3)和式(1.5-4)即为逐差法.

5. 最小二乘法与线性回归

求经验公式，除了可以采用图解法外，还可以从实验的数据求经验方程，称为方程的回归问题.

方程的回归首先要确定函数的形式，一般要根据理论的推断或从实验数据变化的趋势而推测出来，如果推断出物理量 y 和 x 之间的关系是线性关系，则函数的形式可写为

$$y = b_0 + b_1 x$$

如果推断出是指数关系，则可写为

$$y = C_1 \mathrm{e}^{C_2 x} + C_3$$

如果不能清楚地判断出函数的形式，则可用多项式来表示

$$y = b_0 + b_1 x + b_2 x^2 + \cdots + b_n x^n$$

式中，$b_0, b_1, b_2, \cdots, b_n, C_1, C_2, C_3$ 等均为参数. 可以认为，方程的回归问题就是用实

验的数据求出方程的待定参数.

用最小二乘法处理实验数据，可以求出上述待定参数. 设 y 是变量 $x_1,x_2\cdots$ 的函数，有 m 个待定参数 $C_1,C_2,\cdots,C_m$，即

$$y=f(C_1,C_2,\cdots,C_m;\ x_1,x_2,\cdots)$$

现对各个自变量 $x_1,x_2,\cdots$ 和对应的因变量 y 作 n 次观测得

$$x_{1i},x_{2i},\cdots,x_{ni};y_i\quad(i=1,2,\cdots,n)$$

于是 y 的观测值 y_1 与由方程所得计算值 y_{oi} 的偏差为

$$y_i-y_{oi}\quad(i=1,2,\cdots,n)$$

所谓最小二乘法，就是要求上面的 n 个偏差在平方和最小的情况下，使得函数 $y=f(C_1,C_2,\cdots,C_m;x_1,x_2,\cdots)$ 与观测值 $y_1,y_2,\cdots,y_n$ 最佳拟合，也就是参数 $C_1,C_2,\cdots,C_m$ 应使

$$Q=\sum_{i=1}^{n}[y_i-f(C_1,C_2,\cdots,C_m;x_{1i},x_{2i},\cdots)]^2=\text{最小值}$$

由微分学的求极值方法可知，$C_1,C_2,\cdots,C_m$ 应满足下列方程组：

$$\frac{\partial Q}{\partial C_i}=0\quad(i=1,2,\cdots,n)$$

下面从最简单的情况看怎样用最小二乘法确定参数. 设已知函数形式是

$$y=a+bx$$

这是一个一元线性回归方程. 由实验测得自变量 x 与 y 的数据是

$$x=x_1,x_2,\cdots,x_n$$
$$y=y_1,y_2,\cdots,y_n$$

由最小二乘法，a,b 应使

$$Q=\sum_{i=1}^{n}[y_i-(a+bx_i)]^2=\text{最小值}$$

由微分学可知，Q 对 a 和 b 求偏导数应等于零，即

$$\begin{cases}\dfrac{\partial Q}{\partial a}=-2\displaystyle\sum_{i=1}^{n}[y_i-(a+bx_i)]=0\\[2ex]\dfrac{\partial Q}{\partial b}=-2\displaystyle\sum_{i=1}^{n}[y_i-(a+bx_i)]x_i=0\end{cases}$$

由上式可得

$$\begin{cases}\overline{y}-a-b\overline{x}=0\\\overline{xy}-a\overline{x}-b\overline{x^2}=0\end{cases}$$

式中，$\overline{x}$ 表示 x 的平均值，即 $\overline{x}=\frac{1}{n}\sum_{i=1}^{n}x_i$；$\overline{y}$ 表示 y 的平均值，即 $\overline{y}=\frac{1}{n}\sum_{i=1}^{n}y_i$；$\overline{x^2}$ 表示 x^2 的平均值，即 $\overline{x^2}=\frac{1}{n}\sum_{i=1}^{n}x_i^2$；$\overline{xy}$ 表示 $x\cdot y$ 的平均值，即 $\overline{xy}=\frac{1}{n}\sum_{i=1}^{n}x_iy_i$. 解方程得

$$b=\frac{\overline{x\cdot y}-\overline{x}\cdot\overline{y}}{\overline{x^2}-\overline{x}^2} \tag{1.5-5}$$

$$a=\overline{y}-b\overline{x} \tag{1.5-6}$$

在待定参数确定以后，为了判断所得的结果是否合理，还需要计算一下相关系数 r，对于一元线性回归，r 定义为

$$r=\frac{\overline{x\cdot y}-\overline{x}\cdot\overline{y}}{\sqrt{(\overline{x^2}-\overline{x}^2)(\overline{y^2}-\overline{y}^2)}} \tag{1.5-7}$$

可以证明 $|r|$ 的值是在 0 和 1 之间，$|r|$ 越接近于 1，说明实验各数据越接近拟合直线，用线性函数进行回归比较合理；相反，如果 $|r|$ 值远小于 1 而接近于零，说明实验数据对求得的直线很分散，即用线性回归不妥当，必须用其他函数重新试探.

还可以证明 a、b 的标准偏差 s_a、s_b 为

$$\begin{cases} s_b=\sqrt{\dfrac{1-r^2}{n-2}}\cdot\dfrac{b}{r} \\ s_a=\sqrt{\overline{x^2}}\cdot s_b \end{cases} \tag{1.5-8}$$

进行实验数据处理时，最小二乘法的计算应当使用科学电子计算器或用 Excel 表格进行.

例 3　分别利用逐差法和最小二乘法对表 1.5-3 的实验数据进行处理，计算出 a、b 值.

表 1.5-3　实验数据

i	1	2	3	4	5	6	7	8
x_i	5.65	6.08	6.40	6.75	7.12	7.48	7.83	8.18
y_i	16.9	18.2	20.1	21.0	22.3	24.1	25.3	27.0

(1) 使用逐差法.

将数据按 1~4，5~8 分成两组，计算见表 1.5-4.

表 1.5-4　逐差法处理实验数据

	$\sum x_i$	$\sum y_i$	$\sum x_i/8$	$\sum y_i/8$
1～4 5～8	24.88 30.61	76.2 98.7	6.94	21.86

$$b=\left(\sum_{i=5}^{8}y_i-\sum_{i=1}^{4}y_i\right)\Big/\left(\sum_{i=5}^{8}x_i-\sum_{i=1}^{4}x_i\right)=\frac{98.7-76.2}{30.61-24.88}=3.93$$

$$a=\overline{y}-b\overline{x}=21.86-3.93\times 6.94=-5.41$$

(2) 使用最小二乘法(表 1.5-5).

表 1.5-5　最小二乘法处理实验数据

$\overline{x}=\sum x_i/8$	$\overline{x^2}=\sum x_i^2/8$	$\overline{y}=\sum y_i/8$	$\overline{y^2}=\sum y_i^2/8$	$\overline{x\cdot y}=\sum x_i y_i/8$
6.936	48.785	21.862	488.631	154.317

$$b=\frac{\overline{x\cdot y}-\overline{x}\cdot\overline{y}}{\overline{x^2}-\overline{x}^2}=3.96$$

$$a=\overline{y}-b\overline{x}=-5.62$$

$$r=\frac{\overline{x\cdot y}-\overline{x}\cdot\overline{y}}{\sqrt{(\overline{x^2}-\overline{x}^2)(\overline{y^2}-\overline{y}^2)}}=0.9974$$

$$s_b=\sqrt{\frac{1-r^2}{n-2}}\cdot\frac{b}{r}=0.12$$

$$s_a=\sqrt{\overline{x^2}}\cdot s_b=0.84$$

即

$$a=-5.62\pm 0.84\text{，}\quad b=3.96\pm 0.12$$

1.6　电子计算器在物理实验误差理论中的应用

依据误差理论对实验数据进行处理，是一切实验中不可缺少的基本内容，与实验操作是不可分割的两部分. 误差处理贯穿于实验的全过程，包括实验的设计、数据记录、数据处理、误差分析等. 随着科技事业的发展，近年来误差处理的方法也有很大发展. 下面介绍利用电子计算器来处理一些较为烦琐的误差计算，如标准偏差、最小二乘法与线性回归的误差处理.

一、学考 XK-80 型电子计算器的使用说明(数理统计部分)

1. 盘面介绍(图 1.6-1(a))

(a)

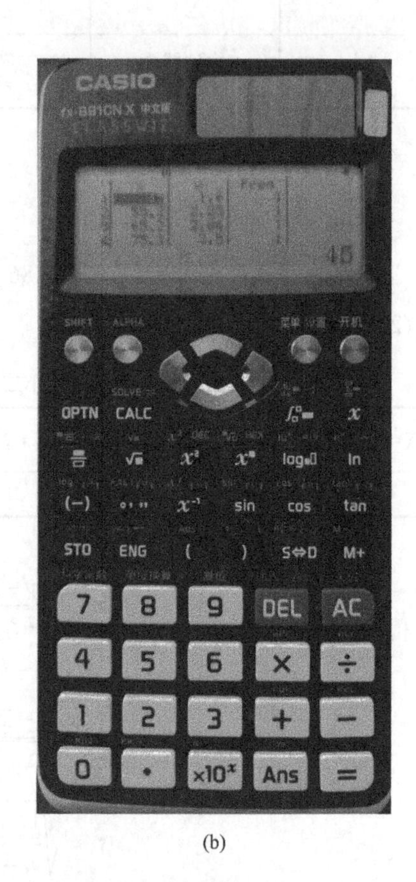

(b)

图 1.6-1　学考 XK-80 型和 CASIO fx-991CNX 电子计算器

(1) 显示屏：双行显示. 普通计算时，上行为计算式，下行为答案.

(2) 运算键(功能键):【OFF】【MODE】【ALPHA】【SHIFT】【hyp】【END】【STO】【RCL】【ANS】【DEL】【$AC^{/ON}$】.

(3) 数字键:【EXP】【Ran#】.

2. 使用前准备

(1) 开机:【$AC^{/ON}$】.

(2) 模式：按一次【MODE】, 显示屏出现

COMP	SD	REG
1	2	3

按【1】键为普通运算；按【2】为统计运算；按【3】为相关、回归运算.

连按两次【MODE】，显示屏出现：

Deg	Rad	Gra
1	2	3

这是角度运算，Deg 为度，Rad 为弧度，Gra 为百分度.

连按三次【MODE】，显示屏出现：

Fix	Sc1	Norm
1	2	3

Fix 为小数数位设定，Sc1 为有效数位设定，Norm 为恢复正常.

(3) 标准偏差值计算(SD 状态).

$\bar{x}$：样本 x 的平均值；

n：样本项目数；

σ_n：样本 x 的总体标准偏差；

σ_{n-1}：样本 x 的标准偏差；

$\sum x$：样本 x 的和；

$\sum x^2$：样本 x 的平方和.

3. 操作步骤

(1) 总清除.

按【SHIFT】【$\mathrm{AC}^{/\mathrm{ON}}$】【=】键，清除统计存储器，显示屏上行将出现 Sc1 字样，表示统计存储器内已无任何数据.

(2) 统计运算.

输入数据：x_1【M+】x_2【M+】… x_n【M+】.

显示结果：(需要用到【SHIFT】键)

$\bar{x}$：按【SHIFT】【1】【=】键；

n：按【RCL】【hyp】键；

σ_n：按【SHIFT】【2】【=】键；

σ_{n-1}：按【SHIFT】【3】【=】键；

$\sum x$：按【RCL】【∘　, , ,】键；

$\sum x^2$：按【RCL】【(−)】键.

(3) 输入数据说明.

(a) 当需要检查输入的数据有无出错时，使用滚动键【◀】【▶】作上下翻动；

(b) 若发现某一数值错了，可用【DEL】删去；
(c) 需删除刚输入的数据时，可按【SHIFT】【M+】键；
(d) 按【SHIFT】【DEL】键，光标变为[]，表示进入插入状态；
(e) 按【M+】【M+】键可输入两次同样的数据；
(f) 输入 10 次 56 时，可按【5】【6】【SHIFT】【,】【1】【0】【M+】键.

4. 回归计算(REG 状态)

(1) 按【MODE】【3】键进入回归(REG)状态.
(2) 从以下回归类型中选择其中之一进行计算.
(a)【1】线性回归；
(b)【2】对数回归；
(c)【3】指数回归；
(d)【▶】【1】乘方回归；
(e)【▶】【2】返回归；
(f)【▶】【3】多项式回归.
(3) 总清除.
按【SHIFT】【AC/ON】【=】键，清除统计存储器，显示屏上行将出现 Sc1 字样，表示统计存储器内已无任何数据.
(4) 统计运算.
输入数据：x_1 ，y_1 【M+】 x_2 ， y_2 【M+】 … x_n ，y_n 【M+】.
显示结果：需要用到【SHIFT】键.
我们需要知道以下值：
回归系数 A，回归系数 B，回归系数 C，相关系数 r，$\sum x^2$，$\sum x$，n，$\sum y^2$，$\sum y$，$\sum xy$，$\sum x^3$，$\sum x^2 y$，$\sum x^4$，$\bar{x}$，$x\sigma_n$，$x\sigma_{n-1}$，$\bar{y}$，$y\sigma_n$，$y\sigma_{n-1}$，$\hat{x}$，$\hat{y}$.
(5) 回归结果可以按照下面表示的键顺序操作调出.
回归系数 A：按【SHIFT】 【7】键.
回归系数 B：按【SHIFT】 【8】键.
回归系数 C：按【SHIFT】 【9】键.
相关系数 r：按【SHIFT】 【(】键.
$\sum x^2$：按【RCL】 【(−)】键.
$\sum x$：按【RCL】 【◦ ,,,】键.
n：按【RCL】 【hyp】键.
$\sum y^2$：按【RCL】 【sin】键.

$\sum y$：按【RCL】【cos】键.

$\sum xy$：按【RCL】【tan】键.

$\sum x^3$：按【RCL】【M+】键.

$\sum x^2 y$：按【RCL】【)】键.

$\sum x^4$：按【RCL】【,】键.

$\overline{x}$：按【SHIFT】【1】键.

$x\sigma_n$：按【SHIFT】【2】键.　$x\sigma_{n-1}$：按【SHIFT】【3】键.

$\overline{y}$：按【SHIFT】【4】键.　$y\sigma_n$：按【SHIFT】【5】键.　$y\sigma_{n-1}$：按【SHIFT】【6】键.

$\hat{x}$：按【SHIFT】【+】键. $\hat{y}$：按【SHIFT】【−】键.

二、CASIO fx-991CNX 型号科学计算器统计计算使用说明

详细使用说明请参阅附带的说明书，这里以实例介绍计算器进行统计计算的使用方法，如图 1.6-1(b)所示.

例 1　单变量统计计算.

用千分尺测量小球直径 D，重复测量 10 次，数据如表 1.6-1 所示，计算其平均值和 A 类不确定度.

表 1.6-1　千分尺测量小球直径数据表

测量次数	1	2	3	4	5	6	7	8	9	10
D/mm	6.247	6.244	6.243	6.245	6.246	6.248	6.245	6.244	6.242	6.246

(1) 开、关电子计算器.

按【开机】按钮接通计算器电源. 按【SHIFT】【AC】关机.

(2) 选择“统计”计算模式.

按【菜单】按钮显示主菜单，如图 1.6-2 所示(计算器屏幕显示：1 计算、2 复数、3 基数、4 矩阵、5 向量、6 统计、7 表格、8 方程/函数、9 不等式、10 比例).

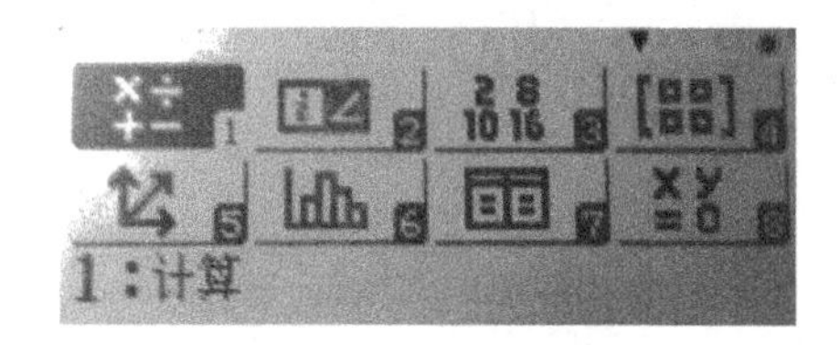

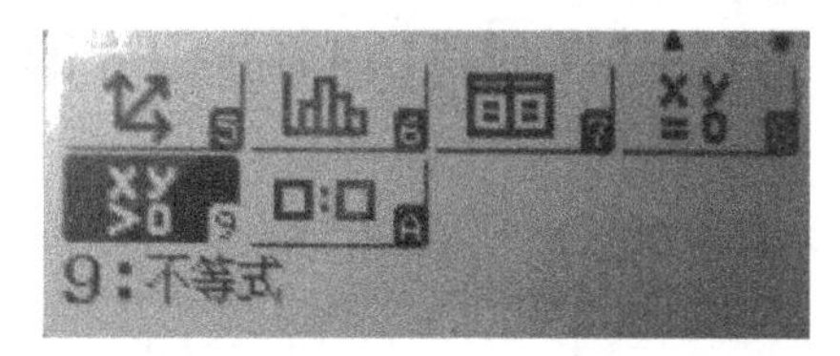

图 1.6-2　电子计算器模式选择界面

(3) 使用光标键选择“统计”或按“6”进入统计模式，选择“1”进入单变量统计.

(4) 依次输入 6.247 =，6.244 =，…，6.242=，6.246 = 等 10 个数据，再用方向键检查数据输入的正确性.

说明：

(a) 更改单元格中数据，在统计编辑器中，将光标移动到含有要更改数据的单元格中，输入新数据，然后按【=】;

(b) 删除一行，按【DEL】删除光标所在的一行；

(c) 插入一行，按【OPTN】【2】(编辑)【1】在光标位置插入一行；

(d) 删除统计编辑器所有内容，按【OPTN】【2】【2】全部删除.

(5) 显示统计计算结果.

按【OPTN】【3】显示单变量计算结果.

$$\overline{x} = 6.245, \quad s_x = 1.826 \times 10^{-3}, \quad n = 10$$

根据 $s(\overline{x}) = s / \sqrt{n}$ 即可计算出平均值的实验标准偏差 $s(\overline{x}) = 5.774 \times 10^{-4}$.

例 2　双变量线性回归计算.

在温差电偶定标实验中，得到如表 1.6-2 所示数据.

表 1.6-2　温差电偶定标实验数据记录表

测量次数	1	2	3	4	5	6
热端温度 t/℃	45.0	55.2	65.2	75.3	85.3	95.3
电动势 E/mV	1.60	2.23	2.86	3.50	4.14	4.78

用线性拟合法计算 a 和 b 的值，写出直线方程，评价相关程度.

(1) 开机，按【菜单】按钮显示主菜单，选择“统计”模式.

(2) 选【2】$y = ax + b$ 进入数据输入界面.

(3) 输入 x 变量数据：45.0 = ；55.2 = ；…；95.3 = .

(4) 用光标方向键将光标移到 y 变量数据输入单元格，用同样办法输入电动势数据.

(5) 按【OPTN】【4】(回归计算)显示回归计算结果.

$y = ax + b$

$a = 0.06328$

$b = -1.25858$

$r = 0.999979$

即直线方程为 $y = 0.06328x - 1.25858$ ，相关系数 $r = 0.999979$.

1.7　Excel 处理物理实验数据方法介绍

在医用物理实验数据处理中,利用科学计算器手工计算和处理既费时又费力，有时还容易出错. 常用的方法是通过计算机编程来进行计算，但要编写一个此类的通用计算程序十分困难. Excel 电子表格是常用的办公软件，可以求解简单的方程、计算算术平均值和算术平均值的标准偏差，还可以进行逐差法、最小二乘法、回归法、直线拟合等数据处理. 下面对其进行简单的介绍.

1. 算术平均值和标准偏差

可以利用 Excel 创建公式进行计算，也可以利用 Excel 中的工作表函数来直接进行计算.

均值函数(AVERAGE)是计算一组数据的算术平均值，其语法结构为 AVERAGE (number1,[number2],…)，number1，number2,…为需要计算平均值的参数(1～30 个)，其计算公式是 $\overline{x}=\dfrac{\sum x}{n}$.

标准偏差函数(STDEV)是计算一组数据的标准偏差，其语法结构为 STDEV (number1,[number2],…)，number1,number2,… 为需要计算标准偏差的参数(1～30 个)，其计算公式是 $s=\sqrt{\dfrac{\sum(x-\overline{x})^2}{n-1}}$ ，再利用公式 $s(\overline{x})=\dfrac{s}{\sqrt{n}}$ 计算出平均值的实验标准偏差 $s(\overline{x})$.

例 1　用一游标卡尺测一圆柱体的高和直径，进行 5 次测量，并计算圆柱体的体积，利用 Excel 进行处理.

解　测量数据及处理见表 1.7-1.

表 1.7-1　测量数据及处理

	A	B	C
1	用游标卡尺测圆柱体的体积		
2	测量次数	高度 H/mm	直径 D/mm
3	1	25.18	8.42
4	2	25.20	8.43
5	3	25.17	8.42
6	4	25.19	8.44
7	5	25.20	8.41

续表

	A	B	C
8	平均	$\bar{H}$	$\bar{D}$
9		25.19	8.42
10	标准偏差	$s(\bar{H})$	$s(\bar{D})$
11		0.006	0.005
12	圆柱体体积	$V=\frac{1}{4}\pi\bar{D}^2\bar{H}$	1403.85
13	体积相对误差	$\sqrt{\left(2\frac{s(\bar{D})}{\bar{D}}\right)^2+\left(\frac{s(\bar{H})}{\bar{H}}\right)^2}$	0.0012

算术平均值的计算：选取 B9 单元格后单击工具栏上插入函数的图标 f_x，并选取常用函数中的 AVERAGE，然后确定计算范围 B3:B7，单击确定后，Excel 自动将高度的平均值显示在 B9 单元格中，也可在 B9 单元格中直接输入“= AVERAGE (B3:B7)”后单击“回车”．对于直径的计算，可以利用 Excel 的自动填充功能来完成.

算术平均值的标准偏差的计算：选定 B11 单元，并输入公式“=STDEV (B3:B7)/ SQRT(COUNT(B3:B7))”或“= SQRT (VAR (B3:B7)/ COUNT(B3:B7))”后单击“回车”，将自动计算出高度的标准偏差. 对于直径的计算，可以利用 Excel 的自动填充功能来完成.

圆柱体体积的计算：选定 C12 单元，并输入公式“=1/4 * PI()*C9^2*B9”后单击“回车”，将自动计算出圆柱体的体积.

圆柱体体积的相对误差的计算：选定 C13 单元，并输入公式“=SQRT((2 * C11/C9)^2+(B11/B9)^2)”后单击“回车”，将自动计算出圆柱体体积的相对误差.

2. 逐差法

设变量 x、y 间存在 $y=a+bx$ 的线性关系，对 x、y 进行 n 次测量，将 n 组测量分为前后两部分，则

(1) 如果 n 为偶数，则 $b=\dfrac{\sum\limits_{i+n/2}^{n}y_i-\sum\limits_{i}^{n/2}y_i}{\sum\limits_{i+n/2}^{n}x_i-\sum\limits_{i}^{n/2}x_i}$，$a=\bar{y}-b\bar{x}$.

(2) 如果 n 为奇数，则中间数可公用(一般测量时 n 尽量取偶数).

例 2　已知变量 x 和 y 满足线性关系，其测量值见表 1.7-2. 利用 Excel 进行逐差法数据处理，求直线的截距和斜率.

表 1.7-2　x 和 y 的测量值

n	1	2	3	4	5	6	7	8	9	10
x	1.11	1.18	1.25	1.33	1.43	1.54	1.67	1.82	2.00	2.22
y	85.2	91.0	99.0	108	117	128	142	157	175	198

解　测量数据及处理如表 1.7-3 所示.

表 1.7-3　测量数据及处理

	A	B	C	D	E	F
1	n	1	2	3	4	5
2	x	1.11	1.18	1.25	1.33	1.43
3	y	85.2	91	99	108	117
4	n	6	7	8	9	10
5	x	1.54	1.67	1.82	2	2.22
6	y	128	142	157	175	198
7	斜率	$b=$	101.63	截距	$a=$	−28.01

根据逐差法的计算公式，在 C7 单元格中输入“=(SUM(B6:F6)−SUM(B3:F3))/(SUM(B5:F5)−SUM(B2:F2))”、在 F7 单元格中输入“=AVERAGE(B3:F3,B6:F6)−C7*AVERAGE(B2:F2,B5:F5)”即可立刻得到 b、a 的值，得到直线方程为 $y=-28.01+101.63x$.

3. 最小二乘法

1) 利用 Excel 输入公式设计数据处理模板

计数函数(COUNT)是计算包含数字以及包含参数列表中的数字的单元格的个数. 利用函数 COUNT 可以计算单元格区域或数字数组中数字字段的输入项个数. 其语法结构为 COUNT(value1, [value2], …)，value1, value2, … 为包含或引用各种类型数据的参数(1～30 个)，但只有数字类型的数据才会被计算. 统计时，错误值、其他无法转换成数字的文字和空白或空格将不被统计.

以 1.5 节例 3 的表 1.5-3 为例，介绍利用 Excel 实现最小二乘法数据处理. 在同一 Excel 工作簿中建立两个工作表：实验数据和处理结果. “实验数据”工作表如表 1.7-4 所示，第 1 行为测量 x、y 的组数 i，第 2、3 行是 x、y 的实验测量数据，第 4、5、6 行分别为 x^2、y^2、$x \cdot y$ 的计算值. 在 B4、B5、B6 单元格中分别输入“=IF(B2="","",B2^2)”“=IF(B2="","",B3^2)”“=IF(B2="","",B2*B3)”，然后将 B 列的公式从 C 列复制到 U 列的对应单元格中，本表格设计为 $i=20$，可以处理小于或等于 20 组数的数据(实验数据测量中一般测量组数是小于 20 组). 公式中利用 IF

语句的目的是，如果测量 x 的数据(即第二行)某一单元格不输入数据(“ "" ”表示空格)，第 4、5、6 行对应单元格以空格填充(如表 1.7-4 中第 J 列的表格). 这样，一方面表格数据显示整齐美观，另一方面在计算中用函数“COUNT”统计实验数据组数时不会统计数据为“空格”的单元格，这样可以准确统计实验数据组数.

表 1.7-4 实验数据工作表

	A	B	C	D	E	F	G	H	I	J
1	i	1	2	3	4	5	6	7	8	9
2	x_i	5.65	6.08	6.40	6.75	7.12	7.48	7.83	8.18	
3	y_i	16.90	18.20	20.10	21.00	22.30	24.10	25.30	27.00	
4	x_i^2	31.92	36.97	40.96	45.56	50.69	55.95	61.31	66.91	
5	y_i^2	285.61	331.24	404.01	441.00	497.29	580.81	640.09	729.00	
6	$x_i \cdot y_i$	95.485	110.656	128.64	141.75	158.776	180.268	198.099	220.86	

数据处理工作表如表 1.7-5 所示，在 A、C、E 列的 2～6 行输入要处理的量和计算公式. 在 B2 单元格输入公式“=SUM(实验数据!B2:U2)”，然后从 B3 单元格开始复制该公式到 B6 单元格. 在 D2 单元格输入公式“=AVERAGE(实验数据!B2:U2)”或“=B2/COUNT(实验数据!B2:U2)”，同样将 D2 的公式复制到 D3～D6 单元格中. 在 F2 单元格输入公式“=(D6−D2*D3)/(D4−D2*D2)”， 在 F3 单元格输入公式“=D3−F2*D2”， 在 F4 单元格输入公式“=(D6−D2*D3)/SQRT((D4−D2*D2)*(D5−D3*D3))”，在 F5 单元格输入公式“=SQRT((1−F4^2)/(COUNT(实验数据!B2:U2)−2))*F2/F4”，在 F6 单元格输入公式“=SQRT(D4)*F5”.

表 1.7-5 数据处理工作表

	A	B	C	D	E	F
1	求和		平均		计算结果	
2	$\sum x_i$	55.49	$\overline{x}$	6.93625	$b=\dfrac{\overline{x \cdot y}-\overline{x} \cdot \overline{y}}{\overline{x^2}-\overline{x}^2}$	3.97102
3	$\sum y_i$	174.9	$\overline{y}$	21.8625	$a=\overline{y}-b\overline{x}$	−5.68146
4	$\sum x_i^2$	390.2775	$\overline{x^2}$	48.7846875	$r=\dfrac{\overline{x \cdot y}-\overline{x} \cdot \overline{y}}{\sqrt{(\overline{x^2}-\overline{x}^2)(\overline{y^2}-\overline{y}^2)}}$	0.997752
5	$\sum y_i^2$	3909.05	$\overline{y^2}$	488.63125	$s_b=\sqrt{\dfrac{1-r^2}{n-2}} \cdot \dfrac{b}{r}$	0.108880
6	$\sum (x_i \cdot y_i)$	1234.534	$\overline{x \cdot y}$	154.31675	$s_a=\sqrt{\overline{x^2}} \cdot s_b$	0.760481

到此，一个通用的利用 Excel 进行最小二乘法数据处理设计模板制作完成. 此模板可以处理组数为 20 组以内的数据，不必修改公式中的参数，直接把测量的 x、y 的数据输入到表 1.7-4 的第 2、3 行对应的单元格中，在表 1.7-5 中就可得到数据处理的结果. 表 1.7-5 是 1.5 节例 3 的表 1.5-3 的最小二乘法处理的结果.

此方法的优点是：最小二乘法计算原理清楚，计算过程简单，可以处理实验测量数据组数为 20 组以内的任何组数的实验数据，可直接作为学生利用最小二乘法处理实验数据和教师检验学生测量数据及处理结果的正误之用. 如果测量数据组数超过 20 组，只要修改表 1.7-5 中公式的计算单元格范围就可实现任意组数的实验数据了.

2) 运用 Excel 函数进行计算

斜率函数(SLOPE)是返回根据 known_y's 和 known_x's 中的数据点拟合的线性回归直线的斜率. 其语法结构为 SLOPE(known_y's,known_x's)，known_y's 为数字型因变量数据点数组或单元格区域，known_x's 为自变量数据点集合.

截距函数(INTERCEPT)是利用现有的 x 值与 y 值计算直线与 y 轴的截距. 其语法结构为 INTERCEPT(known_y's,known_x's)， known_y's 为因变的观察值或数据集合，known_x's 为自变的观察值或数据集合.

相关系数函数(CORREL)是返回单元格区域 array1 和 array2 之间的相关系数. 其语法结构为 CORREL(array1,array2)，array1 是第一组数值单元格区域，array2 是第二组数值单元格区域.

函数 SLOPE、INTERCEPT、CORREL 可用来确定线性方程 $y = ax + b$ 的 a、b 两个系数和计算相关系数，以判别线性回归是否合理.

如表 1.7-4 所示的实验数据，在空白的单元格单击“插入”菜单中的“fx 函数”，在弹出的对话框中分别选中函数名为 SLOPE、INTERCEPT、CORREL 的函数，在各自的对话框中输入存放数据的单元格区域 B3:I3 和 B2:I2 便可获得斜率 $a = 3.971$，截距 $b = -5.6815$ 和相关系数 $r = 0.9978$ 的结果.

3) 运用 Excel 中的“图表向导”进行计算

“图表向导”是 Excel 中绘制图表的工具，“散点图(XY 图)”可用来进行回归分析，在生成一张数据分析图的同时，还能方便地得到拟合线方程和相关系数的平方.

单击“插入”菜单中的“图表”，选中“散点图”；在对话框“步骤之二”的“系列”选项中，单击“添加(A)”，在“图形(N)”中输入图形的名称，在“X 值(X)”中输入存放 x 轴数据的单元格区域 B2:I2，在“Y 值(Y)”中输入存放 y 轴数据的单元格区域 B3:I3；在对话框“步骤之三”中确定坐标轴的标题以及网格线，在确定图表的插入位置后就完成了实验数据分布图. 选中所作的图表的数据点，单击鼠标右键在下拉菜单中选择“添加趋势线”，在弹出的对话框选项中“类型”选

“线性”；在“选项”选中“显示公式”和“显示 r 平方值”的复选框，便可得到拟合线方程和相关系数的平方；分别选中图表 X 轴、Y 轴坐标数据点，单击鼠标右键在下拉菜单中选择“坐标轴格式”，在弹出的对话框选项中选“刻度”，设置 X 轴、Y 轴坐标格式，使实验数据点充满整个图表，如图 1.7-1 所示，X 轴坐标最小值(默认为 0)设置为 5.5，Y 轴设置为 15. 图 1.7-1 以表 1.7-4 的实验数据为例，此图是 Excel 中“图表向导”生成的拟合曲线图，拟合直线方程为 $y=3.971x-5.6815$ 及相关系数的平方 $r^2=0.9955$.

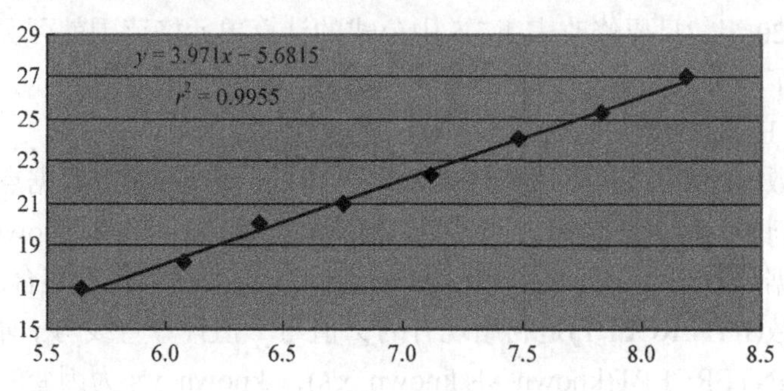

图 1.7-1　表 1.7-4 实验数据的拟合曲线

第 2 章　基础物理实验课基本要求

2.1　实验的预习和实验过程的要求

一、实验预习要求

物理实验课与理论课不同，它的特点是学生在教师的指导下自己动手，独立完成实验任务，所以预习尤其重要，预习的重点可以放在以下几个方面.

(1) 对实验任务要明确. 应该明确实验中需要测哪些物理量，每个待测量又分别需要什么方法去测量.

(2) 对实验原理要清楚. 例如，电势差计精确测量电压实验用到补偿法原理进行定标，应该理解补偿电路的特点，什么是定标，定标的作用以及如何利用补偿电路定标，电势差计测量的主要误差来源，以及怎样减小误差.

(3) 对实验仪器要有初步了解，实验前要通过预习知道需要使用哪些仪器，并对仪器的相关知识进行初步学习(特别是仪器的操作要领、注意事项).

(4) 自己尝试总结实验所体现的思想，并与教师上课所讲授的进行比较、归纳，以提高后期实验报告的质量.

(5) 应写出实验预习报告，列出实验数据记录表格.

总之，实验前要认真阅读教材，明确实验目的和要求，理解实验原理，掌握测量方案，初步了解仪器的构造原理和使用方法，为进行实验实际操作做好充分准备.

下面以“旋光仪与物质的旋光性”为例进行实验预习.

例 1　旋光仪与物质的旋光性.

基本思路

(1) 首先根据实验目的有针对性地阅读教材.

(2) 什么是物质的旋光性?

(3) 光在旋光物质中传播时，光的偏振面的旋转角度与哪些因素有关? 其数学关系是什么?

(4) 旋光仪测量旋光度的原理是什么? 在什么情况下可以进行测量? 如何测量?

(5) 实验中的数据如何处理?

预习报告正文如下.

实验目的

(1) 观察线偏振光通过旋光物质所发生的旋光现象；

(2) 熟悉旋光仪的结构、原理和使用方法；

(3) 用旋光仪测定旋光溶液的旋光率和浓度.

(通过实验目的可以知道本实验中要用到旋光仪，需提前预习使用方法，并且熟悉旋光仪的测量原理)

实验仪器

WXG-4 小型旋光仪(图 2.1-1)，盛液玻璃管，温度计，已知和未知的蔗糖溶液(应该在下面阅读中熟悉仪器测量原理和使用方法).

实验仪器的简要预习(包括原理图、注意事项、使用方法).

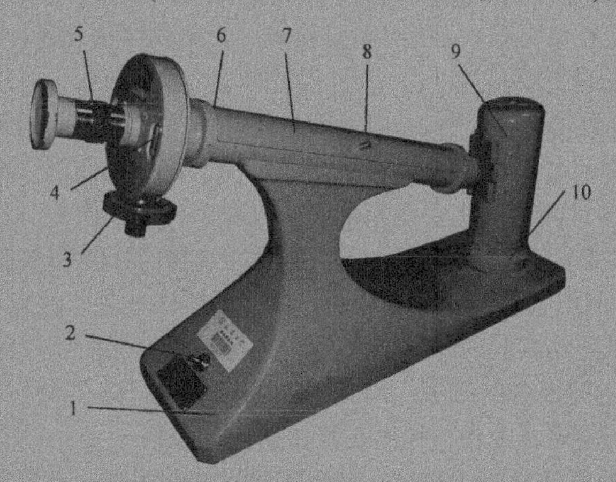

图 2.1-1　WXG-4 小型旋光仪

1—底座; 2—电源开关; 3—度盘转动手轮; 4—度盘及游标; 5—调焦手轮; 6—镜筒; 7—镜筒盖; 8—镜筒盖手柄; 9—钠光灯灯罩; 10—灯座

旋光仪的工作原理如图 2.1-2 所示.

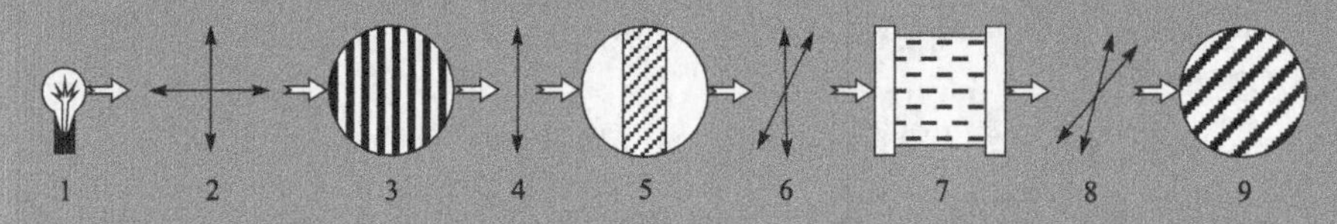

图 2.1-2　旋光仪的工作原理

1—单色光源；2—非偏振光；3—起偏器；4—平面偏振光；5—三荫板；6—两部分偏振光；7—旋光物质；8—偏振面旋转；9—检偏器

从单色光源射出的非偏振光经起偏器后变成平面偏振光，当后面放置的检偏器的偏振化方向和起偏器的偏振化方向正交时，我们观察到视场最暗. 然后装上待测旋光溶液的试管，因旋光溶液的振动面的旋转，视场变亮，为此调节检偏器，再次使视场调至最暗，这时检偏器所转过的角度，即为待测溶液的旋光度.

实验原理

对某一旋光溶液，当入射光的波长给定时，旋光度 φ 与偏振光通过溶液的长度 l 和溶液的浓度 c 成正比，即

$$\varphi=[\alpha]_\lambda^t cl$$

由上式可知，只要已知某溶液的旋光率，且测出偏振光通过溶液的长度 l 和旋光度 φ，可根据上式求出待测溶液的浓度，即

$$c=\frac{\varphi}{l[\alpha]_\lambda^t}$$

所以，实验中只要测量旋光度 φ 和偏振光通过溶液的长度 l，就可计算出待测溶液的浓度.(究竟如何测量呢？)

实验内容和步骤

(1) 调整旋光仪，寻找零点视场，即三分视界线消失，三部分亮度相等，且视场较暗. 记录零点视场的读数.

(2) 测定旋光溶液的旋光率. 利用浓度已知的溶液测量物质的旋光率.

(3) 测量糖溶液的浓度. 测量偏振光通过溶液的长度 l 已知，性质和标准溶液相同，而溶液浓度未知的溶液的旋光度 φ，计算该溶液的浓度.

(简要书写实验步骤，可参考教材)

数据记录和数据处理

设计原始数据记录表格如表 2.1-1～表 2.1-3 所示.

(1) 测定零点读数.

表 2.1-1　旋光仪零点读数数据表

测量次数	1		2		3		平均值 $\bar{\varphi}_0$ /(°)
读数部位	左	右	左	右	左	右	
φ_0 /(°)							

(2) 测定旋光溶液的旋光率.

表 2.1-2　旋光溶液旋光率测量数据表

试管长度 l/dm	浓度 c/(g/100ml)	读数						
		1		2		3		平均值 $\bar{\varphi}_1$ /(°)
		左	右	左	右	左	右	

(3) 测量糖溶液的浓度.

表 2.1-3　旋光溶液浓度测量数据表

试管长度 l/dm	读数						
	1		2		3		平均值 $\bar{\varphi}_2$/(°)
	左	右	左	右	左	右	

二、实验过程要求

物理实验课是学生在教师指导下独立进行实验的一种实践活动，无论实验内容的要求或研究的对象如何不同，无论采用什么方法，其基本程序大致相同，一般有三个基本环节.

1. 实验预习

课前预习是做好实验的基础. 在预习中要明确实验的目的和要求，弄清实验所依据的原理和采用的方法，初步了解实验仪器的原理和使用方法，明白如何进行操作，要测量哪些数据，注意哪些事项. 对一时弄不清楚的问题，应做出记录，以便在实验过程中加倍注意，通过实验来解决.

预习实验时，应写出实验预习报告，设计好记录原始数据表格. 上课时，教师通过不同的方式检查预习情况，并作为评定课内成绩的一项内容.

2. 实验观测

实验课内操作是实验课的关键环节，是学习科学实验知识，培养实验技能，完成实验任务的主要过程. 进入实验室要遵守实验室规章制度. 实验前应首先清点量具、仪器及装置有关器材是否完备，然后根据实验内容和测量方法进行合理布局，对量具、仪器及装置进行调整或按电路、光路图进行连接. 清楚了解所用仪器性能、使用方法，牢记注意事项. 实验前如有必要应请指导教师检查. 实验开始，如果条件允许，可以粗略定性地观察一下实验的全过程，了解数据分布情况，有无异常现象. 如果正常就可以进行实验测试. 实验过程中如出现异常情况，应立即中止实验，以防损坏仪器，并认真思考，分析原因，力求自己动手寻找、排除故障，也可与指导教师讨论解决，通过实验学习探索和研究问题的方法.

实验完毕，要认真检查实验数据，经教师检查后，方能整理仪器，并打扫实验室卫生后离开实验室.

3. 实验报告撰写

实验报告是实验完成后的书面总结，是把感性认识转化为理性认识的过程，是培养学生表达能力的重要环节. 应该完整分析一下整个实验过程，实验依据的理论和物理规律是什么；通过计算作图等数据处理，得到什么实验结果(有些还要进行科学合理的误差或不确定度估算)，有哪些提高，存在什么问题. 书写实验报告格式要规范，写实验报告之前要认真思考，不要照搬书本，写出自己所理解的和提炼的内容. 实验课中记录的原始数据不能直接作为实验报告的内容，要做整理后写在实验报告中. 认真书写实验报告，不仅可以提高自己写科研报告和科学论文的水平，而且可以提高组织材料、语句表达、文字修饰的写作能力，这是其他理论课程无法替代的.

2.2　实验报告的书写格式和怎样撰写实验报告

一、物理实验报告格式

各院校都有自己专用的实验报告纸，实验报告应写在实验报告纸上. 不同院校实验报告纸的格式不同，但实验报告的具体内容基本相同，一般包括以下几项内容.

(1) 实验名称.
(2) 实验目的.
(3) 实验仪器.
(4) 实验原理.
(5) 实验内容和步骤.
(6) 数据记录和数据处理.
(7) 结果的分析讨论.
(8) 回答问题.

二、怎样撰写物理实验报告

物理实验除了使学生受到系统的科学实验方法和实验技能的训练外，通过书写实验报告，还可以培养学生将来从事科学研究和医疗技术开发的论文书写能力. 因此，实验报告是实验课学习的重要组成部分，希望同学们能认真对待.

正规的实验报告，应包含以下六个方面的内容：①实验目的；②实验仪器；③实验原理；④实验内容和步骤；⑤数据记录和数据处理；⑥结果的分析讨论.

现就物理实验报告的具体写作要点作一些介绍，供同学们参考.

(一) 实验目的

不同的实验有不同的训练目的，通常如讲义所述. 但在具体实验过程中，有些内容未曾进行，或改变了实验内容. 因此，不能完全照书本上抄，应按课堂要求并结合自己的体会来写.

如：等厚干涉现象与应用.

实验目的

(1) 掌握用牛顿环测定透镜曲率半径的方法；
(2) 掌握用劈尖干涉测定细丝直径(或薄片厚度)的方法；
(3) 通过实验熟悉移测显微镜的使用方法；
(4) 通过实验加深对等厚干涉原理的理解.

(二) 实验仪器

在科学实验中，仪器设备是根据实验原理的要求来配置的，书写时应记录：仪器的名称、型号、规格和数量(根据实验时实际情况如实记录，没有用到的不写，更不能照抄教材)；在科学实验中往往还要记录仪器的生产厂家、出厂日期和出厂编号，以便在核查实验结果时提供可靠依据；电磁学实验中普通连接导线不必记录，或写上导线若干即可，但特殊的连接电缆必须注明.

如：用电势差计校准毫安表.

实验仪器

HD1718-B 型直流稳压电源(0～30 V/2A)，UJ36a 型直流电势差计(0.1 级、量程 230 mV)，BX7D-1/2 型滑线变阻器(550Ω、0.6A)，C65 型毫安表(1.5 级、量程 0～2/10/50/100，单位：mA)，ZX93 直流电阻器，ZX21 旋转式电阻箱，UT51 数字万用表，导线若干.

(三) 实验原理

实验原理是科学实验的基本依据. 实验设计是否合理，实验所依据的测量公式是否严密可靠，实验采用什么规格的仪器，要求精度如何，应在实验原理中交代清楚.

(1) 必须有简明扼要的语言文字叙述. 通常教材可能过于详细，目的是便于学生阅读和理解. 书写报告时不能完全照书本上抄，应该用自己的语言进行归纳阐述，文字务必清晰、通顺.

(2) 所用的公式及其来源，简要的推导过程.

(3) 为阐述原理需作出必要的原理图或实验装置示意图. 如图不止一张，应依次编号，放于相应的文字附近.

如：液体表面张力系数的测定.

实验原理

1) 力敏传感器

输出电压的变化与所加外力呈线性关系，即

$$\Delta U = BF$$

式中，F 为所加外力；ΔU 为相应的电压改变量；B 为力敏传感器的灵敏度，单位为 $V \cdot N^{-1}$.

2) 液体表面张力系数

设想在液面上有一长为 l 的线段，则张力的作用表现在线段两侧液面以一定的力 f 相互作用，而且力的方向恒与线段垂直，其大小与线段长 l 成正比，即

$$f = \alpha l$$

式中，比例系数 α 称为液体表面张力系数，表示单位长线段两侧液体的相互作用力，其单位为 $N \cdot m^{-1}$.

本实验采用一个金属环固定在传感器上，将该环浸没于液体中，并渐渐拉起圆环，在圆环下面将带起一液膜，当液膜将被拉直且将要拉断时，根据力学平衡原理，则有

$$F = W + \pi(D_1 + D_2)\alpha + G_{液膜}$$

式中，F 为向上的拉力；W 为吊环和附着在吊环上的液体所受重力；D_1、D_2 分别为圆环内径和外径；$G_{液膜}$ 为液膜被拉断前的重力(这项一般很小，可以忽略). 当液膜拉断后，则有 $F' = W$ ，即

$$F - F' = W + \pi(D_1 + D_2)\alpha + G_{液膜} - W \approx \pi(D_1 + D_2)\alpha$$

则吊环从液面拉脱瞬间传感器受到的拉力差值即为液体的表面张力 f，即 $f = \pi(D_1 + D_2)\alpha$ ，所以液体表面张力系数为 $\alpha = f/[\pi(D_1 + D_2)]$. 而力敏传感器受到的拉力差为 $f = U/B$ ，式中 $U = U_1 - U_2$ 为液膜拉断前电压读数 U_1 与拉断后电压读数 U_2 之差. 则液体表面张力系数 α 为

$$\alpha = \frac{U}{B\pi(D_1 + D_2)}$$

(四) 实验内容和步骤

概括性地写出实验的主要内容和步骤，特别是关键性的步骤和注意事项.

如：固体密度的测量.

实验内容和步骤

(1) 用游标卡尺测量铜环内、外径，用螺旋测微器测量铜环厚度.

(2) 用物理天平测量铜环质量.

(3) 计算铜环密度和不确定度.

(五) 数据记录和数据处理

(1) 根据测量所得如实记录原始数据，多次测量或数据较多时一定要对数据进行列表，特别注意有效数字的正确，指出各物理量的单位，必要时要注明实验条件或测量条件；

(2) 对于需要进行数值计算而得出实验结果的，测量所得的原始数据必须如实代入计算公式，不能在公式后立即写出结果；

(3) 对结果需进行不确定度分析(个别不确定度估算较为困难的实验除外)；

(4) 写出实验结果的表达式(测量值、不确定度、单位及置信度，置信度为 0.95 时可不必说明)，实验结果的有效数字必须正确；

(5) 若所测量的物理量有标准值或标称值，则应与实验结果比较，求相对误差；

(6) 需要作图时，需将图附在报告中.

如：固体密度的测量(以铜环的数据为例).

数据记录和数据处理

表 2.2-1　固体密度的测量实验数据

螺旋测微器零位读数 0.003 mm

n		1	2	3	4	5	6	7
外径 D/mm		29.94	29.96	29.96	29.98	29.98	29.92	29.92
内径 d/mm		10.02	10.04	10.00	10.04	10.06	10.02	10.08
厚度 h	测量读数/mm	9.645	9.647	9.649	9.647	9.647	9.647	9.645
	测量值/mm	9.642	9.644	9.646	9.644	9.644	9.644	9.642

用物理天平测量铜环质量 $m = 53.97$ g，物理天平的误差限 $\Delta_{仪} = 0.05$ g.

1) 铜环内、外径和厚度的平均值与标准偏差的计算(使用计算器计算)

$$\overline{D} = \frac{1}{7} \times (29.94 + 29.96 + \cdots + 29.92) = 29.95\,(\text{mm})$$

$$s(\overline{D})=\sqrt{\frac{\sum(D_i-\overline{D})^2}{n(n-1)}}=\sqrt{\frac{(29.94-29.95)^2+\cdots+(29.92-29.95)^2}{7\times6}}=0.0096\,(\text{mm})$$

$$\overline{d}=\frac{1}{7}\times(10.02+10.04+\cdots+10.08)=10.037\,(\text{mm})$$

$$s(\overline{d})=\sqrt{\frac{\sum(d_i-\overline{d})^2}{7(7-1)}}=\sqrt{\frac{(10.02-10.037)^2+\cdots+(10.08-10.037)^2}{7\times6}}=0.0102\,(\text{mm})$$

$$\overline{h}=\frac{1}{7}\times(9.642+9.644+\cdots+9.642)=9.6437\,(\text{mm})$$

$$s(\overline{h})=\sqrt{\frac{\sum(h_i-\overline{h})^2}{7(7-1)}}=\sqrt{\frac{(9.642-9.6437)^2+\cdots+(9.644-9.6437)^2}{7\times6}}=0.0005\,(\text{mm})$$

2) 不确定度的计算

按计量规程，游标卡尺的误差限 $\varDelta_{仪}=0.02\text{ mm}$ ，而螺旋测微器的误差限 $\varDelta_{仪}=0.001\text{ mm}$.

A类分量：$s(\overline{D})=0.0096\text{mm}$ ，$s(\overline{d})=0.0102\text{ mm}$ ，$s(\overline{h})=0.0005\text{mm}$.

B类分量：$u_{\text{B}}(D)=u_{\text{B}}(d)=0.02/\sqrt{3}=0.0115\,(\text{mm})$, $u_{\text{B}}(h)=0.001/\sqrt{3}=0.00058\,(\text{mm})$.

则铜环内、外径和厚度的合成不确定度分别为

$$u_D=\sqrt{\left[s(\overline{D})\right]^2+\left[u_{\text{B}}(D)\right]^2}=\sqrt{0.0096^2+0.0115^2}=0.015\,(\text{mm})$$

$$u_d=\sqrt{\left[s(\overline{d})\right]^2+\left[u_{\text{B}}(d)\right]^2}=\sqrt{0.0102^2+0.0115^2}=0.0154\,(\text{mm})$$

$$u_h=\sqrt{\left[s(\overline{h})\right]^2+\left[u_{\text{B}}(h)\right]^2}=\sqrt{0.0005^2+0.00058^2}=0.00076\,(\text{mm})$$

铜环的质量为 $m=53.97\text{ g}$ ，不确定度为

$$u_m=u_{\text{B}}(m)=0.03/\sqrt{3}=0.017\,(\text{g})$$

铜环的密度为

$$\rho=\frac{4m}{\pi(D^2-d^2)h}=\frac{4\times53.97\times10^{-3}}{\pi(29.95^2-10.037^2)\times9.6437\times10^{-9}}=8.949\times10^3\,(\text{kg}\cdot\text{m}^{-3})$$

铜环密度合成的相对不确定度为

$$E_\rho=\frac{u_\rho}{\rho}=\sqrt{\left(\frac{u_m}{m}\right)^2+\left(\frac{2Du_D}{D^2-d^2}\right)^2+\left(\frac{2du_d}{D^2-d^2}\right)^2+\left(\frac{u_h}{h}\right)^2}$$

$$=\sqrt{\left(\frac{0.017}{53.97}\right)^2+\left(\frac{2\times29.95\times0.015}{29.95^2-10.037^2}\right)^2+\left(\frac{2\times10.037\times0.0154}{29.95^2-10.037^2}\right)^2+\left(\frac{0.00076}{9.6437}\right)^2}$$

$$=0.12\%$$

铜环密度合成不确定度为

$$u_\rho = \rho E_\rho = 8.949\times10^3 \times 0.12\% = 0.011\times10^3\ (\mathrm{kg\cdot m^{-3}})$$

结果表示为

$$\rho = (8.949 \pm 0.011)\times10^3\ \mathrm{kg\cdot m^{-3}}$$

经查表，20 ℃时铜的密度为 $8.960\times10^3\ \mathrm{kg/m^3}$，实验结果的相对误差为

$$E = \frac{|8.949-8.960|}{8.960}\times100\% = 0.12\%$$

(六) 结果的分析讨论

一篇好的实验报告，除了有准确的测量记录和正确的数据处理、结论外，还应该对结果作出合理的分析讨论，从中找到被研究事物的运动规律，并且判断自己的实验或研究工作是否可信或有所发现.

一份只有数据记录和结果计算的报告，其实只完成了测试操作人员的测试记录工作. 至于数据结果的好坏、实验过程还存在哪些问题、还要在哪些方面进一步研究和完善等，都需要我们去思考、分析和判断，从而提高理论联系实际的能力、综合能力和创新能力.

1) 首先应对实验结果作出合理判断

如果仪器运行正常，步骤正确，操作无误，那就应该相信自己的测量结果是正确或基本正确的.

对某物理量经过多次测量所得结果差异不大时，也可判断自己的测量结果是正确的.

如果被测物理量有标准值(理论值、标称值、公认值或前人已有的测量结果)，应与之比较，求出差异. 差异较大时应分析误差的原因如下.

(1) 仪器是否正常？是否经过校准？

(2) 实验原理是否完善？近似程度如何？

(3) 实验环境是否符合要求？

(4) 实验操作是否得当？

(5) 数据处理方法是否准确无误？

2) 分析实验中出现的奇异现象

如果出现偏离较大甚至很大的数据点或数据群，则应认真分析偏离原因，考虑是将其剔除还是找出新规律.

无规则偏离时，主要考虑实验环境的突变、仪器接触不良、操作者失误等.

规则偏离时，主要考虑环境条件(温度、湿度、电源等)的变异、样品的差异(纯度、缺陷、几何尺寸不均等).

如果能找出新的数据规律，则考虑是否应该否定前人的结论. 只有这样，才能在科学研究中有所创新，但要切实做到“肯定有据、否定有理”.

3) 对讲义中提出的思考题作出回答

问题可能有好几个，但不一定要面面俱到，一一作答. 可选择一两个自己有深刻体会的问题，用自己已掌握的理论知识和实践经验作深入解答.

如：固体密度的测量.

结果的分析讨论

(1) 本实验测量结果与参考值的相对误差较小，实验较为成功.

(2) 本实验的误差有仪器调节不准所引起的系统误差和读数误差.

(3) 测量铜环的内、外径及厚度，取铜环的不同位置测量.

(4) 螺旋测微器在测量之前应读出零点值以便修正.

2.3　物理实验报告范例及成绩分布

大学一年级的学生大多数实验报告书写不规范甚至有些学生不会写实验报告. 这里我们以“利用单摆仪测量重力加速度”为例写一个实验报告. 实验报告各部分的分值作为教师批阅实验报告评定实验成绩的参考，评定成绩时适当考虑学生课前预习和学生课堂操作情况.

第一部分 40 分. 包括：实验名称(5 分)、实验目的(5 分)、实验仪器(5 分)、实验原理(15 分)、实验内容和步骤(10 分). 此部分可在课前预习时完成.

实验名称(5 分)

利用单摆仪测量重力加速度.

实验目的(5 分)

(1) 掌握不同长度测量器具的选择和使用方法；

(2) 学习利用单摆测定重力加速度；

(3) 分析测量中主要误差来源及处理方法.

实验仪器(5 分)

单摆仪，电子秒表(No.15)，游标卡尺(No.5413)，钢卷尺(No.02).

实验原理(15 分)

用一不可伸长的轻线，悬挂一小球，做幅角很小($\theta \ll 1, \sin\theta \approx 0$)的摆动时，若视小球为质点，忽略空气的浮力、阻力等，即为一单摆.

单摆的运动为简谐振动，可证单摆的振动周期 T 表示为

$$T = 2\pi\sqrt{\frac{l}{g}} \quad 或 \quad g = \frac{4\pi^2 l}{T^2} \tag{2.3-1}$$

式中，l 为单摆的摆长；g 为重力加速度. 式(2.3-1)是在单摆的摆角 $\theta \to 0$ 的条件下成立的，因此，在测量周期时必须保证摆角很小.

用单摆测重力加速度时，主要的不确定度来源在于测定周期. 使用停表计时，不确定度主要来源于使用者在起、停动作过程中反应的快慢. 例如，采取连续数 n 个周期才起、停一次，其测量的绝对不确定度与一次只测一个周期时的大致相同，即 $u(T_1) \approx u(T_n) \approx u(T)$，其中 T_1 和 T_n 分别表示 1 个和 n 个周期的相对不确定度，有

$$\frac{u(T_n)}{T_n} \approx \frac{u(T_1)}{nT_1} \approx \frac{1}{n}\frac{u(T_1)}{T_1}$$

可见一次测 n 个周期可使相对误差减小到 $\frac{1}{n}$. 故式(2.3-1)可写为

$$g = \frac{n^2 4\pi^2 l}{T_n^2} \tag{2.3-2}$$

实验内容和步骤(10 分)

(1) 调节单摆仪使得摆线三线合一(摆线、镜面刻线、摆线在镜中的像).

(2) 利用钢卷尺测量摆线长.

(3) 利用游标卡尺测两次摆球的直径 d.

(4) 测量摆动 50 次的全振动时间并记录数据，反复测量 6 次.

(5) 实验结束整理仪器.

第二部分 50 分. 包括：数据记录(10 分)、数据处理(40 分).

数据记录(10 分)

(1) 用游标卡尺(No.5413)测球的直径 d (表 2.3-1).

表 2.3-1　球的直径

d/cm	2.695	2.690

(2) 用米尺(No.02)测摆线长 l($l = x_2 - x_1 + \frac{d}{2}$. 见图 2.3-1)，测量数据见表 2.3-2.

表 2.3-2　摆线长

x_1 /cm	4.55	4.51	4.60	4.57
x_2 /cm	116.08	116.75	116.90	116.85
l/cm	113.60	113.59	113.65	113.63

(3) 用电子秒表(No.15)测 $n=50$ 的 t 值(表 2.3-3).

表 2.3-3　时间

t/s	106.84	106.87	106.95	106.85	106.82	106.93

数据处理(40 分)

$\bar{l}=1.1362$ m，$s(\bar{l})=0.00014$ m

$\bar{t}=106.88$ s，$s(\bar{t})=0.021$ s

则

$$g=4\pi^2 l\cdot n^2/t^2=4\pi^2\times 1.1362\times 50^2/106.88^2=9.8166\ (\mathrm{m\cdot s^{-2}})$$

g 的不确定度 $u(g)$ 可如下求得.

(1) 求 l 的 $u(l)$.

从多次测量得

$$u_A(l)=0.00014\ \ \mathrm{m}$$

米尺：$\Delta=0.2$ mm，游标卡尺：$\Delta=0.05$ mm

从米尺和游标卡尺得

$$u_B(l)=\sqrt{\left(\frac{0.2}{\sqrt{3}}\right)^2+\left(\frac{0.05}{2\times\sqrt{3}}\right)^2}=0.12\ \ (\mathrm{mm})$$

合成

$$u(l)=\sqrt{0.00014^2+0.00012^2}=0.0002\ (\mathrm{m})$$

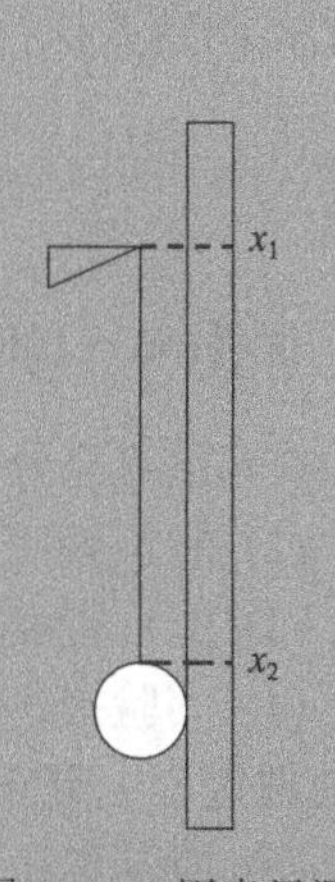

图 2.3-1　用米尺测摆线长

(2) 求 t 的 $u(t)$.

从多次测量得

$$u_A(t)=0.021\ \mathrm{s}$$

从电子秒表得(根据 JJG107-83，3 级秒表)

$$\Delta=0.5\ \mathrm{s}\ ,\ \ u_B(t)=0.5/\sqrt{3}=0.29\ (\mathrm{s})$$

合成

$$u(t)=\sqrt{0.021^2+0.29^2}=0.29\ (\mathrm{s})$$

最后求出

$$u(g)=g\sqrt{\left[\frac{u(l)}{l}\right]^2+\left[2\frac{u(t)}{t}\right]^2}=0.053\ (\mathrm{m\cdot s^{-2}})$$

测量结果为

$$g=(9.82\pm 0.05)\ \ \mathrm{m\cdot s^{-2}}$$

第三部分 10 分．包括：结果的分析讨论(6 分)、回答问题(4 分).

结果的分析讨论(6 分)

本次实验测量的是延安重力加速度，测量结果与标准值 9.7955 m/s^2 的相对误差较小，说明测量结果较好.

回答问题(略)(4 分)

2.4　基础物理实验成绩评定标准

为了深化基础物理实验教学改革，规范实验教学秩序，客观、公正、透明和科学地评定实验成绩，特制定“基础物理实验成绩评定标准”，请实验指导教师和学生共同遵照执行.

实验项目成绩

一、优秀(86～100 分)

(1) 预习充分，掌握实验原理，设计性实验方案基本正确，实验任务明确；

(2) 能正确使用仪器设备，独立、正确地完成实验操作；

(3) 能自行发现并排除一般性的实验故障；

(4) 实验报告内容完整、叙述严谨、版面布局合理整洁、原始数据完备、数据处理过程完整正确、实验结论正确；

(5) 能基本正确回答实验思考题，实验讨论有一定的见解；

(6) 遵守实验操作规程，无违章现象发生.

二、良好(76～85 分)

(1) 预习较充分，理解实验原理，能拟定设计性实验方案，实验任务明确；

(2) 在教师指导下能正确使用仪器设备，独立、正确地完成实验基本操作；

(3) 能自行发现并排除简单的实验故障；

(4) 实验报告内容完整、条理清晰、版面整洁、原始数据完备、数据处理过程完整、结果基本正确、实验结论明确；

(5) 报告有实验讨论内容；

(6) 遵守实验操作规程，无违章现象发生.

三、中等(66～75 分)

(1) 能进行预习，理解实验基本原理，能拟定设计性实验方案，实验任务明确；

(2) 在教师指导下能基本正确使用仪器设备，独立完成实验基本操作；

(3) 能发现简单的实验故障；

(4) 实验报告内容基本完整、版面整洁，原始数据基本完整、有数据处理过程、实验结论明确；

(5) 遵守实验操作规程，无违章现象发生.

四、及格(60～65 分)

(1) 能进行课前预习，了解实验基本原理，能拟定设计性实验方案，了解实验任务；

(2) 在教师指导下能使用仪器设备，能完成实验基本操作；

(3) 实验报告内容基本完整、原始数据基本完整、有数据处理过程和实验结论；

(4) 遵守实验操作规程，无严重违章现象发生.

五、不及格(<60 分)

有下列情况之一者，实验项目成绩评为不及格：

(1) 不能完成最基本的实验操作；

(2) 实验报告马虎、内容不全、无数据处理过程或数据处理过程不完整、实验无结论等；

(3) 实验报告有抄袭现象；

(4) 严重违反物理实验规章制度并造成不良后果.

注：(1) 一个实验项目如有多个成绩，则取平均分作为该实验项目的成绩；

(2) 已完成实验操作，未完成实验报告或无实验报告，实验项目成绩为 45 分.

实验课程成绩

实验课程成绩由实验项目总评成绩、完成实验项目数、实验考核考试成绩、考勤等综合评定：

$$\text{实验课程总评成绩}=\text{Min}\,[100,\ X_{\text{平均}}+(N-n)]\times 80\%+K\times 20\%$$

其中，$X_{\text{平均}}=\sum$ 实验项目成绩/完成实验项目数；n 为计划数(含必修和选修)；N 为实际完成项目数；K 为实验课堂考勤成绩.

如果实验课程作为独立开设的课程，实验课程总评成绩为该课程的期末成绩. 如果是非独立开设的课程，实验课程总评成绩按一定比例作为“物理学”课程成绩的一部分，合算在“物理学”课程中记入学生学习成绩档案.

第 3 章　力、热学实验

实验 3.1　力学基本测量仪器的使用

【实验目的】

(1) 熟悉游标卡尺、螺旋测微器、测量显微镜、天平的构造、测量原理及使用方法；

(2) 学习有效数字和不确定度的计算，掌握误差理论与数据处理方法.

【实验仪器】

游标卡尺，螺旋测微器，测量显微镜，天平，球体，圆柱等.

1. 游标原理

普通米尺最小刻度是 1 mm，因此使用米尺只能准确地测量到 1 mm，为更准确地测量长度，人们采用了游标装置.

游标卡尺由主尺(米尺)和副尺(标有 N 个刻度的游标)两部分构成(图 3.1-1). 主尺上标出的相应长度与副尺上标出的相应刻度均相差一个小量 Δx，$\Delta x = \frac{1}{N}$ mm (常见的有三种，$\Delta x = \frac{1}{10}$ mm，$\Delta x = \frac{1}{20}$ mm，$\Delta x = \frac{1}{50}$ mm). 当副尺上标有 N 个刻度时，游标上这 N 个刻度恰好能等分主尺上的 1 mm，使读数可精确到 $\frac{1}{N}$ mm. 可见，游标原理可用四个字来概括——等差细分. 游标读数的方法也叫差示法.

例如，$\frac{1}{10}$ mm 游标(也叫十分游标). 游标上每个刻度与主尺相应刻度均差 $\Delta x = \frac{1}{10}$ mm. 当测量某物体长度时，先将被测物体一端和主尺的零刻线对齐，而另一端落在主尺的第 k 和 k+1 个刻度之间(k=6，k+1=7)，则物体长度 $L = k + \Delta L$，ΔL 为物体另一端距离第 k 个刻度的距离. 由于游标刻度与主尺刻度存在差值 Δx，两排刻度经对比，必然可找到游标上某个刻度(设为第 n 个)与主尺上某刻度重合或最为接近，如图 3.1-2 中 n=5 处与主尺最为接近，即

$$\Delta L = \frac{1}{10} \times 5 = 0.5 \quad 而 \quad L = k + \Delta L = 6 + 0.5 = 6.5\ (\text{mm})$$

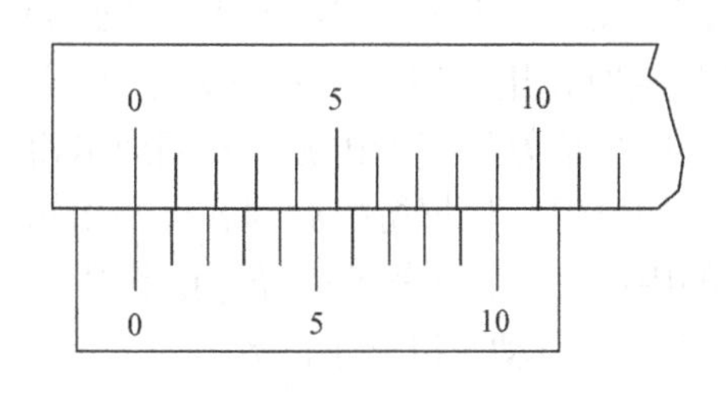

图 3.1-1　游标卡尺差示法

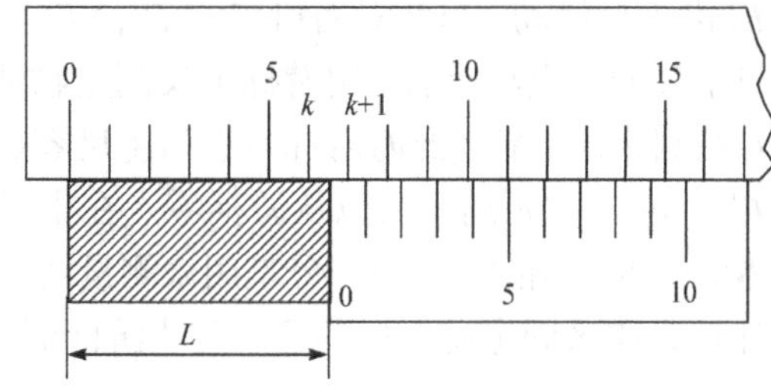

图 3.1-2　游标卡尺读数举例

一般而言，当游标上第 n 个刻度与主尺上某一刻度重合时，主尺第 k 个刻度与游标零刻线间距离为 $\Delta L = n\Delta x$ ，待测物体长度由两部分读数构成：①游标零刻线指示部分，即主尺上第 k 个刻度所标示的长度，这部分可从主尺上读出；②游标刻线与主尺刻线重合部分所标示的长度，即 $\Delta L = n\Delta x$ ，这部分可从游标上读出(目前使用的游标上的刻度不是 n 的值，而是 n 与 Δx 相乘后的结果)，即

$$L = k + \Delta L$$

$\dfrac{1}{20}$ mm 的游标也叫“二十分游标”，游标上有 20 个刻度，如图 3.1-3(a)所示，游标上每个刻度与主尺的 1mm 刻度相差 $\dfrac{1}{20}$ mm．游标上的刻度值 0，25，50，75，0 就是 ΔL 的数值．

$\dfrac{1}{50}$ mm 的游标也叫“五十分游标”，如图 3.1-3(b)所示，其具体含义仿前述讨论，可以自行总结．

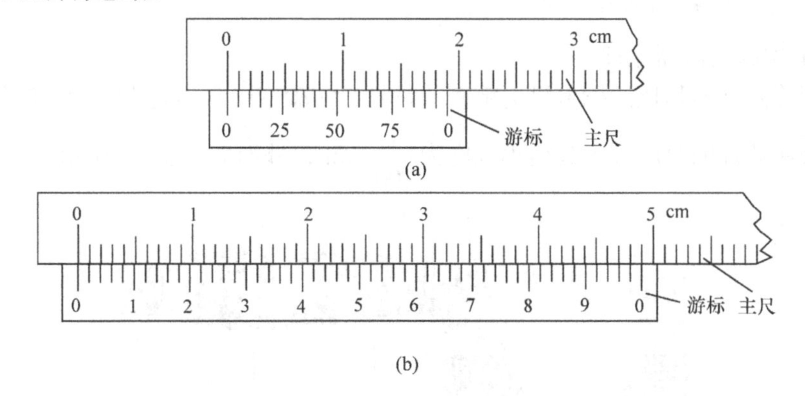

图 3.1-3　二十分游标和五十分游标

2. 游标卡尺

游标卡尺的构造如图 3.1-4 所示，卡钳 E 和 E' 与刻有毫米的主尺 A 相连，游标框 W 上附有游标 B 以及卡钳 F 和 F' ，推动游标框 W 可使游标 B 连同卡钳 F 、

F' 沿主尺滑动. 当两对钳口 E 与 F ，E' 与 F' 紧靠时，游标的零点(即零刻度线)与主尺的零点相重合. 用游标卡尺测定物体长度时，用卡钳 E 、F 或 E' 、F' 卡着被测物体，显然此时游标零点与主尺零点间距离恰好等于卡钳 E 、F 间或卡钳 E' 、F' 间的距离，所以从游标零点在主尺上的位置，根据游标原理就可测出物体的长度(卡钳 E' 、F' 部分是用来测量物体的内部尺寸，如管的内径等). 图中螺钉 C 是用来固定游标框的，可防止游标框在主尺上滑动，以便于读数.

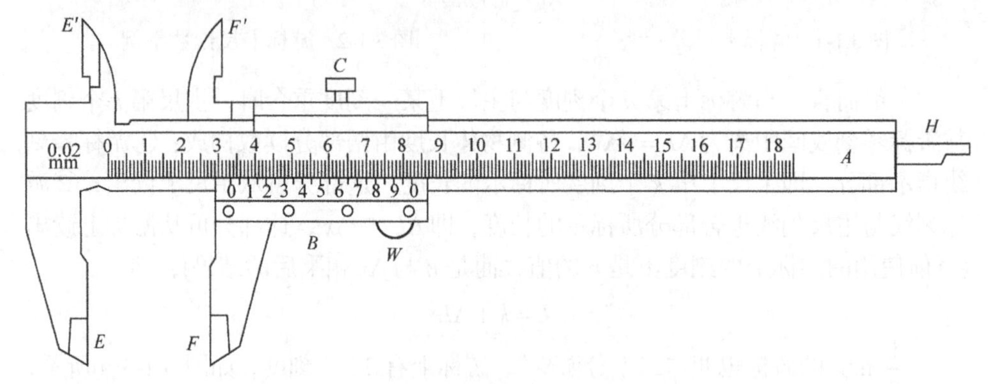

图 3.1-4　游标卡尺

游标卡尺的零点校正：使用游标卡尺测量之前，应先把卡钳 E 、F 合拢，检查游标的“0”线和主尺的“0”线是否重合，如不重合，应记下零点读数，此即为游标卡尺的零点误差，用它对测量结果加以校正. 即待测量 $x = x' - x_0$ ，x' 为未做零点校正的测量值，x_0 为零点读数. x_0 可以正，也可以负.

3. 螺旋测微器(又称千分尺)

1) 螺旋测微器原理

螺旋测微器是比游标卡尺更精密的量具，实验室中常用它来测量金属丝的直径或金属薄片的厚度等，其最小刻度为 $\dfrac{1}{100}$ mm ，外形如图 3.1-5 所示.

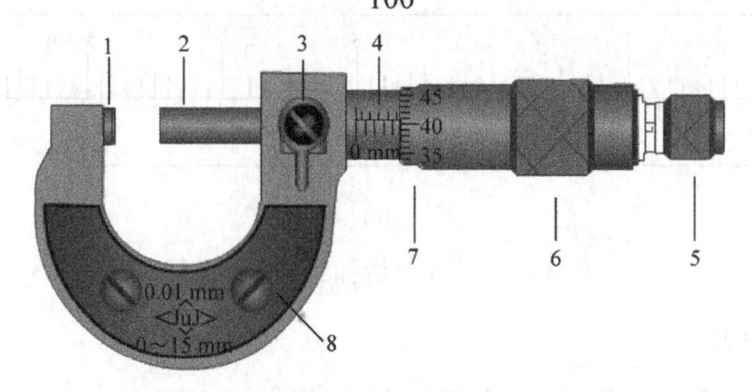

图 3.1-5　螺旋测微器

1—测砧；2—测微螺杆；3—制动栓；4—固定刻度；5—棘轮转柄；6—微分套筒；7—可动刻度；8—尺架

螺旋测微器主要部分是内部有一很精密的丝杠和螺母(图中未画出)，常见的螺旋测微器如图 3.1-5 所示，其量程为 15 mm，分度值为 0.01 mm. 螺旋测微器的测微螺杆 2 的螺距为 0.5 mm，螺杆后端与微分套筒 6、棘轮转柄 5 相连接. 当微分套筒旋转(测微螺杆也随之转动)一周，测微螺杆沿轴线方向运动一个螺距(0.5 mm). 微分套筒前沿一周刻有 50 个等分格线，因此微分套筒每转过一格，螺杆沿轴线方向运动 0.01 mm(0.5/50 mm).

2) 读数方法

螺旋测微器固定套管上沿轴向刻有一条细线，在其下方刻有 15 分格，每分格 1 mm；在其上方，与下方“0”线错开 0.5 mm 处开始，每隔 1 mm 刻有一条线；这就使得主尺的分度值为 0.5 mm. 在测量时，把物体放在测微螺杆和测砧的测量面之间，旋转棘轮使测量面与待测物体接触，当听到棘轮咔咔的响声时便可读数. 先将主尺上没有被微分套管前段遮住的刻度读出，再读出固定套管横线所对准的微分套筒上可动刻度的读数，还要估读一位，即读到 0.001 mm. 把主尺上读出的数(如 0.5 mm，1.0 mm，1.5 mm 等)和从微分套筒读出的数(小于 0.5 mm)相加，即是测量值.

使用螺旋测微器测量时，要注意防止读错主尺数(整圈数)，如图 3.1-6 所示，(a)比(b)多转一圈，读数相差 0.5 mm，(a)的读数为 5.904 mm，(b)的读数为 5.404 mm，(c)的微分套筒转的圈数是 3 而不是 4，读数为 1.758 mm，而不是 2.258 mm.

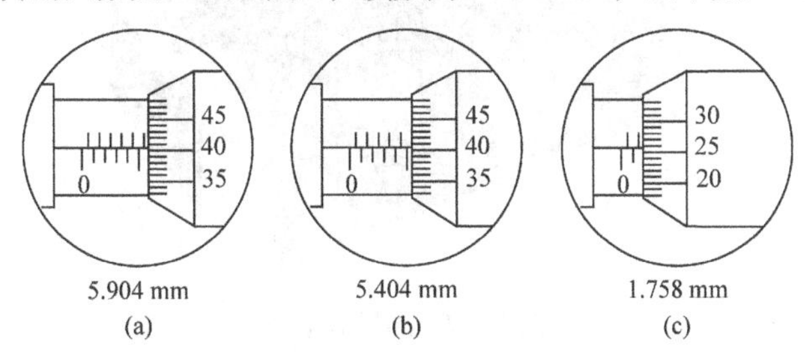

图 3.1-6　螺旋测微器读数

螺旋测微器尾端有一棘轮转柄 5，拧动棘轮转柄可使测微螺杆移动，当测微螺杆与物体(或测砧)相接后的压力达到某一数值时，棘轮转柄将滑动并有咔咔的响声，微分套筒不再转动，测微螺杆也停止前进，这时就可读数. 设置棘轮转柄可保证每次的测量条件(对被测物的压力)一定，并能保护螺旋测微器的精密螺纹. 若不使用棘轮转柄而直接转动微分套筒去卡住物体，由于对被测物的压力不稳定，而测不准. 另外，如果不使用棘轮转柄，微分套筒上的螺纹将发生变形和增加磨损，降低了仪器的准确度，这是使用螺旋测微器必须注意的问题.

不夹被测物而使测微螺杆与测砧相接时，微分套筒上的零线应当刚好和固定套管上的横线对齐. 实际使用螺旋测微器，由于调整不充分或使用不当，其初始状态和上述要求不符，即有一个不等于零的零点读数，并注意零点读数的符号不同. 每次测量之后，要从测量值的平均值中减去零点读数.

4. 测量显微镜

测量长度时，如果被测物体较小，常用光学仪器来进行测量，其中最常用的就是测量显微镜，它可用来测量刻线距离、刻线宽度、圆孔直径、圆孔间距离，还可检查表面质量等，用途较广. 测量显微镜的外观如图 3.1-7 所示.

图 3.1-7　测量显微镜

1—目镜；2—棱镜座；3—镜筒；4—物镜；5—弹簧压片；6—台面玻璃；7—反光镜；8—旋转手轮；9—底座；10—立柱锁紧螺丝；11—测微鼓轮；12—横杆；13—横杆锁紧螺丝；14—标尺；15—调焦手轮

目镜 1 安插在棱镜座 2 的目镜套管内，棱镜座能够转动，物镜 4 直接接在镜筒 3 上，组合成显微镜. 转动调焦手轮 15 能使显微镜上下升降进行调焦，立柱锁紧螺丝 10 可将显微镜装置紧固在立柱的适当位置上.

测量时，旋转测微鼓轮 11，测量显微镜沿水平方向移动. 测微鼓轮边上刻线 100 等分，每格相当于移动量 0.01 mm，读数方法与螺旋测微器相同.

使用时，先将被测物体牢靠安置在台面玻璃 6 上，然后转动调焦手轮，求得清晰视场(此时被测物体由物镜放大经转向棱镜形成实像在分划板上，目镜将实像再放大一次，形成一个放大虚像于观察者眼睛的明视距离处). 例如，测量一圆孔直径，使目镜中十字分划线与圆孔的一侧相切(图 3.1-8 中实圆位置)，记下测量初读数，再旋转测微鼓轮，使视场移动到十字分划线与圆孔另一侧相切(图 3.1-8 中虚圆位置)，记下测量读数，前后读数差值即为圆孔直径.

使用中应注意：显微镜调焦时，先将镜筒下降使物镜接近被测物件表面，然后逐渐上升，直到出现清晰表面，防止碰损物镜. 显微镜支架在立柱上必须用立柱锁紧螺丝 10 固紧，以免使用时不慎下降而损坏仪器. 如被测物件属透明物体或物体体积甚小未能充满视场，在其边缘处进行测量时，可随光源方向转动反光镜，以得到适当亮度的视场.

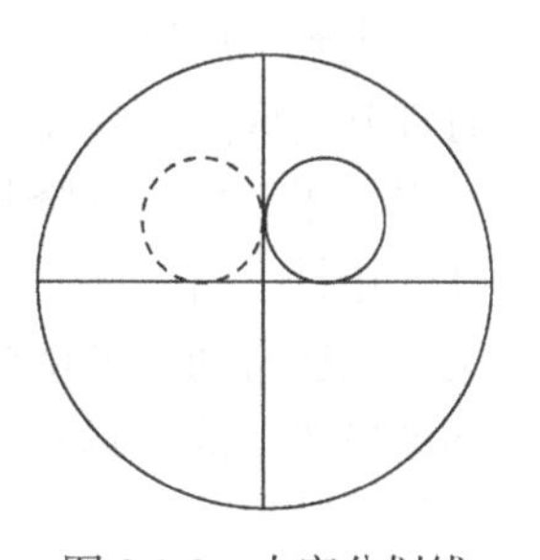

图 3.1-8　十字分划线

5. 物理天平的使用

天平是一种等臂杠杆，按其称衡的精确程度分为物理天平、精密天平和分析天平，它们的构造原理相同，使用方法略有不同，但保护方法是相似的.

天平的构造是依据力矩平衡的原理，但是实际情况并不这样理想. 横梁的两臂不严格相等，也不一定是一条直线，且三个支点也不是几何点，尽管天平刀口、刀垫是由非常坚硬的硬质材料(钢、玛瑙)做成的，但也总存在着磨损. 显然，刀口愈锐利，天平就愈接近理想情况. 刀垫、刀口称为天平的“中枢神经”，是天平最关键的部件，不能有丝毫的损伤. 因此，天平的使用都有一定的规则，利用制动旋钮(顺时针是降)，保护刀口、刀垫.

下面我们介绍物理天平的构造原理和使用方法.

物理天平是物理实验中常用的基本仪器之一，它是支点在中央的等臂杠杆，其结构如图 3.1-9 所示.

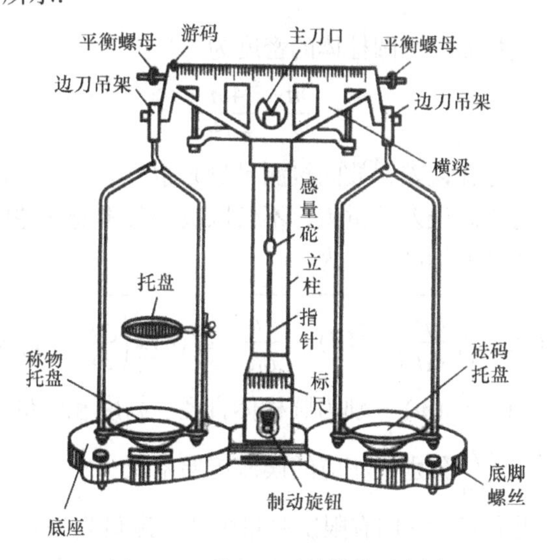

图 3.1-9　物理天平的结构示意图

主要由底座、立柱和横梁等三部分组成. 底座可通过底脚螺丝调解水平，顺时针旋转底脚螺丝是升高底座. 立柱下端附有标尺，横梁上装有三个刀口，中间刀口位于立柱的升降杆上，两侧刀口各悬挂一个秤盘. 横梁中央下面固定一个指针，指针上有一感量砣. 当横梁升起时，指针尖端就在立柱下方标尺前摆动. 横梁两端还有两个平衡螺母,用来调整天平空载平衡状态. 加减 1 g 以内砝码可通过移动横梁上的游码来实现，游码向右移动时，等于在右盘内加砝码，可由分度值计量其数值.

立柱左边的托盘可以托住不被称量的物体，如杯等.

天平的特征由下面两个参量表示.

(1) 称量：指允许称量的最大质量. 我们所用的物理天平称量为 1000 g.

(2) 分度值 q：指天平平衡时，为使天平指针从标度尺上的平衡位置偏转一个分度，在一盘中所需添加的最小质量. 灵敏度 S 是分度值的倒数，分度值越小，灵敏度越高.

【实验原理】

1. 圆柱体密度的测量

圆柱体的体积公式为

$$V=\frac{1}{4}\pi d^2 h \tag{3.1-1}$$

式中，d、h 分别为圆柱体的直径和高度，均属于直接测量量，用游标卡尺进行测量.

测出圆柱体的质量 m，则圆柱体的密度为

$$\rho=\frac{m}{V}=\frac{4m}{\pi d^2 h} \tag{3.1-2}$$

由于直接测量量存在误差，故间接测量量 V 也会有误差. 由误差理论可知，一个量的测量误差对于总误差的贡献，不仅取决于其本身误差的大小，还取决于误差传递系数. 其密度的标准偏差为

$$u_C(\rho)=\sqrt{\left(\frac{\partial\rho}{\partial d}\right)^2 u_C^2(d)+\left(\frac{\partial\rho}{\partial h}\right)^2 u_C^2(h)+\left(\frac{\partial\rho}{\partial m}\right)^2 u_B^2(m)} \tag{3.1-3}$$

式中，$u_C(d)$、$u_C(h)$、$u_C(m)$ 分别为圆柱体直径、高度和质量的相应测量列的标准偏差；$\frac{\partial\rho}{\partial d}$、$\frac{\partial\rho}{\partial h}$、$\frac{\partial\rho}{\partial m}$ 分别为相应的误差传递系数.

d、h 为独立测量值，它们有限次测量中任一测量列的标准偏差为

$$s(\overline{x})=\sqrt{\frac{\sum_{i=1}^{n}(x_i-\overline{x})^2}{n(n-1)}} \tag{3.1-4}$$

式中，n 为测量次数；x_i 为第 i 次测量值；$\overline{x}$ 为平均值. 根据式(3.1-4)可以求出 d、h 各量的测量列的标准偏差 $s(\overline{d})$ 、$s(\overline{h})$ ，即为 A 类不确定度. 分别确定出 B 类不确定度，利用合成不确定度公式计算测量列的合成不确定度，再利用误差传递公式计算 ρ 的不确定度(其中 m 可进行单次测量).

2. 钢球密度的测量(方法同 1)

3. 圆孔内径(或细丝的直径)的测量

圆孔的内径(或细丝的直径)为

$$d=|x_1-x_2| \tag{3.1-5}$$

式中，x_1 、x_2 为读数显微镜测量的两次读数值.

【实验内容和步骤】

1. 圆柱体密度的测量

(1) 检查游标卡尺，观察是否有零点误差，如有零点误差，必须记录.

(2) 用游标卡尺测量圆柱体的直径 d 和高度 h 各 6 次，并记录数据.

(3) 用天平测量圆柱体的质量(进行单次测量).

(4) 按有效数字运算法则计算圆柱体的密度，并计算不确定度，正确表达实验结果.

2. 钢球密度的测量

(1) 弄清螺旋测微器的构造和读数方法，记录螺旋测微器的零点误差(注意其正负值).

(2) 用螺旋测微器测量钢球的直径 d，在不同部位测量 6 次，记录实验数据.

(3) 用天平测量钢球的质量(进行单次测量).

(4) 计算钢球的密度和不确定度，并正确表达实验结果.

3. 圆孔内径的测量(选做)

(1) 将带有圆孔的样品牢靠地安置在读数显微镜的台面玻璃上.

(2) 转动调焦手轮，得到清晰的圆孔实像和虚像.

(3) 旋转测微鼓轮，使目镜中十字分划线与圆孔的实像相切，记下测微鼓轮

上的读数 x_1.

(4) 再旋转测微鼓轮，使目镜中十字分划线与圆孔的虚像相切，记下测微鼓轮上的读数 x_2.

(5) 步骤(3)、(4)的读数 x_1 与 x_2 之差即为圆孔直径 d.

(6) 在不同方位重复上述实验步骤共 6 次，记录测量数据.

(7) 计算圆孔内径及其不确定度，并正确表达实验结果.

【数据记录和数据处理】(数据处理范例参考附录 2)

1. 圆柱体密度的测量(表 3.1-1)

表 3.1-1 圆柱体密度测量数据表

游标卡尺型号________ 误差限 $\Delta_{卡}$ = ________ 零点读数_____mm

测量次数 i	1	2	3	4	5	6
d_i/mm						
h_i/mm						

用物理天平测量圆柱体的质量为(单次测量)：m = _____g，误差限 $\Delta_{天平}$ = _____g.

2. 钢球密度的测量(表 3.1-2)

表 3.1-2 钢球密度测量数据表

螺旋测微器型号______ 误差限 $\Delta_{螺}$ = ______ 零点读数______mm

测量次数 i	1	2	3	4	5	6
d_i/mm						

用物理天平测量钢球的质量为(单次测量)：m = _____g，误差限 $\Delta_{天平}$ = _____g.

【注意事项】

1. 使用游标卡尺时

(1) 被测物体的长度应和游标卡尺平行.

(2) 不要夹物过紧，使卡钳钳口能和被测物体表面接触即可.

(3) 保护钳口，免受不必要的弯曲和磨损，致使游标卡尺失去应有精度.

(4) 测量前，先把卡钳 E、F 靠紧，此时如果游标零点不和主尺零点重合，在测量中需要消除这个系统误差，如游标零点在右边，其读数为 a，则测量长度值

为 L 时，实际长度为 $L-a$，a 称零点误差(如游标零点在主尺零点的左边，应如何校准，自行考虑).

2. 使用螺旋测微器时

(1) 用螺旋测微器测量长度产生的误差主要是由螺旋将待测物体压紧程度不同所引起的. 为消除这一缺点，螺旋测微器备有特殊装置棘轮转柄 5，当测微螺杆 2 将接近待测物体时，旋转棘轮转柄 5 使测微螺杆 2 前进，直至有咔咔响声时，即停止旋转，便可读数，从而避免测砧 1、测微螺杆 2 将待测物体压得过紧或过松，螺旋测微器上装置 3 是制动栓，锁紧制动栓 3，能阻止螺旋进退.

(2) 使用螺旋测微器时，亦需求零点校正量(如何校准，可自行考虑).

(3) 螺旋测微器的螺旋十分精细，因此旋动时要轻，不要急. 另外，使用完毕后，测砧 1、测微螺杆 2 间要留有间隙，以免热胀冷缩而损坏螺旋.

3. 使用物理天平时

(1) 认真调好水平，测量过程中注意检查水平仪.

(2) 不准用手直接触摸砝码、游码及微动螺母，用镊子取砝码、拨动游码及平衡螺母.

(3) 制动状态下用镊子拨动平衡螺母，启动天平，观察平衡情况，反复调试，为节省时间可观察指针在标尺中央刻度的左右摆幅相等即可读取零点.

(4) 称衡质量不能超过称量值.

(5) 取放物体、砝码或拨动游码、调整天平以及用毕天平时，一定要旋动制动旋钮，使天平横梁落在立柱上. 只有在天平是平衡时才能启动天平. 启动、制动天平，动作要轻，不要发出撞击声. 制动要在指针摆到标尺中央时进行.

(6) 当天平两盘中质量相差较多时，不要把横梁完全升起，只稍启动升起一点，观察到哪边较轻就可以了，只有在近乎平衡时才启动到顶. 启动之后，不允许触碰摆动系统.

(7) 天平的砝码及各部分都要防锈、防蚀，高温物体、液体及带腐蚀性化学药品不得直接放在秤盘中称衡.

(8) 砝码从秤盘中取回要立即放回砝码盒内，不准乱放它处，以免受损或丢失.

(9) 每次称衡完毕都要检查空载平衡，如果空载平衡已被破坏，则测量无效.

【思考题】

(1) 简述游标卡尺的构造及游标原理. 准确度为 $\frac{1}{20}$ mm 的游标卡尺如何读数

和使用?

(2) 简述螺旋测微器的构造、原理及其应用.

(3) 游标卡尺、螺旋测微器如何进行零点校准?

(4) 螺旋测微器的读数方法和游标卡尺有哪些异同点? 螺旋测微器棘轮的作用是什么?

(5) 使用物理天平应注意哪些问题?

(6) 怎样用物理天平称量物体质量? 调整物理天平的步骤是什么? 怎样保护物理天平的刀口?

(7) 你所用的物理天平, 一次直接测量的仪器误差是多少?

实验 3.2　压力传感器测量物体的密度

【实验目的】

(1) 了解金属箔式应变片的应变效应和性能;

(2) 测量应变传感器的压力特性;

(3) 利用压力传感器测量物体的密度.

【实验仪器】

YJ-MDZ-Ⅰ固体液体密度综合实验仪,标准砝码等. 实验装置示意图如图 3.2-1 所示, 实物图如图 3.2-2 所示.

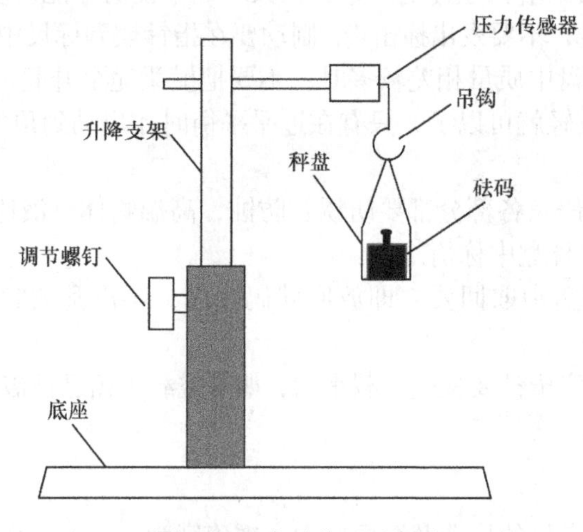

图 3.2-1　实验装置示意图

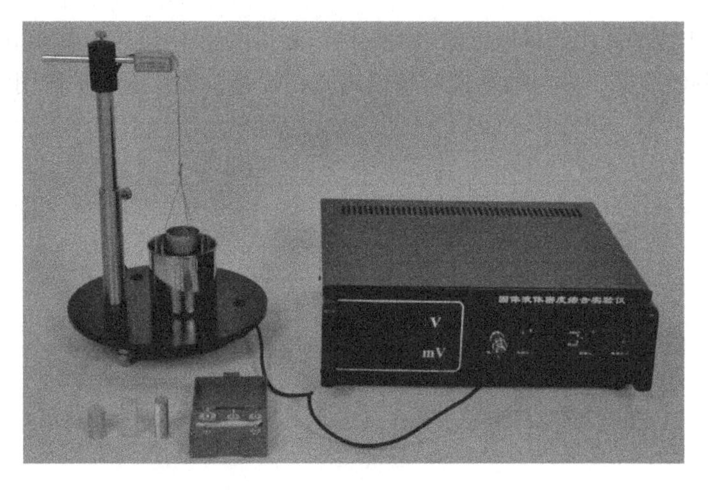

图 3.2-2　实验装置实物图

【实验原理】

1. 压力传感器的工作原理

(1) 金属导体的电阻随其所受机械形变(伸长或缩短)的大小而发生变化，其原因是导体的电阻与材料的电阻率以及导体的几何尺寸(长度和截面)有关. 由于导体在承受机械形变过程中，其电阻率、长度和截面积都要发生变化，从而导致其电阻发生变化，因此电阻应变片能将机械构件上应力的变化转换为电阻的变化. 电阻丝在外力作用下发生机械变形时，其电阻值发生变化，这就是电阻应变效应，描述电阻应变效应的关系式为

$$\Delta R/R = K\varepsilon \tag{3.2-1}$$

式中，$\Delta R/R$ 为电阻丝电阻相对变化；K 为应变灵敏系数；$\varepsilon = \Delta L/L$ 为电阻丝长度相对变化. 金属箔式应变片就是通过光刻、腐蚀等工艺制成的应变敏感元件，通过它转换被测部位受力状态变化. 电桥的作用是完成电阻到电压的比例变化，电桥的输出电压反映了相应的受力状态.

(2) 应变式压力传感器的结构如图 3.2-3 所示. 电阻应变片一般由敏感栅、基底、黏合剂、引线、盖片等组成. 应变片的规格一般以使用面积和电阻值来表示，如“3 mm×10 mm，350 Ω”.

敏感栅由直径为 0.01～0.05 mm 高电阻系数的细丝弯曲成栅状，它实际上是一个电阻元件，是电阻应变片感受构件应变的敏感部分. 敏感栅用黏合剂将其固定在基片上. 基底应保证将构件上的应变准确地传送到敏感栅上去，故基底必须做得很薄(一般为 0.03～0.06 mm)，使它能与试件及敏感栅牢固地黏结在一起；另外，它还应有良好的绝缘性、抗潮性和耐热性. 基底材料有纸、胶膜和玻璃纤维布等. 引出线的作用是将敏感栅电阻元件与测量电路相连接，一般由 0.1～0.2 mm 低阻镀锡铜丝制成，并与敏感栅两端输出端相焊接，盖片起保护作用.

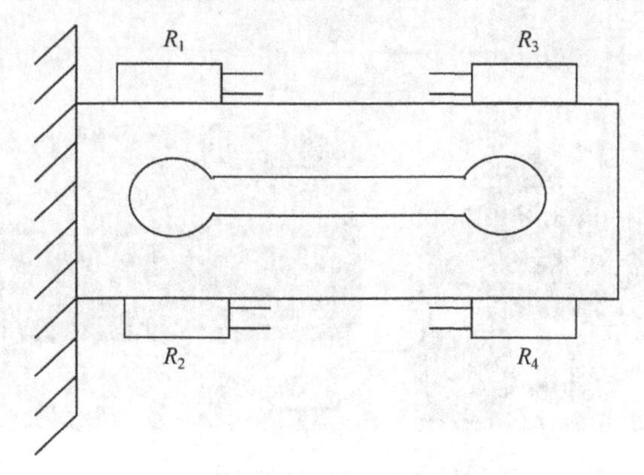

图 3.2-3　应变式压力传感器的结构

在测试时，将应变片用黏合剂牢固地粘贴在被测试件的表面上，随着试件受力变形，应变片的敏感栅也获得同样的形变，从而使电阻随之发生变化，通过测量的电阻值的变化反映出外力作用的大小.

压力传感器是将四片电阻分别粘贴在弹性平衡梁的上下两表面适当的位置，梁的一端固定，另一端自由，用于加载荷外力 F. 弹性梁受载荷 F 作用而弯曲，梁的上表面受拉，电阻片 R_1 和 R_3 亦受拉伸作用电阻增大；梁的下表面受压，R_2 和 R_4 电阻减小. 这样，外力的作用通过梁的形变而使四个电阻值发生变化，这就是压力传感器. 应变片不受力时 $R_1=R_2=R_3=R_4$.

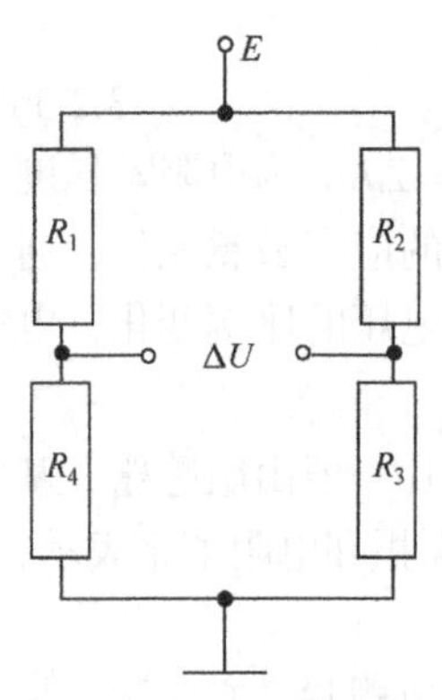

图 3.2-4　全桥测量电路

(3) 压力传感器的压力特性. 应变片可以把应变的变化转换为电阻的变化. 为了显示和记录应变的大小，还需把电阻的变化再转化为电压或电流的变化. 最常用的测量电路为电桥电路. 由应变片组成的全桥测量电路如图 3.2-4 所示，当应变片受到压力作用时，引起弹性体的变形，使得粘贴在弹性体上的电阻应变片 R_1～R_4 的阻值发生变化，电桥将产生输出电压 ΔU，其输出电压正比于所受到的压力，即

$$\Delta U=S\Delta F \tag{3.2-2}$$

其中，S 是压力传感器的灵敏度. 为了消除电桥电路的非线性误差，通常采用非平衡电桥进行测量.

2. 固体密度的测量

物体的密度 ρ 为其质量 m 与体积 V 之比，即

$$\rho = \frac{m}{V} \tag{3.2-3}$$

用流体静力称衡法测量固体密度，如图 3.2-5 所示，用压力传感器分别测出其在空气中的重力 mg 及浸没在水中的视重 m_1g. 由阿基米德原理可知，其所受的浮力等于其所排开的液体的重力，即

$$F_{浮} = mg - m_1g = \rho_0 Vg \tag{3.2-4}$$

式中，V 为物体所排开同体积液体的体积；ρ_0 为水的密度；g 为重力加速度.

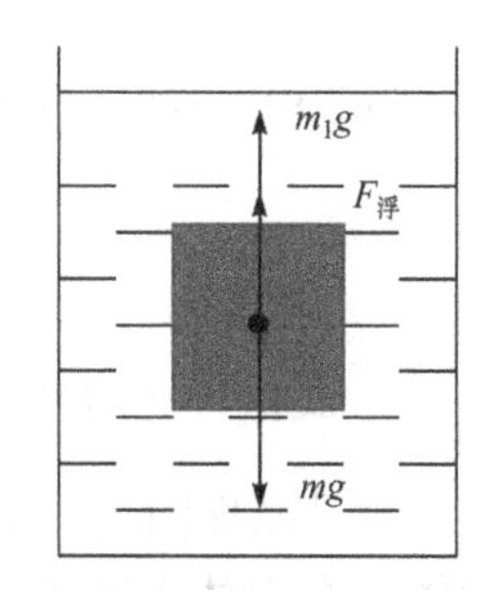

图 3.2-5　流体静力称衡法测量固体密度

设压力传感器空载时(未挂待测物)的输出电压 u_0，挂上待测物时压力传感器输出电压为 u，根据式(3.2-2)可得待测物在空气中的视重为 $mg = (u - u_0)/S$，则待测物的质量为 $m = (u - u_0)/(Sg)$，S 为压力传感器的灵敏度.

待测物完全浸没在水中时，压力传感器输出电压为 u_1，其视重为 $m_1g = (u_1 - u_0)/S$，根据式(3.2-4)，则待测物的体积为

$$V = (u - u_1)/(S\rho_0 g) \tag{3.2-5}$$

待测物的密度为

$$\rho = \frac{m}{V} = \frac{\rho_0 |u - u_0|}{|u - u_1|} \tag{3.2-6}$$

如果用盛物器测量固体密度，要考虑盛物器所受的浮力和所占据的体积. 设盛物器的质量为 m_1，体积为 V_1，待测固体的质量为 m_2，体积为 V_2. 利用压力传感器分别测出盛物器和装有待测固体的盛物器在空气和完全浸没在水中的视重和电压见表 3.2-1.

表 3.2-1　压力传感器测量固体密度

测量的物体	盛物器		装有待测固体的盛物器	
介质	空气中	水中	空气中	水中
压力传感器视重	m_1g	$m_1'g$	$(m_1+m_2)g$	$(m_1'+m_2')g$
压力传感器电压	u_1	u_1'	u	u'

根据表 3.2-1 和式(3.2-2)、式(3.2-4)可得(物体在空气中与水中视重之差为物体的浮力)

$$\rho_0 V_1 g = m_1 g - m_1' g = (u_1 - u_1')/S \tag{3.2-7}$$

$$\rho_0(V_1+V_2)g=(m_1+m_2)g-(m_1'+m_2')g=(u-u')/S \tag{3.2-8}$$

$$m_2g=(m_1+m_2)g-m_1g=(u-u_1)/S \tag{3.2-9}$$

联立式(3.2-7)、式(3.2-8)可得待测固体的体积为

$$V_2=\frac{|u-u'|-|u_1-u_1'|}{\rho_0 gS} \tag{3.2-10}$$

由式(3.2-9)、式(3.2-10)可得待测固体密度 ρ_2 为

$$\rho_2=\frac{m_2}{V_2}=\frac{\rho_0|u-u_1|}{|u-u'|-|u_1-u_1'|} \tag{3.2-11}$$

3. 液体密度的测量

测量原理同“2. 固体密度的测量”，是将固体密度测量的待测固体换成标准物体，在固体密度测量的基础上，将盛物器和装有标准物体的盛物器再浸没到待测液体中，分别测出视重和电压．设盛物器的质量为 m_1，体积为 V_1，标准物体的质量为 m_2，体积为 V_2．利用压力传感器分别测出盛物器和装有标准物体的盛物器在空气、完全浸没在水中和待测液体中时压力传感器的视重和电压，见表 3.2-2．

表 3.2-2　压力传感器测量液体密度

测量的物体	盛物器			装有标准物体的盛物器		
介质	空气中	水中	待测液体	空气中	水中	待测液体
压力传感器视重	m_1g	$m_1'g$	$m_1''g$	$(m_1+m_2)g$	$(m_1'+m_2')g$	$(m_1''+m_2'')g$
压力传感器电压	u_1	u_1'	u_1''	u	u'	u''

同“2. 固体密度的测量”推导过程，可得标准物体在水中的体积为

$$V_2=\frac{|u-u'|-|u_1-u_1'|}{\rho_0 gS} \tag{3.2-12}$$

同理可得，标准物体在待测液体中的体积为

$$V_2=\frac{|u-u''|-|u_1-u_1''|}{\rho_x gS} \tag{3.2-13}$$

其中，ρ_x 为待测液体的密度．比较式(3.2-12)、式(3.2-13)，可得待测液体的密度为

$$\rho_x = \rho_0 \frac{|u - u''| - |u_1 - u_1''|}{|u - u'| - |u_1 - u_1'|} \tag{3.2-14}$$

【实验内容和步骤】

1. 测量压力传感器的灵敏度 S(必做)

(1) 将 100 g 传感器输出电缆线接入实验仪电缆座，测量选择置于 200 mV. 接通电源，调节工作电压为 2 V，按顺序增加砝码的数量(每次增加 10 g)至 100 g，分别测传感器的输出电压，将数据记入表 3.2-3 中.

(2) 按顺序减去砝码的数量(每次减去 10 g)至 0 g，分别测传感器的输出电压.

(3) 用逐差法处理数据，求灵敏度 S.

表 3.2-3　测量压力传感器的灵敏度

m/g	0	10	20	30	40	50	60	70	80	90	100
加 ΔU /mV											
减 ΔU /mV											

2. 压力传感器的电压特性的测量(选做)

保持传感器的压力不变(如 50 g)，改变工作电压分别为 3 V，4 V，5 V，6 V，7 V，8 V，9 V 时测量传感器电源电压 E 与电桥输出电压 ΔU 的关系，将数据记入表 3.2-4 中，作 E-ΔU 关系曲线.

表 3.2-4　压力传感器的电压特性

E/V	3	4	5	6	7	8	9
ΔU /mV							

3. 测量不规则物体的密度(必做)

(1) 测量压力传感器空载时(未挂物体)的输出电压 u_0.

(2) 用细线拴好玻璃片，挂到压力传感器的挂钩上，测量挂上玻璃片时压力传感器的输出电压 u.

(3) 在容器中加入适量的水(约 2/3)，调节升降装置，将玻璃片完全浸没在水中，测量此时压力传感器输出电压 u_1.

(4) 利用式(3.2-6)计算玻璃片的密度. (以上数据测量一次.)

4. 利用盛物器测量固体密度(必做)

(1) 将盛物器挂到压力传感器挂钩上，测量挂上盛物器时压力传感器输出电压 u_1 .

(2) 将待测物放入盛物器中，测量盛物器和待测物在空气中压力传感器的输出电压 u .

(3) 在容器中加入适量的水(约 2/3)，调节升降装置，将盛物器完全浸没在水中，测量此时压力传感器输出电压 u_1' .

(4) 将待测物放入盛物器中，调节升降台，将盛物器和待测物完全浸没在水中，测量此时压力传感器输出电压 u' .

(5) 将测量数据记入表 3.2-5 中，利用式(3.2-11)计算待测物的密度. (以上数据测量一次.)

表 3.2-5　压力传感器测量固体密度

压力传感器电压	u_1 /mV	u /mV	u_1' /mV	u' /mV
测量的数据				

5. 测量液体密度(选做)

(1) 将盛物器挂到压力传感器挂钩上，测量挂上盛物器时压力传感器输出电压 u_1 .

(2) 将标准物放入盛物器中，测量盛物器和标准物在空气中压力传感器的输出电压 u.

(3) 在容器中加入适量的水(约 2/3)，调节升降台，将盛物器完全浸没在水中，测量此时压力传感器输出电压 u_1' .

(4) 将标准物放入盛物器中，调节升降台，将盛物器和标准物完全浸没在水中，测量此时压力传感器输出电压 u' .

(5) 将水换为待测液体，当盛物器完全浸没在待测液体中时，测量压力传感器输出电压 u_1'' .

(6) 将盛物器和标准物两个物体完全浸没在待测液体中，测量压力传感器的输出电压 u'' .

(7) 将测量数据记入表 3.2-6 中，利用式(3.2-14)计算待测液体的密度. (以上数据测量一次.)

表 3.2-6　压力传感器测量液体密度

压力传感器电压	u_1 /mV	u /mV	u_1' /mV	u' /mV	u_1'' /mV	u'' /mV
测量的数据						

实验 3.3　液体表面张力系数的测定

【实验目的】

(1) 学习传感器的定标方法；

(2) 观察拉脱法测液体表面张力的物理过程和物理现象，并用物理学基本概念和定律进行分析和研究，加深对物理规律的认识；

(3) 测量纯水和其他液体的表面张力系数；

(4) 测量液体的浓度与表面张力系数的关系(如酒精不同浓度时的表面张力系数).

【实验仪器】

硅压阻式力敏传感器，数字电压表，力敏传感器固定支架、升降台、底板及水平调节装置，吊环，砝码，玻璃器皿.

实验装置如图 3.3-1 所示.

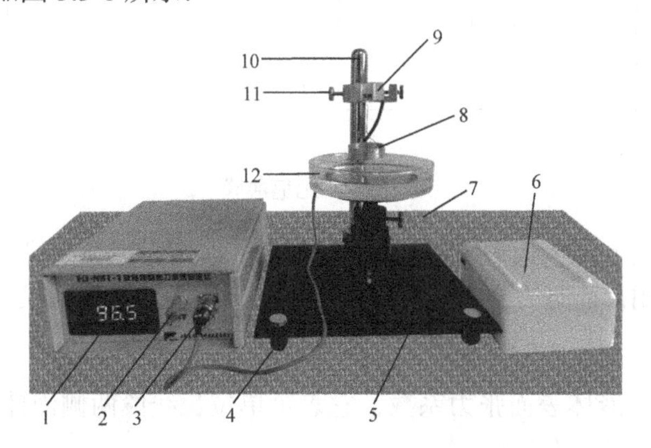

图 3.3-1　液体表面张力系数的测定实验装置

1—数字电压表；2—调零；3—航空插头；4—调节螺丝；5—底座；6—砝码盒；7—升降螺丝；8—吊环；9—力敏传感器；10—支架；11—固定螺丝；12—玻璃器皿

【实验原理】

1. 力敏传感器

硅压阻式力敏传感器是由弹性梁和贴在梁上的传感器芯片组成，该传感器芯片由 4 个扩散电阻集成一个微型的惠斯通电桥. 当外界拉力作用于梁上时，在拉

力的作用下，梁产生弯曲，硅压阻式力敏传感器受力的作用，电桥失去平衡，输出电压的变化与所加外力呈线性关系，即

$$\Delta U = BF \tag{3.3-1}$$

式中，F 为所加外力；ΔU 为相应的电压改变量；B 为力敏传感器的灵敏度，单位 V/N.

2. 液体表面张力系数

液体的表面犹如紧张的弹性薄膜，都有收缩的趋势，所以液滴总是趋于球形. 如图 3.3-2 中的肥皂薄膜，如果从中心将膜刺破(图 3.3-2(a))，由于膜的收缩，线被拉成圆形(图 3.3-2(b)). 这说明液体表面有紧张的弹性薄膜，在表面内存在一种张力. 这种液体表面的张力作用，从性质上看，类似固体内部的拉伸胁强，只不过这种胁强存在于极薄的表面层内，而且不是由于弹性形变引起的，被称为表面张力.

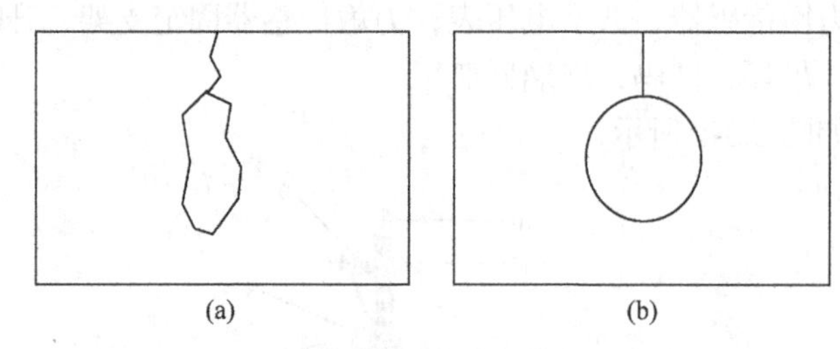

图 3.3-2 肥皂薄膜

设想在液面上作一长为 l 的线段，则张力的作用表现在线段两侧液面以一定的力 f 相互作用，而且力的方向恒与线段垂直，其大小与线段长 l 成正比，即

$$f = \alpha l \tag{3.3-2}$$

比例系数 α 称为液体表面张力系数，它表示单位长线段两侧液体的相互作用力. 表面张力系数的单位为 $\mathrm{N \cdot m^{-1}}$.

本实验采用一个金属环固定在传感器上，将该环浸没于液体中，并渐渐拉起圆环，在圆环下面将带起一液膜，当液膜将被拉直且将要拉断时，根据力学平衡原理，则有

$$F = W + \pi(D_1 + D_2)\alpha + G_{液膜}$$

式中，F 为向上的拉力；W 是吊环和附着在吊环上液体所受的重力；D_1、D_2 分别为圆环内径和外径；$G_{液膜}$ 为液膜被拉断前的重力(这项一般很小，可以忽略). 当液膜拉断后，则有

$$F' = W$$

故

$$\begin{aligned}F-F' &= W+\pi(D_1+D_2)\alpha+G_{液膜}-W \\ &= \pi(D_1+D_2)\alpha+G_{液膜} \\ &\approx \pi(D_1+D_2)\alpha\end{aligned}$$

则吊环从液面拉脱瞬间传感器受到的拉力差值即为液体的表面张力f，即

$$f=\pi(D_1+D_2)\alpha \tag{3.3-3}$$

所以液体表面张力系数为

$$\alpha=\frac{f}{\pi(D_1+D_2)} \tag{3.3-4}$$

由式(3.3-1)，得传感器受到的拉力差

$$f=\frac{U}{B} \tag{3.3-5}$$

式中，$U=U_1-U_2$为液膜拉断前电压读数U_1与拉断后电压读数U_2之差．则液体的表面张力系数α为

$$\alpha=\frac{U}{B\pi(D_1+D_2)} \tag{3.3-6}$$

由式(3.3-6)可知，只要测出传感器的灵敏度B，吊环的内外直径分别为D_1、D_2，液膜被拉断前和拉断后的瞬间电压表的电压变化U，就可计算出表面张力系数α．

【实验内容和步骤】

(1) 实验准备工作：①开机预热；②清洗玻璃器皿和吊环；③在玻璃器皿内放入被测液体并安放在升降台上(玻璃器皿底部可用双面胶与升降台面贴紧固定)．

(2) 若整机已预热15 min以上，可对力敏传感器定标．将砝码盘挂在力敏传感器的钩上，对仪器调零．逐次增加一定质量的砝码(0.5 g)(注意加砝码时应尽量轻，等待砝码盘静止时，再读数)，记录电压表的电压读数U_1，U_2，U_3，…，共加6次砝码．利用逐差法或最小二乘法计算传感器的灵敏度和不确定度．

(3) 测定吊环的内外直径，挂上吊环，测定液膜被拉断前和拉断后的瞬间电压表的电压U_1、U_2，记下这两个数值．重复测量6次，计算电压变化的平均值和不确定度．(在测定液体表面张力系数过程中，可观察到液体产生的浮力与张力的现象，以顺时针转动升降台大螺帽时液体液面上升，当环下沿部分均浸入液体中时，改为逆时针转动该螺帽，这时液面往下降或者说相对吊环往上提拉，观察环

浸入液体中及从液体中拉起时的物理过程和现象．特别应注意吊环即将拉断液柱前一瞬间数字电压表读数值为 U_1，拉断时瞬间数字电压表读数为 U_2.）

(4) 将(2)、(3)测量的结果代入式(3.3-6)，计算液体表面张力系数和不确定度．

【数据记录和数据处理】

1. 力敏传感器灵敏度的测定(表 3.3-1)

表 3.3-1　传感器灵敏度测量数据表

加砝码次数	1	2	3	4	5	6
砝码质量/g						
电压表读数 U/mV						
砝码重量/N						

$\Delta B =$ ________ $\mathrm{V \cdot N^{-1}}$；$\overline{B} =$ ________ $\mathrm{V \cdot N^{-1}}$

处理结果：$B = ($______$\pm$______$)\ \mathrm{V \cdot N^{-1}}$

2. 测量液体表面张力系数(表 3.3-2)

吊环内径 $D_1 =$ ________ mm，　吊环外径 $D_2 =$ ________ mm

$\Delta D_1 =$ ________ mm，　$\Delta D_2 =$ ________ mm(取游标卡尺的 B 类不确定度)

表 3.3-2　液体表面张力系数测量数据表

测量次数	1	2	3	4	5	6
拉断前电压 U_1 /mV						
拉断后电压 U_2 /mV						
$U = (U_1 - U_2)$ /mV						

$U = ($________$\pm$________$)\ \mathrm{mV}$

$$\alpha = \frac{U}{B\pi(D_1 + D_2)} = \underline{\qquad\qquad}\ \mathrm{N \cdot m^{-1}}$$

$$\Delta\alpha = \alpha\sqrt{\left(\frac{\Delta U}{U}\right)^2 + \left(\frac{\Delta B}{B}\right)^2 + \left(\frac{\Delta D_1}{D_1 + D_2}\right)^2 + \left(\frac{\Delta D_2}{D_1 + D_2}\right)^2} = \underline{\qquad\qquad}\ \mathrm{N \cdot m^{-1}}$$

$\alpha = ($________$\pm$________$)\ \mathrm{N \cdot m^{-1}}$

【注意事项】

(1) 吊环须严格处理干净. 可用 NaOH 溶液洗净油污或杂质后，用清洁水冲洗干净，并用热吹风烘干.

(2) 吊环水平须调节好，注意偏差 1°，测量结果引入误差 0.5%；偏差 2°，则引入误差 1.6%.

(3) 仪器开机需预热 15 min.

(4) 在旋转升降台时，尽量使液体的波动要小.

(5) 工作室不宜风力较大，以免吊环摆动致使零点波动，所测系数不正确.

(6) 若液体为纯净水. 在使用过程中防止灰尘和油污及其他杂质污染. 特别注意手指不要接触被测液体.

(7) 力敏传感器使用时用力不宜大于最大量程(由仪器实际参数确定). 拉力过大，传感器容易损坏.

(8) 实验结束须将吊环用清洁纸擦干，用清洁纸包好，放入干燥缸内.

【思考题】

(1) 液体的表面张力是怎样形成的?

(2) 液体的表面张力与哪些因素有关?

实验 3.4　刚体转动惯量的研究

转动惯量是刚体转动中惯性大小的量度. 它取决于刚体的总质量、质量的分布和转轴的位置. 对于形状简单、质量均匀分布的刚体，可以通过数学方法计算出它绕特定转轴的转动惯量，但对于形状比较复杂，或质量分布不均匀的刚体，用数学方法计算其转动惯量是非常困难的，因而大多采用实验方法来测定.

转动惯量的测定，在涉及刚体转动的机电制造、航空、航天、航海、军工等工程技术和科学研究中具有十分重要的意义. 测定转动惯量常采用扭摆法或恒力矩转动法，本实验采用恒力矩转动法测定转动惯量.

【实验目的】

(1) 学习用恒力矩转动法测定刚体转动惯量的原理和方法；

(2) 观测刚体的转动惯量随其质量、质量分布及转轴不同而改变的情况，验证平行轴定理.

【实验仪器】

转动惯量实验仪如图 3.4-1 所示，绕线塔轮通过特制的轴承安装在主轴上，使转动时的摩擦力矩很小. 绕线塔轮半径为 15 mm、20 mm、25 mm、30 mm 和 35 mm，共 5 挡，可与砝码托及 5 个砝码组合(砝码及砝码托的质量请自行称量)产生大小不同的力矩. 载物台用螺钉与绕线塔轮连接在一起，随绕线塔轮转动. 随仪器配备的被测试样有 1 个圆盘、1 个圆环、两个圆柱；试样上标有几何尺寸及质量，便于将转动惯量的测试值与理论计算值比较. 圆柱试样可插入载物台上的不同孔，这些孔到中心的距离分别为 45 mm、60 mm、75 mm、90 mm 和 105 mm，便于验证平行轴定理. 铝制小滑轮的转动惯量与实验台相比可忽略不计. 一只光电门作测量，一只作备用，可通过智能计数计时器上的按钮方便地切换.

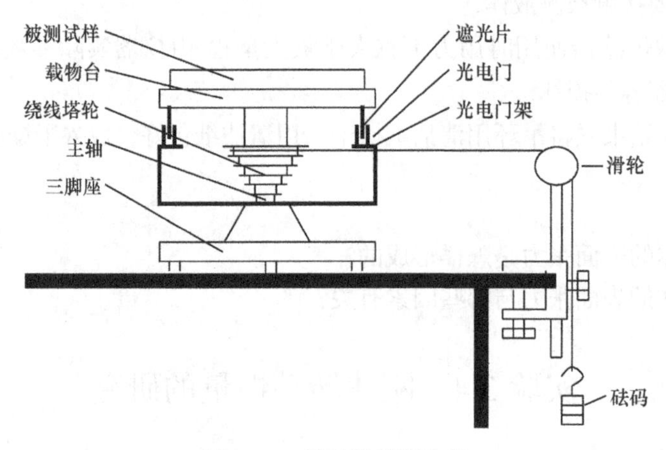

图 3.4-1　转动惯量实验仪

【实验原理】

1. 恒力矩转动法测定转动惯量的原理

根据刚体的定轴转动定律

$$M = J\beta \tag{3.4-1}$$

只要测定刚体转动时所受的总合外力矩 M 及该力矩作用下刚体转动的角加速度 β，就可计算出该刚体的转动惯量 J.

设以某初始角速度转动的空实验台转动惯量为 J_1，未加砝码时，在摩擦阻力矩 M_μ 的作用下，实验台将以角加速度 β_1 做匀减速运动，即

$$-M_\mu = J_1\beta_1 \tag{3.4-2}$$

将质量为 m 的砝码用细线绕在半径为 R 的实验台绕线塔轮上，并让砝码下落，系统在恒外力作用下将做匀加速运动. 若砝码的加速度为 a，则细线所受张力为 $T= m(g-a)$，

其中，g 为重力加速度，一般情况下，$g = 9.8\ \text{m/s}^2$. 若此时实验台的角加速度为 β_2，则有 $a = R\beta_2$. 细线施加给实验台的力矩为 $TR = m(g - R\beta_2)R$，此时有

$$m(g - R\beta_2)R - M_\mu = J_1\beta_2 \tag{3.4-3}$$

将式(3.4-2)、式(3.4-3)联立消去 M_μ 后，可得

$$J_1 = \frac{mR(g - R\beta_2)}{\beta_2 - \beta_1} \tag{3.4-4}$$

同理，若在实验台上加上被测物体后系统的转动惯量为 J_2，加砝码前后的角加速度分别为 β_3 与 β_4，则有

$$J_2 = \frac{mR(g - R\beta_4)}{\beta_4 - \beta_3} \tag{3.4-5}$$

由转动惯量的叠加原理可知，被测试件的转动惯量 J_3 为

$$J_3 = J_2 - J_1 \tag{3.4-6}$$

测得 R、m 及 β_1、β_2、β_3、β_4，由式(3.4-4)～式(3.4-6)即可计算被测试件的转动惯量.

2. β 的测量

实验中采用智能计数计时器记录遮挡次数和相应的时间. 固定在载物台圆周边缘相差 π 角的两遮光细棒，每转动半圈遮挡一次固定在底座上的光电门，即产生一个计数光电脉冲，计数计时器记下遮挡次数 k 和相应的时间 t. 若从第一次挡光($k = 0$，$t = 0$)开始计次、计时，且初始角速度为 ω_0，则对于匀变速运动中测量得到的任意两组数据(k_m，t_m)、(k_n，t_n)，相应的角位移 θ_m、θ_n 分别为

$$\theta_m = k_m\pi = \omega_0 t_m + \frac{1}{2}\beta t_m^2 \tag{3.4-7}$$

$$\theta_n = k_n\pi = \omega_0 t_n + \frac{1}{2}\beta t_n^2 \tag{3.4-8}$$

从式(3.4-7)和式(3.4-8)中消去 ω_0，可得

$$\beta = \frac{2\pi(k_n t_m - k_m t_n)}{t_n^2 t_m - t_m^2 t_n} \tag{3.4-9}$$

由式(3.4-9)即可计算角加速度 β.

3. 平行轴定理

理论分析表明，质量为 m 的物体围绕通过质心 O 的转轴转动时的转动惯量 J_0 最小. 当转轴平行移动距离 d 后，绕新转轴转动的转动惯量为

$$J = J_0 + md^2 \tag{3.4-10}$$

【实验内容和步骤】

1. 实验准备

在桌面上放置转动惯量实验仪，并利用基座上的三颗调平螺钉，将仪器调平. 将滑轮支架固定在实验台面边缘，调整滑轮高度及方位，使滑轮槽与选取的绕线塔轮槽等高，且其方位相互垂直，如图 3.4-1 所示，并用数据线将智能计数计时器中 A 或 B 通道与转动惯量实验仪其中一个光电门相连.

2. 测量并计算实验台的转动惯量 J_1

1) 测量 β_1

通电开机后 LCD 显示“智能计数计时器”欢迎界面延时一段时间后，显示操作界面.

(1) 选择“计时 1-2 多脉冲”.

(2) 选择通道.

(3) 用手轻轻拨动载物台，使实验台有一初始转速并在摩擦阻力矩作用下做匀减速运动.

(4) 按确认键进行测量.

(5) 载物盘转动 15 圈后按确认键停止测量.

(6) 查阅数据，并将查阅到的数据记入表 3.4-1 中.

采用逐差法处理数据，将第 1 组和第 5 组，第 2 组和第 6 组，…，分别组成 4 组，用式(3.4-9)计算对应各组的 β_1 值，然后求其平均值作为 β_1 的测量值.

(7) 按确认键后返回“计时 1-2 多脉冲”界面.

2) 测量 β_2

(1) 选择绕线塔轮半径 R 及砝码质量，将一端打结的细线沿绕线塔轮上开的细缝塞入，并且不重叠的密绕于所选定半径的轮上，细线另一端通过滑轮后连接砝码托上的挂钩，用手将载物台稳住；

(2) 重复 1)中的(2)～(4)步；

(3) 释放载物台，砝码重力产生的恒力矩使实验台产生匀加速转动.

记录 8 组数据后停止测量. 查阅、记录数据于表 3.4-2 中并计算 β_2 的测量值. 由式(3.4-4)即可算出 J_1 的值.

表 3.4-1 测量 β_1 的数据记录表

匀减速									
k									平均
t/s									
k									
t/s									
β_1/s^{-2}									

表 3.4-2 测量 β_2 的数据记录表

匀加速 $R_{塔轮}$=____mm $m_{砝码}$=____g									
k									平均
t/s									
k									
t/s									
β_2/s^{-2}									

3. 测量并计算实验台放上试样后的转动惯量 J_2，计算试样的转动惯量 J_3 并与理论值比较

将待测试样放上载物台并使试样几何中心轴与转轴中心重合，按与测量 J_1 同样的方法可分别测量未加砝码的角加速度 β_3 与加砝码后的角加速度 β_4. 由式(3.4-5)可计算 J_2 的值，已知 J_1、J_2，由式(3.4-6)可计算试样的转动惯量 J_3.

已知圆盘、圆柱绕几何中心轴转动的转动惯量理论值为

$$J=\frac{1}{2}mR^2 \tag{3.4-11}$$

圆环绕几何中心轴的转动惯量理论值为

$$J=\frac{m}{2}\left(R_{外}^2+R_{内}^2\right) \tag{3.4-12}$$

计算试样的转动惯量理论值并与测量值 J_3 比较，计算测量值的相对误差

$$E=\frac{J_3-J}{J}\times 100\% \tag{3.4-13}$$

4. 验证平行轴定理

将两圆柱体对称插入载物台上与中心距离为 d 的圆孔中，测量并计算两圆柱体在此位置的转动惯量. 将测量值与由式(3.4-11)、式(3.4-10)所得的计算值比较，若一致即验证了平行轴定理.

实验 3.5　多普勒效应综合实验

当波源和接收器之间有相对运动时，接收器接收到波的频率与波源实际发出的频率不同的现象，称为多普勒效应(Doppler effect). 多普勒效应在科学研究、工程技术、交通管理、医疗诊断等各方面都有十分广泛的应用. 例如，原子、分子和离子由于热运动而发射和吸收的光谱线变宽，称为多普勒增宽，在天体物理和受控热核聚变实验装置中，光谱线的多普勒增宽已成为一种分析恒星大气及等离子体物理状态的重要测量和诊断手段. 基于多普勒效应原理的雷达系统已广泛应用于导弹、卫星、车辆等运动目标速度的监测. 在医学上利用超声波的多普勒效应来检查人体内脏的活动情况，血液的流速等. 电磁波(光波)与声波(超声波)的多普勒效应原理是一致的. 本实验既可研究超声波的多普勒效应，又可利用多普勒效应将超声探头作为运动传感器，研究物体的运动状态.

【实验目的】

(1) 测量超声接收器运动速度与接收频率之间的关系，验证多普勒效应，并由 f-v 关系直线的斜率求声速；

(2) 利用多普勒效应测量物体运动过程中多个时间点的速度，查看 v-t 关系曲线，或调阅有关测量数据，即可得出物体在运动过程中的速度变化情况，可研究：

① 自由落体运动，并由 v-t 关系直线的斜率求重力加速度；

② 简谐振动，可测量简谐振动的周期等参数，并与理论值比较；

③ 匀加速直线运动，测量力、质量与加速度之间的关系，验证牛顿第二定律；

④ 其他变速直线运动.

【实验仪器】

多普勒效应综合实验仪由实验仪、超声发射/接收器、红外发射/接收器、导轨、运动小车、支架、光电门、电磁铁、弹簧、滑轮、砝码及电机控制器等组成. 实验仪内置微处理器，带有液晶显示屏，图 3.5-1 为多普勒效应综合实验仪的面板图.

实验仪采用菜单式操作，显示屏显示菜单及操作提示，由 ▲ ▼ ◀ ▶ 键选择菜单或修改参数，按“确认”键后仪器执行. 可在“查询”页面查询到在实验时已保存的实验数据. 操作者只需按每个实验的提示即可完成操作.

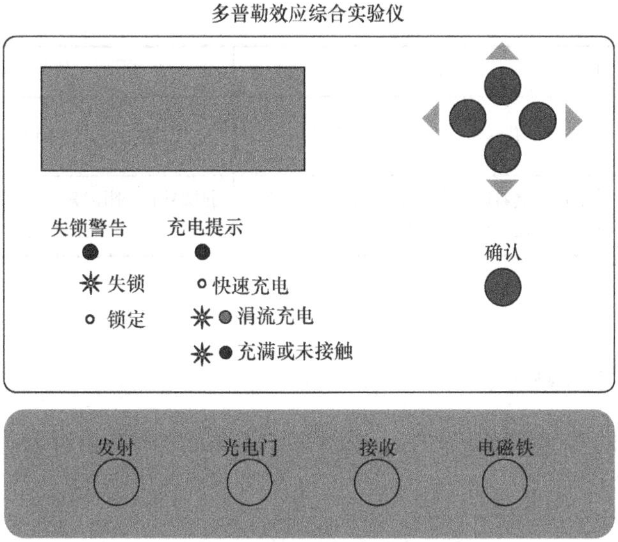

多普勒效应综合实验仪

失锁警告　充电提示

失锁　锁定

快速充电　涓流充电　充满或未接触

确认

发射　光电门　接收　电磁铁

图 3.5-1　多普勒效应综合实验仪面板图

1. 仪器面板上两个指示灯状态介绍

失锁警告指示灯：亮，表示频率失锁，即接收信号较弱(原因：超声接收器电量不足)，此时不能进行实验，需对超声接收器充电，让该指示灯灭；灭，表示频率锁定，即接收信号能够满足实验要求，可以进行实验.

充电指示灯：灭，表示正在快速充电；亮绿色，表示正在涓流充电；亮黄色，表示已经充满；亮红色，表示已经充满或充电针未接触.

2. 电机控制器功能介绍

(1) 电机控制器可手动控制小车变换 5 种速度.

(2) 手动控制小车“启动”，并自动控制小车倒回.

(3) 5 只 LED 灯既可指示当前设定速度，又可根据指示灯状态反映当前电机控制器与小车之间出现的故障(表 3.5-1).

表 3.5-1　故障现象、故障原因及处理方法

故障现象	故障原因	处理方法
小车未能启动	小车尾部磁钢未处于电机控制器前端磁感应范围内	将小车移至电机控制器前端
	传送带未绷紧	调节电机控制器的位置使传送带绷紧

续表

故障现象	故障原因	处理方法
小车倒回后撞击电机控制器	传送带与滑轮之间有滑动	同上
5 只 LED 灯闪烁	电机控制器运转受阻(如传送带安装过紧、外力阻碍小车运动)，控制器进入保护状态	排除外在受阻因素，手动滑动小车到控制器位置，恢复正常使用

【实验原理】

1. 超声的多普勒效应

根据声波的多普勒效应公式，当声源与接收器之间有相对运动时，接收器接收到的频率f为

$$f = f_0 \cdot \frac{u + v_o \cos\alpha_2}{u - v_s \cos\alpha_1} \tag{3.5-1}$$

式中，f_0为声源的实际发射频率；u为声速. 如图 3.5-2 所示，v_s为声源运动速率，α_1为声源运动方向与声源和接收器连线之间的夹角，v_o为接收器运动速率，α_2为接收器运动方向与声源和接收器连线之间的夹角.

图 3.5-2　超声的多普勒效应示意图

若声源保持不动，运动物体上的接收器沿声源和接收器连线方向以速度 v_o 运动，则从式(3.5-1)可得接收器接收到的频率为

$$f = f_0 \cdot \left(1 + \frac{v_o}{u}\right) \tag{3.5-2}$$

当接收器向着声源运动时，v_o取正；反之取负.

若f_0保持不变，用光电门测量物体的运动速度v_o，并由仪器对接收器接收到的频率自动计数，测量接收器接收到的频率f，根据式(3.5-2)，作f-v_o关系图，可得f-v_o关系图是直线，直观验证了多普勒效应.

设$y = f$，$x = v_o$，$a = f_0/u$，$b = f_0$，由式(3.5-2)可得$y = ax + b$，根据实验数据点(f，v_o)利用最小二乘法进行线性拟合，由此可计算出声速$u = f_0/a$.

由式(3.5-2)可解出

$$v_o = u \cdot \left(\frac{f}{f_0} - 1\right) \tag{3.5-3}$$

若已知声速u及声源频率f_0，通过设置使仪器以某种时间间隔对接收器接收到的频率f采样计数，由微处理器按式(3.5-3)计算出接收器运动速度，由显示屏显示

v_0-t 关系图，或调阅有关测量数据，即可得出物体在运动过程中的速度变化情况，进而对物体运动状况及规律进行研究.

2. 超声的红外调制与接收

接收器接收的超声信号采用了无线的红外调制-发射-接收方式，即用超声接收器信号对红外波进行调制后发射，固定在运动导轨一端的红外接收端接收红外信号后，再将超声信号解调出来. 由于红外发射/接收的过程中信号的传输是光速，远远大于声速，它引起的多普勒效应可忽略不计. 采用此技术使得测量更准确，操作更方便. 信号的调制-发射-接收-解调，在信号的无线传输过程中是一种常用的技术.

【实验内容和步骤】

1. 验证多普勒效应并由测量数据计算声速

让小车以不同速度通过光电门，仪器自动记录小车通过光电门时的平均运动速度及与之对应的平均接收频率. 由仪器显示的 f-v_0 关系图可看出速度与频率的关系，若测量数据点绘制的 f-v_0 关系图呈直线，符合式(3.5-2)描述的规律，即直观验证了多普勒效应. 将测量数据点记录下来，用作图法或线性回归法计算 f-v_0 直线的斜率 a，由 a 计算声速 u 并与声速的理论值比较，计算其百分误差.

1) 仪器安装

如图 3.5-3 所示，所有需固定的附件均安装在导轨上，将小车置于导轨上，使其能沿导轨自由滑动，此时，水平超声发射器、传感器接收及红外发射组件(已固定在小车上)、红外接收器在同一轴线上. 将组件电缆接入实验仪的对应接口上. 安装完毕后，电磁铁组件放在轨道旁边，通过连接线给小车上的传感器充电，第一次充电时间约 6～8 s，充满后(仪器面板充电灯变黄色或红色)可以持续使用 4～5 min. 充电完成后将连接线从小车上取下，以免影响小车运动.

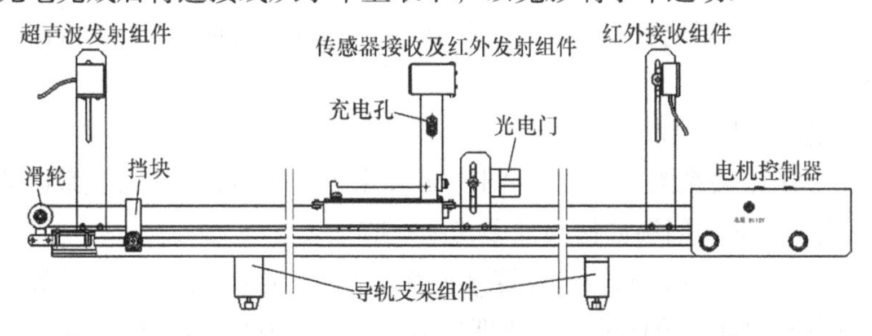

图 3.5-3　多普勒效应验证实验装置示意图

2) 测量准备

(1) 实验前需要在每个速度下测试传送带松紧度是否合适，具体依据可参见下文或表 3.5-1，若存在过松或过紧的情况，需要根据测试结果调节传送带松紧度.

皮带过松，小车前进距离很不正常，因为带动皮带的主动轮与皮带之间打滑，小车自动返回后与控制器存在碰撞，有时甚至会出现较为剧烈的碰撞；当皮带过紧时，小车前进速度较慢，小车前进最大距离较近，小车后退时，运动吃力，容易使控制器进入保护状态(5 个发光二极管闪烁，电机停止转动)，此时手动滑动小车到控制器位置，恢复正常使用. 对于松紧度合适的系统，小车退回后车体后端磁钢距离控制器表面应该在 1～15 mm 之间.

(2) 测试仪开机后，首先要求输入室温. 因为计算物体运动速度时要代入声速，而声速是温度的函数. 利用 ◀ ▶ 将室温 t_c 值调到实际值，按“确认”键；然后仪器将进行自动检测调谐频率 f_0，约几秒钟后将自动得到调谐频率，将此频率 f_0 记录下来，按“确认”进行后面实验.

3) 测量步骤

(1) 在液晶显示屏上，选中“多普勒效应验证实验”，并按“确认”键.

(2) 利用 ◀ ▶ 键修改测试总次数(选择范围 5～10，因为有 5 种可变速度，一般选 5 次)，按 ▼ ，选中“开始测试”，但不要按“确认”键.

(3) 用电机控制器上的“变速”按钮选定一个速度. 准备好后，按“确认”键，再按电机控制器上的“启动”键，测试开始进行，仪器自动记录小车通过光电门时的平均运动速度及与之对应的平均接收频率.

(4) 每一次测试完成，都有“存入”或“重测”的提示，可根据实际情况选择，按“确认”键后回到测试状态，并显示测试总次数及已完成的测试次数.

(5) 按电机控制器上的“变速”按钮，重新选择速度，重复步骤(3)、(4).

(6) 完成设定的测量次数后，仪器自动存储数据，并显示 f-v_o 关系图及测量数据.

注意事项：小车速度不可太快，以防小车脱轨跌落损坏. 若出现故障，请参见表 3.5-1.

4) 数据记录与处理

(1) 显示 f-v_o 关系图，观察并给出 f-v_o 关系图的特点；从 f-v_o 关系图能否验证多普勒效应，并简要回答如何验证多普勒效应.

(2) 用作图法或线性回归法计算 f-v_o 关系直线的斜率 a. 由 a 计算声速 $u = f_0/a$，并与声速的理论值比较，声速理论值由 $u_0 = 331(1+t_c/273)^{1/2}$ $(\mathrm{m \cdot s^{-1}})$ 计算，t_c 表示室温(摄氏温度，单位℃). 测量数据的记录是仪器自动进行的. 在测量完成后，只需在出现的显示界面上，用 ▼ 键翻阅数据并记入表 3.5-2 中，然后用作图法或线性回归法计算出相关结果并填入表格(需要有计算过程).

表 3.5-2　多普勒效应的验证与声速的测量

t_C=____℃　f_0=____Hz

测量数据						直线斜率 a/m^{-1}	声速测量值 $u=(f_0/a)$/(m · s^{-1})	声速理论值 u_0/(m · s^{-1})	百分误差 $(u-u_0)/u_0$
次数 i	1	2	3	4	5				
v_i/(m · s^{-1})									
f_i/Hz									

2. 研究自由落体运动，求自由落体加速度

让带有超声接收器的接收组件自由下落，利用多普勒效应测量物体运动过程中多个时间点的速度，查看 v-t 关系曲线，并调阅有关测量数据，即可得出物体在运动过程中的速度变化情况，进而计算自由落体加速度.

1) 仪器安装与测量准备

仪器安装如图 3.5-4 所示. 为保证超声发射器与接收器在一条垂线上，可用细绳拴住接收器组件，检查从电磁铁下垂时是否正对发射器. 若对齐不好，可用底座螺钉加以调节.

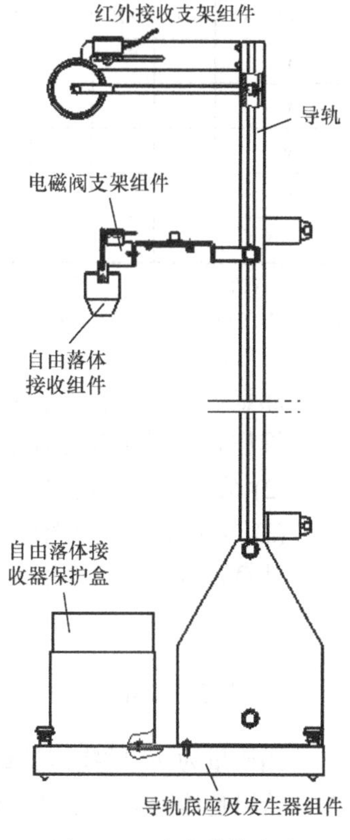

图 3.5-4　自由落体实验

充电时，让电磁阀吸住自由落体接收器组件，并让该接收器组件上充电部分和电磁阀上的九爪测试针(即充电针)接触良好.

充满电后，将接收器组件脱离充电针，下移吸附在电磁铁上.

2) 测量步骤

(1) 在液晶显示屏上，利用 ▼ 键选中“变速运动测量实验”，并按“确认”键.

(2) 利用 ▶ 键修改测量点总数，选择范围 8～150；利用 ▼ 键选择采样步距，利用 ◀ ▶ 键修改采样步距，选择范围 10～100 ms，选中“开始测试”.

(3) 检查是否“失锁”，“锁定”后按“确认”键，电磁铁断电，接收器组件

自由下落. 测量完成后，显示屏上显示 v-t 图，用 ▶ 键选择“数据”，阅读并记录测量结果.

(4) 在结果显示界面中用 ▶ 键选择“返回”，按“确认”键后重新回到测量设置界面. 可按以上程序进行新的测量.

3) 数据记录与处理

将数据记入表 3.5-3 中，由测量数据求得 v-t 直线的斜率即为重力加速度 g.

为减小偶然误差，可作多次测量，将测量的平均值作为测量值，并将测量值与理论值比较，求百分误差；考虑到断电瞬间，电磁铁可能存在剩磁，第一次采样数据的可靠性降低，故从第 2 个采样点开始记录数据.

表 3.5-3　自由落体运动的测量

采样序号 i	2	3	4	5	6	7	8	9	$g/(\mathrm{m\cdot s^{-2}})$	平均值 $g/(\mathrm{m\cdot s^{-2}})$	理论值 $g_0/(\mathrm{m\cdot s^{-2}})$	百分误差 $(g-g_0)/g_0$
$t_i=0.05(i-1)/\mathrm{s}$	0.05	0.10	0.15	0.20	0.25	0.30	0.35	0.40				
v_i												
v_i												
v_i												
v_i												
v_i												

注：表中 $t_i=0.05(i-1)$，t_i 为第 i 次采样与第 1 次采样的时间间隔，0.05 表示采样步距为 50 ms. 如果选择的采样步距为 20 ms，则 t_i 应表示为 $t_i=0.02(i-1)$. 依次类推，根据实际设置的采样步距而定采样时间.

注意：(1) 需将“自由落体接收器保护盒”套于发射器上，避免发射器在非正常操作时受到冲击而损坏.

(2) 安装时切不可挤压电磁阀上的电缆.

(3) 接收器组件下落时，若其运动方向不是严格地在声源与接收器的连线方向，计算速度的误差会增大，故在数据处理时，可根据情况对最后 2 个采样点进行取舍.

3. 研究简谐振动

当质量为 m 的物体受到大小与位移成正比，而方向指向平衡位置的力的作用时，若以物体的运动方向为 x 轴，其运动方程为

$$m\frac{\mathrm{d}^2x}{\mathrm{d}t^2}=-kx \tag{3.5-4}$$

由式(3.5-4)描述的运动称为简谐振动，当初始条件为 $t=0$ 时，$x=-A_0$，$v=\mathrm{d}x/\mathrm{d}t=0$，则方程(3.5-4)的解为

$$x=-A_0\cos\omega_0 t \tag{3.5-5}$$

将式(3.5-5)对时间求导，可得速度方程

$$v=\omega_0 A_0\sin\omega_0 t \tag{3.5-6}$$

由式(3.5-5)和式(3.5-6)可见物体作简谐振动时，位移和速度都随时间周期变化，式中，$\omega_0=(k/m)^{1/2}$，为振动系统的固有角频率.

测量时仪器的安装如图 3.5-5 所示，若忽略空气阻力，根据胡克定律，作用力与位移成正比，悬挂在弹簧上的物体应作简谐振动，而式(3.5-4)中的 k 为弹簧的刚度系数.

1) 实验仪器安装与准备

如图 3.5-5 所示，将弹簧悬挂于电磁铁上方的挂钩孔中，接收器组件的尾翼悬挂在弹簧上. 准备好砝码若干，天平一台，直尺一把.

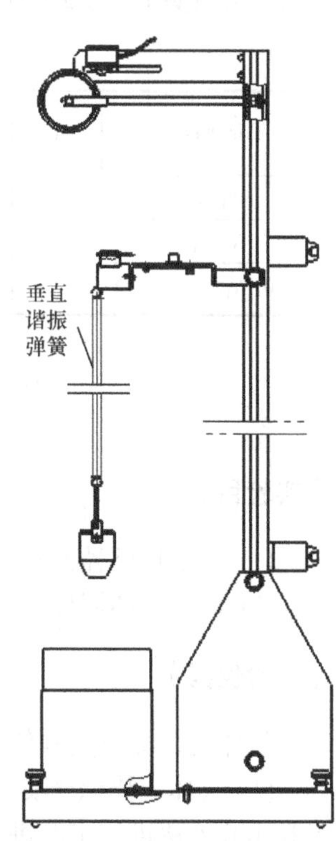

图 3.5-5　简谐振动实验

2) 测量步骤

(1) 将接收组件悬挂上弹簧之后，测量弹簧长度. 加挂质量为 m 的砝码，测量加挂砝码后弹簧的伸长量 Δx，重复测量几组，记入表 3.5-4 中，然后取下砝码. 由 m 及 Δx 计算 k，求 k 的平均值.

(2) 用天平称量垂直运动超声接收器组件的质量 M，由 k 和 M 计算 ω_0.

(3) 将超声接收器组件充满电后悬挂在弹簧上. 在液晶显示屏上，用 ▼ 键选中“变速运动测量实验”，并按“确认”键.

(4) 利用 ▶ 键修改测量点总数为 150(选择范围 8～150)，利用 ▼ 键选择采样步距，并修改为 100(选择范围 50～100 ms)，选中“开始测试”.

(5) 将接收器从平衡位置垂直向下拉约 20 cm，松手让接收器自由振荡，然后按“确认”键，接收器组件开始作简谐振动. 实验仪按设置的参数自动采样，测量完成后，显示屏上出现速度随时间变化的关系曲线.

(6) 在结果显示界面中用 ▶ 键选择“返回”，按“确认”键后重新回到测量

设置界面. 可按以上程序进行新的测量.

注意：接收器自由振荡开始后，再按“确认”键.

3) 数据记录与处理

利用 $k = mg/\Delta x$ 和 $\omega_0 = (k/M)^{1/2}$ 计算弹簧的刚度系数 k 和固有角频率 ω_0.

表 3.5-4 测量 k 和 ω_0

M = ____ kg m = ____ kg

测量次数 i	1	2	3	4	5	$k_{平均}$	$\omega_0=(k/M)^{1/2}/s^{-1}$
Δx_i/m							
$k = (mg/\Delta x_i)/(kg \cdot s^{-2})$							

查阅数据，记录第 1 次速度达到最大时的采样次数 N_{1max} 和第 11 次速度达到最大(注：速度方向一致)时的采样次数 N_{11max}，计算实际测量的运动周期 T 及角频率 ω，并计算 ω_0 与 ω 的百分误差，将数据记入表 3.5-5 中.

表 3.5-5 简谐振动 ω 的测量

测量次数 i	1	2	3	4	5	$T_{平均}$/s	$\omega=(2\pi/T_{平均})/s^{-1}$	百分误差 $(\omega-\omega_0)/\omega_0$
N_{1max}								
N_{11max}								
$T = 0.01(N_{11\,max}-N_{1\,max})$								

实验 3.6 气体定律的研究

【实验目的】

(1) 了解传感器测量温度和压强的技术及其在物理实验中的应用；

(2) 研究气体温度、压强和体积之间的关系.

【实验仪器】

气体定律综合实验仪一台，实验装置一台.

(1) 气体定律综合实验仪如图 3.6-1 所示. 本实验仪对传统的气体定律实验装置和实验方法进行了改进，采用了现代传感器技术测量气体的压力和温度，利用恒温加热实验气体，其原理清晰、操作方便，有利于开拓学生视野，提高其综合素质.

图 3.6-1　气体定律综合实验仪

(2) 如图 3.6-2 所示，实验装置由底座、外筒、内筒(气缸)、活塞、标尺、鼓轮、加热电阻丝、温度传感器、压力传感器、电缆座等组成.

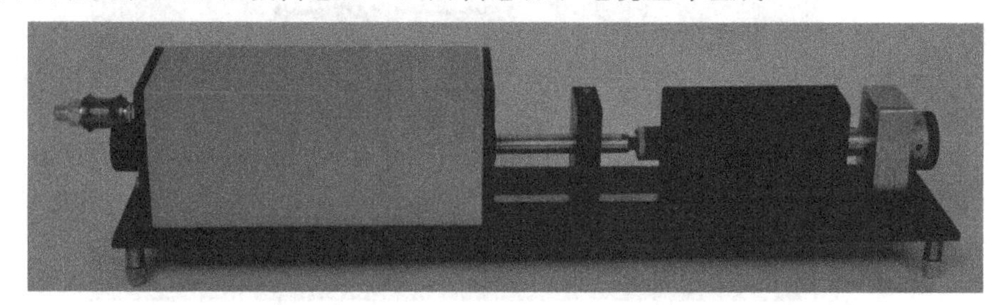

图 3.6-2　气体定律测定实验装置

旋转鼓轮可调节活塞在内筒中的位置. 其位置变化量可由与其相连的标尺和游标读出，温度传感器和压力传感器通过电缆座由电缆与实验仪电缆座相连，可测出内筒中气体(空气)的压强(与内筒外的压强差Δp kPa)和温度(t ℃). 恒温调节器控制加热电阻丝的加热来改变内筒中气体的温度.

【实验原理】

理想气体遵守气体定律和气态方程. 一定质量的理想气体，在温度不变时遵守玻意耳定律

$$p_1V_1 = p_2V_2 = \cdots = \text{恒量}$$

在体积不变时，遵守查理定律

$$\frac{p_1}{T} = \frac{p_2}{T_2} = \cdots = \text{恒量}$$

在压强不变时，遵守盖吕萨克定律

$$\frac{V_1}{T_1}=\frac{V_2}{T_2}=\cdots=\text{恒量}$$

以上三个定律分别描述了理想气体的等温变化、等容变化和等压变化. 式中，T 为绝对温度(K)，$T(\text{K})=273.2+t$，其中 t 为摄氏温度(℃). 一定质量的理想气体当 p、V、T 三个状态参量都发生变化时，温度满足气体状态方程

$$\frac{p_1V_1}{T_1}=\frac{p_2V_2}{T_2}=\cdots=\text{恒量}$$

【实验内容和步骤】

(1) 按图 3.6-3 所示连接好实验仪器，并开启实验仪的电源，打开阀门(拉出)使内筒的气压与大气压一致，旋转鼓轮使活塞处在最外端位置(75.000 mm)，调节实验仪调零旋钮使气压表显示为 0，再关闭阀门.

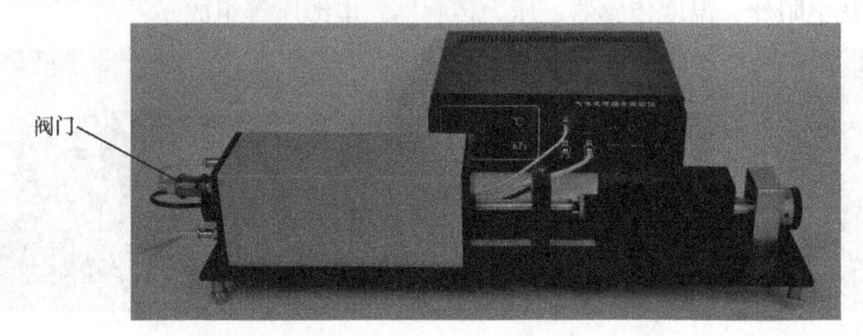

图 3.6-3　实验仪器

(2) 活塞处在最外端位置(75.000 mm)时内筒中气体体积为 $V_1=250.0\ \text{cm}^3$，活塞的截面积为 12.56 cm^2. 待实验仪上的温度表的示值 t_1(内筒中气体的温度)不变时筒内温度 $T_1(\text{K})=273.2+t$. 记下压力表上的压强Δp_1，筒内压强 $p_1=101.33+\Delta p_1$.

(3) 保持温度 T 不变，缓慢旋转鼓轮使活塞向内压缩 1.0000 cm，此时筒内气体的体积为$V_2=250.0-1.0000\times12.56=237.44\ (\text{cm}^3)$，同时记下压力表上的压强$\Delta p_2$.

(4) 依次测量活塞每次移 1.0000 cm 时的体积和压强，共记录 5 次(表 3.6-1).

(5) 旋转鼓轮使活塞处于最外端位置，并保持不变. 打开加热开关，使内筒中的气体温度逐渐升高，每升高 3.0 ℃记录一次相应的压强，共记录 5 次(表 3.6-2).

(6) 关闭加热开关停止加热，使内筒中的气体温度逐渐下降. 同时缓慢旋转鼓轮调节活塞的位置以保持压力表的示值不变(内筒中气体压强不变). 每变化 3.0 ℃，记录一次活塞的位置 S_1，并计算该温度下的气体体积$V_{S_1}=250.0-12.56\times S_1$，连续记录 5 次(表 3.6-3).

【数据记录和数据处理】

V_0=250.0 cm^3，S = 12.56 cm^2.

表 3.6-1　*T* 不变，测量 *p* 和 *V*　　T=______室温℃(不变)

	1	2	3	4	5
ΔP					
P					
V					
PV					

表 3.6-2　*V* 不变，测量 *p* 和 *T*　　V = 250.0 cm^3(不变)

	1	2	3	4	5
ΔP					
P					
T					
P/T					

表 3.6-3　*p* 不变，测量 *T* 和 *V*　　p =______(不变)

	1	2	3	4	5
T					
V					
V/T					

实验 3.7　声速的测量

声波是一种在弹性介质中传播的机械波，声速是描述声波在介质中传播特性的一个基本物理量. 在介质中传播时，声波是纵波，其声速、声衰减等诸多参量都和介质的特性与状态有关，通过测量这些声学量可以探知介质的特性及状态变化. 例如，通过测量声速可求出固体的弹性模量、气体和液体的比重、成分等参量.

在自由空间同一介质中，声速一般与频率无关，例如，在空气中，频率从 20 Hz 变化到 8 万 Hz，声速变化不到万分之二. 由于超声波具有波长短、易于定向发射及抗干扰等优点，所以在超声波段进行声速测量是比较方便的. 本实验用共振干涉法、相位比较法和时差法测量声音在空气中传播的声速，将测量结果与理论计算进行比较，从而对波动学的物理规律和基本概念有更深的理解. 超声波在医学诊断、无损检测、测距等方面都有广泛应用.

【实验目的】

(1) 了解超声波的产生、发射和接收方法；

(2) 熟悉测量仪和示波器的使用方法；

(3) 学习共振干涉法和相位比较法测量声速原理与技术；

(4) 测定声波在空气、水以及固体中的传播速度.

【实验仪器】

超声实验装置(换能器及移动支架组合)，示波器，声速测定信号源.

本实验的声速测定装置及连线图如图 3.7-1 所示，超声实验装置(图中换能器及移动支架组合)的 S1 和 S2 为压电陶瓷超声换能器. S1 为超声发射换能器，声速测定信号源从 S1 输出的正弦交变电压信号接到换能器 S1 上，S1 将电信号转换为超声波，使 S1 发出一平面超声波. S2 为超声波接收换能器，把接收到的声压转换成交变的正弦电压信号后输入到声速测定信号源 S2 输入端，再从 Y2 输出端输入到示波器 CH2 输入端进行观察. 将正弦信号发生器 Y1 接入示波器 CH1 输入端可观察信号源输出的正弦交变电压信号.

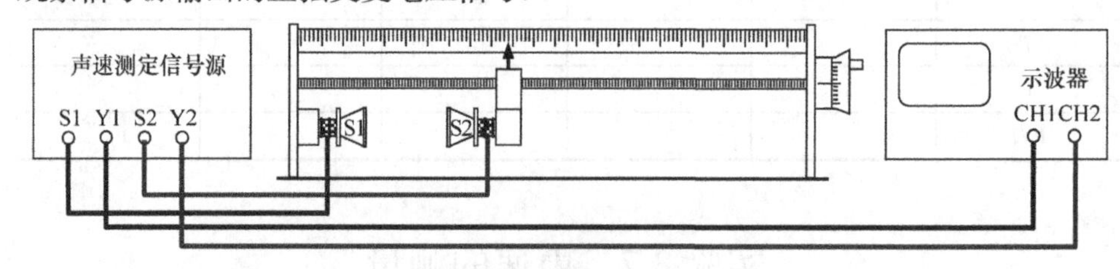

图 3.7-1　声速测定装置及连线图

1. 超声波发射换能器和超声波接收换能器

超声波换能器(传感器)结构如图 3.7-2 所示.

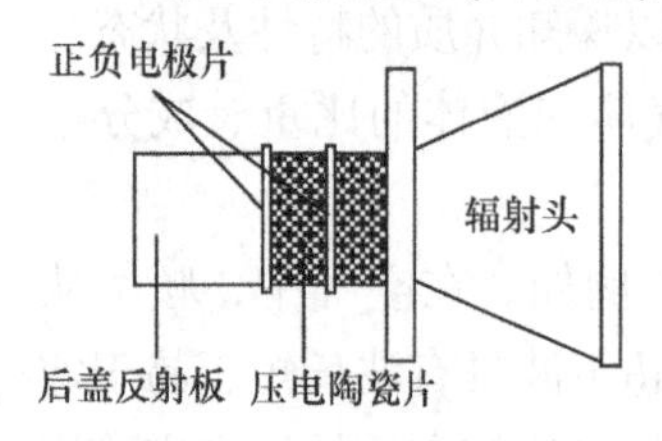

图 3.7-2　超声波传感器

压电陶瓷片是由一种多晶结构的压电材料(如石英、锆钛酸铅、陶瓷等)做成的. 压电材料受到与极化方向一致的应力 F 作用下两极产生异号电荷，两极间产生电势差(称正压电换能器)，在极化方向上会产生一定的电场 E，它们满足线性关系

$$E = g \cdot F \tag{3.7-1}$$

而当压电材料的极化方向两端间加上外加电压 U 时

又能产生伸缩形变 S(称逆压电效应)，与电压 U 也呈线性关系

$$S = a \cdot U \tag{3.7-2}$$

系数 g、a 称为压电常量，与材料性质有关. 本实验采用压电陶瓷超声换能器，将实验仪输出的正弦振荡电信号转换成超声振动. 压电陶瓷片是换能器的工作物质，它是用多晶体结构的压电材料(如钛酸钡、锆钛酸铅等)在一定的温度下经极化处理制成的. 在压电陶瓷片的前后表面粘贴上两块金属组成夹心型振子，就构成了换能器. 由于振子是以纵向长度的伸缩，直接带动头部金属作同样纵向长度伸缩，这样所发射的声波方向性强、平面性好. 每一只换能器都有其固有的谐振频率，换能器只有在其谐振频率上才能有效地发射(或接收). 本实验中压电陶瓷超声换能器的工作频率为 37 kHz 左右，其中一个压电陶瓷超声换能器与支架整体固定作为发射器，另一个压电陶瓷超声换能器作为接收器，在支架丝杆上固定，摇动丝杆摇柄可使接收器前后移动，可改变发射器与接收器的距离. 丝杆上方安装有机械游标尺，可准确测量位置. 整个装置可方便地装入或拿出水槽. 两个压电陶瓷超声换能器的表面互相平行，且谐振频率匹配.

2. 声速测定信号源

声速测定信号源面板见图 3.7-3，左上方有一块 LCD 显示屏，用于显示信号源的工作信息，还有上下左右按键、确认按键、复位按键、频率调节旋钮和电源开关. 上下按键用作光标的上下移动选择，左右按键用作数字的改变选择，确认按键用作功能选择的确认以及工作模式选择界面与具体工作模式界面的交替切换.

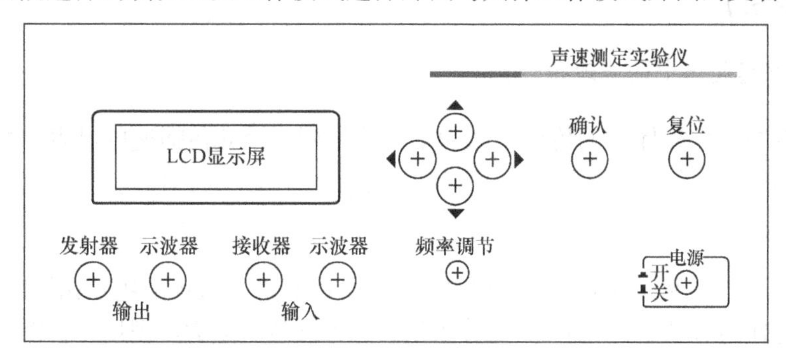

图 3.7-3　声速测定信号源面板

同时还有超声发射驱动信号输出端口(简称 TR，连接到超声波发射换能器)、超声发射监测信号输出端口(简称 MT，连接到示波器显示通道 CH1)、超声接收信号输入端口(简称 RE，连接到超声波接收换能器)、超声接收信号监测输出端口(简称 MR，连接到示波器显示通道 CH2).

声速测定信号源具有选择、调节、输出超声发射器驱动信号，接收、处理超

声接收器信号，显示相关参数，提供发射监测和接收监测端口(连接到示波器)等功能.

开机显示“欢迎”界面后，自动进入“按键说明”界面. 按“确认”键后进入“工作模式选择”界面，可选择驱动信号为连续正弦波工作模式(共振干涉法与相位比较法)或脉冲波工作模式(时差法).

选择连续正弦波工作模式，按“确认”键后进入“频率与增益调节”界面；在该界面下将显示输出频率值；发射增益挡位、接收增益挡位等信息，并可作相应的改动.

选择脉冲波工作模式，按“确认”键后进入“时差显示与增益调节”界面；在该界面下将显示超声波通过目前超声波换能器之间的距离所需的时间值；发射增益挡位、接收增益挡位等信息，并可作相应的改动.

用“频率调节”旋钮调节频率，在连续波工作模式下显示屏将显示当前输出驱动信号的频率值.

增益可在 0 挡到 3 挡之间调节，初始值为 2 挡；发射增益调节驱动信号的振幅；接收增益将调节接收信号放大器的增益，放大后的接收信号由接收监测端口输出. 以上调节完成后就可进行测量了.

改变测量条件可按“确认”键，将交替显示“模式选择”界面或“频率(时差显示)与增益调节”界面. 按“复位”键将返回“欢迎”界面.

【实验原理】

1. 理想气体中的声速值

声波在理想气体中的传播可认为是绝热过程，因此传播速度可表示为

$$v=\sqrt{\frac{\gamma RT}{\mu}} \tag{3.7-3}$$

式中，R 为气体普适常量(R=8.314 $\mathrm{J\cdot mol^{-1}\cdot K}$)；$\gamma$ 是气体的绝热指数(气体比定压热容与比定容热容之比)；μ 为分子量；T 为气体的热力学温度，若以摄氏温度 t 计算，则

$$T=T_0+t,\quad T_0=273.15\,\mathrm{K}$$

代入式(3.7-3)得

$$v=\sqrt{\frac{\gamma R}{\mu}(T_0+t)}=\sqrt{\frac{\gamma R}{\mu}T_0}\cdot\sqrt{1+\frac{t}{T_0}}=v_0\sqrt{1+\frac{t}{T_0}} \tag{3.7-4}$$

对于空气介质，0 ℃时的声速 v_0 =331.45 $\mathrm{m\cdot s^{-1}}$.

2. 声速的测量

声速是描述声波在介质中传播快慢的一个物理量. 其测量方法可分为两种：其一是根据公式$v = s/t$，测出声波传播路程s及传播时间t，求声速v；其二是根据公式$v = \lambda f$，测量声波的频率f和波长λ，求声速v. 本实验采用第二种方法测量声速.

3. 声压驻波

已知两列频率、振幅和振动方向相同的平面简谐波向相反的方向传播时，叠加的合成波就是驻波. 在驻波场中质点振幅最大处为波腹，质点位移振幅近似为零处为波节，相邻波腹或波节的距离为半波长$(\lambda/2)$.

在空气声波的驻波场中，空气质点位移的图像不能直接观察到，而声压可以用压电传感器检测到. 所谓声压就是空气中由于声扰动而引起的超出静态大气压强的那部分压强. 我们测量的声驻波，应为声压驻波.

在声场中，空气质点位移较大处为波腹，该处空气质点较疏、声压较小是声压驻波波节；对空气质点位移较小处的波节，空气质点较密、声压较大是声压驻波波腹. 图3.7-4是声压驻波示意图，线密的地方表示声压大，线疏的地方表示声压小.

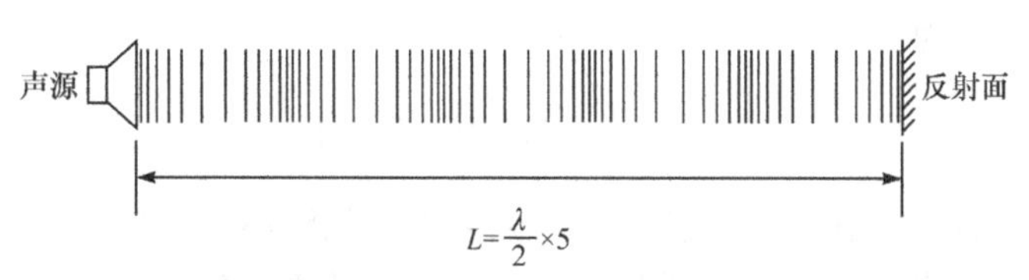

图3.7-4　声压驻波示意图

4. 共振干涉法

设有一从发射源发出的一定频率的平面超声波，经过空气传播，到达接收器，如果接收面与发射面严格平行，入射波即在接收面上垂直反射，入射波与反射波相干涉形成驻波.

设两列振幅相同、频率相同、振动方向相同的简谐波，一个沿x轴正向传播，另一个沿x轴负向传播，u为波的传播速度，其波动方程分别为

发射波
$$y_1 = A\cos\omega\left(t - \frac{x}{u}\right) = A\cos\left(\omega t - \frac{2\pi}{\lambda}x\right) \tag{3.7-5}$$

反射波
$$y_2 = A\cos\omega\left(t + \frac{x}{u}\right) = A\cos\left(\omega t + \frac{2\pi}{\lambda}x\right) \tag{3.7-6}$$

叠加后的合成波为

$$\begin{aligned} y &= y_1 + y_2 \\ &= A\cos\left(\omega t - \frac{2\pi}{\lambda}x\right) + A\cos\left(\omega t + \frac{2\pi}{\lambda}x\right) \\ &= 2A\cos\left(\frac{2\pi}{\lambda}x\right)\cos\omega t \end{aligned} \tag{3.7-7}$$

由式(3.7-7)可看出，两波合成后介质各点都在做同频率的简谐振动，而各点的振幅 $2A\cos\left(\frac{2\pi}{\lambda}x\right)$ 是位置 x 的余弦函数，由此我们不难确定波节和波腹的位置.

因波节质点振幅为零，故

$$\cos\left(\frac{2\pi}{\lambda}x\right) = 0 \quad 或 \quad \frac{2\pi}{\lambda}x = (2k+1)\frac{\pi}{2} \quad (k=0, 1, 2, \cdots)$$

因此波节的位置为

$$x = (2k+1)\frac{\lambda}{4} \quad (k = 0,1,2,\cdots) \tag{3.7-8}$$

在波腹处振幅最大

$$\cos\left(\frac{2\pi}{\lambda}x\right) = 1 \quad 或 \quad \frac{2\pi}{\lambda}x = k\pi \quad (k = 0,1,2,\cdots)$$

因此波腹的位置为

$$x = k\frac{\lambda}{2} \quad (k = 0,1,2,\cdots) \tag{3.7-9}$$

由式(3.7-8)、式(3.7-9)可知，相邻波节(或波腹)间的距离为 $\lambda/2$.

因为波动从波疏介质入射到波密介质时，反射波存在半波损失，所以当发射源与反射面之间的距离为半个波长的整数倍时，两波在反射面处叠加的合位移为零，该处为驻波的波节位置，即为声压驻波的波腹位置，压电传感器在此处将声压转换成的电信号最大. 改变接收器与发射源之间的距离 L，当 L 为半波长的整数倍时，介质中出现稳定的驻波共振现象. 此时，驻波的幅度达到极大；同时，在接收面上的声压波腹也相应地达到极大值. 不难看出，在移动接收器的过程中，相邻两次达到共振所对应的接收面之间的距离即为半波长. 因此，若保持频率 f 不变，通过测量相邻两次接收信号达到极大值时接收面之间的距离($\lambda/2$)，就可以用 $v=\lambda f$ 计算声速.

5. 相位比较法

发射波通过传声介质到达接收器，在同一时刻，发射处的波与接收处的波的相位不同，将发射源 S1 处的信号接入示波器的 x 轴输入端，将接收端 S2 接入示

波器的 y 轴输入端,并置示波器功能于 x-y 方式. 发射源和接收头处声波的振动方程为

$$x = A_1\cos(\omega t + \varphi_1) \tag{3.7-10}$$

$$y = A_2\cos(\omega t + \varphi_2) \tag{3.7-11}$$

式中，A_1 和 A_2 分别为 x 方向和 y 方向振动的振幅；ω 为角频率；φ_1 和 φ_2 分别为 x 方向和 y 方向振动的初相位，则合成振动方程为

$$\frac{x^2}{A_1^2} + \frac{y^2}{A_2^2} - \frac{2xy}{A_1A_2}\cos(\varphi_2 - \varphi_1) = \sin^2(\varphi_2 - \varphi_1) \tag{3.7-12}$$

式(3.7-12)为椭圆方程，其形状由分振动的振幅 A_1，A_2 和相位差 $\Delta\varphi = \varphi_2 - \varphi_1$ 确定. $\Delta\varphi = \varphi_2 - \varphi_1 = 0,\pi$ 时，由式(3.7-12)可得 $y = \pm\frac{A_2}{A_1}x$，轨迹为直线(简谐运动)，如图 3.7-5 所示.

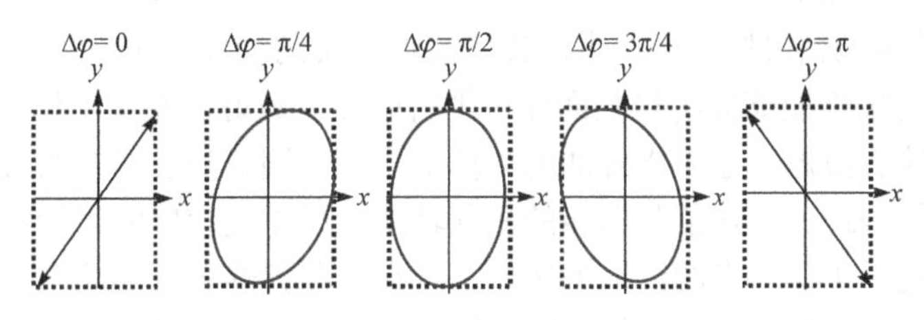

图 3.7-5　椭圆形状与相位关系图

由波动理论可知波传播距离为 L 时相位变化(相位差)为

$$\Delta\varphi = \varphi_2 - \varphi_1 = \frac{2\pi}{\lambda}L \tag{3.7-13}$$

由图 3.7-5 可知，椭圆变为相邻的两个斜率符号相反的直线时(图中 $\Delta\varphi = 0, \Delta\varphi = \pi$ 两直线)，相位差改变为 π，由式(3.7-13)可得 $L = \lambda/2$.

设发射头 S1 和接收头 S2 之间的距离为 L，改变 L 相当于改变了发射波和接受波之间的相位差，这样，荧光屏上的图形将随 L 的变化按图 3.7-5 不断变化. 显然，调节接收头的位置，使椭圆变为相邻的两个斜率符号相反的直线时，S1、S2 之间距离改变了半个波长. 因此，调节接收头每移动半个波长，就会重复出现斜率符号相反的直线，测得了波长 λ 和频率 f，根据式 $v = \lambda f$ 可计算出声音在介质中传播的速度.

图形调整：接收距离的变化造成接收信号的强度变化，出现李萨如图形偏离示波屏中心或图形不对称的情况时，可调节示波器输入衰减旋钮、x 轴或 y 轴，使得图形变得更直观.

【实验内容和步骤】

1. 必做实验：声音在空气中传播速度测量

1) 声速测定仪系统的连接与工作频率调节

(1) 按图 3.7-1 将实验装置接好，其中信号源输出端发射器 TR 接实验装置超声发射(定子)，相应示波器接口 MT 接示波器 CH1 通道，用于观察发射波形；信号源输入端接收器 RE 接实验装置超声接收(动子)，相应示波器接口 MR 接示波器 CH2 通道，用于观察接收波形.

(2) 在接通市电开机，LED 显示屏显示“欢迎”界面后，自动进入“按键说明”界面. 按“确认”键后进入“工作模式选择”界面，可选择驱动信号为连续正弦波工作模式(共振干涉法与相位比较法)或脉冲波工作模式(时差法)；在工作模式选择界面中选择驱动信号为连续正弦波(sine-wave)工作模式，在连续正弦波工作模式中使信号源工作预热 15 min.

(3) 调节驱动信号频率到压电陶瓷换能器系统的最佳工作点(只有当发射换能器的发射面与接收换能器的接收面保持平行时才有较好的系统工作效果. 为了得到较清晰的接收波形，还需将外加的驱动信号频率调节到发射换能器的谐振频率点处，才能较好地进行声能与电能的相互转换，以得到较好的实验效果).

超声换能器工作状态的调节方法如下：在仪器预热 15 min 并正常工作以后，首先摇动超声实验装置丝杆摇柄，将接收端(压电陶瓷接收器)大致调整到标尺 8～9 cm 之间的位置，然后调节声速测定仪信号源输出电压增益为 2 挡，调整信号频率(在 30～45 kHz)，使接收端接收到的信号幅值最大；然后保持频率不变，在该位置摇动丝杆摇柄左右微调接收端位置，接收到的信号幅值最大；最后保持接收端位置不变，微调频率，接收到的信号幅值最大. 此时该频率即可作为压电陶瓷换能器系统的最佳工作频率点，记录此工作频率.

2) 用共振干涉法测量空气中的声速

(1) 按步骤 1)的要求完成系统连接与调谐，并保持在实验过程中不改变调谐频率. 建议设定发射增益为 2 挡、接收增益为 2 挡，或根据实际波形增减增益.

(2) 调节示波器相关旋钮使扫描速度约为 10 μs / DIV[①]，信号输入通道输入调节旋钮约为 0.1 V/DIV(根据实际情况有所不同).

(3) 摇动超声实验装置丝杆摇柄，在发射器与接收器距离为 5 cm(接收器在标尺 8～9 cm 之间)附近处，找到共振位置(振幅最大)，作为第 1 个测量点并记录读数. 摇动摇柄使接收器远离发射器，每到共振位置均记录位置读数，共记录 10 组数据于表 3.7-1 中.

---

① DIV 是示波器中的格.

表 3.7-1　共振干涉法测量空气中的声速

谐振频率 f_0=________kHz　误差限(Δf_0)：____kHz　室温 t=____℃

测量次数 i	1	2	3	4	5
位置 L_i/mm					
测量次数 i+5	6	7	8	9	10
位置 L_{i+5}/mm					
波长 $\lambda_i = 2\times\left\|L_{i+5}-L_i\right\|/5$					

接收器移动过程中若接收信号振幅变动较大将影响测量结果，可调节示波器的通道增益旋钮，使波形显示大小合理.

3) 用相位比较法测量空气中的声速

(1) 按步骤 1)的要求完成系统连接与调谐，并保持在实验过程中不改变调谐频率. 建议设定发射增益为 2 挡、接收增益为 2 挡，或根据实际波形增减增益.

(2) 将示波器设定为 x-y 工作状态. 将信号源的发射监测输出信号接到示波器的 x 输入端，接收监测输出信号接到示波器的 y 输入端，利用李萨如图形来观察发射波与接收波的相位差(对于两个同频率互相垂直的简谐振动的合成，随着两者之间相位差从 0～π 变化过程中，其李萨如图形由斜率为正的直线变为椭圆，再由椭圆变到斜率为负的直线，每移动半个波长，就会重复出现斜率正负交替的直线图形).

(3) 信号输入通道输入电压增益调节旋钮约为 0.1 V/DIV(根据实际情况有所不同). 调节发射器与接收器距离为 5 cm(接收器在标尺 8～9 cm 之间)附近处.

(4) 摇动摇柄找到 $\Delta\varphi=0$ 或 π 的点(即示波器上椭圆变为正的直线或负的直线时，接收器所对应的位置)，作为第 1 个测量点，并记录读数. 摇动摇柄使接收器远离发射器，每到 $\Delta\varphi=\pi$ 或 0 时均记录读数(注意：任意相邻两点必须是正负直线所对应的数据)，共记录 10 组数据于表 3.7-2 中.

表 3.7-2　相位比较法测量空气中的声速

谐振频率 f_0=________kHz　　室温 t=____℃

测量次数 i	1	2	3	4	5
位置 L_i/mm					
测量次数 i+5	6	7	8	9	10
位置 L_{i+5}/mm					
波长 $\lambda_i = 2\times\left\|L_{i+5}-L_i\right\|/5$					

接收器移动过程中，若接收信号振幅变动较大，将影响测量结果，可调节示波器 y 通道增益旋钮，使波形显示大小合理.

(5) 本实验温度应正确仔细地测量(为什么？)，并记录温度计的温度，由式(3.7-4)求出声速的理论值，将实验值与理论值进行比较.

(6) 将共振干涉法和相位比较法测量空气中声速的两种方法的测量结果比较，计算相对偏差.

2. 选做实验：声音在水和固体中传播速度测量

1) 用相位比较法测量超声波在水中的声速

实验步骤同“1. 必做实验”的步骤 3). 要求：发射器与接收器距离为 3 cm(接收器在标尺 6～7 cm 之间).

2) 用时差法测量超声波在水中的声速

按“1. 必做实验”的步骤 1)的要求完成系统连接与调谐，并保持在实验过程中不改变调谐频率.

信号源选择脉冲波工作模式，设定发射增益为 2，接收增益调节为 2 挡. 将发射器与接收器距离为 3 cm 附近处作为第 1 个测量点，记录读数与时差. 摇动摇柄使接收器远离发射器，每隔 20 mm 记录位置与时差读数，共记录 10 点.

也可以用示波器观察输出与输入波形的相对关系. 将示波器设定在扫描工作状态，扫描速度约为 0.2 ms/DIV，发射信号输入通道调节为 0.1 V/DIV，并设为触发信号，接收信号输入通道调节为 0.1 V/DIV(根据实际情况有所不同).

3) 用时差法测量固体中的声速

由于被测固体样品的长度不能连续变化，因此只能采用时差法进行测量. 为了增强测量的可靠性，在换能器端面及被测固体的端面上涂上声波耦合剂，建议采用医用超声耦合剂. 测量方法可参考“2. 选做实验”的步骤 2).

[数据记录和数据处理]

表 3.7-1　共振干涉法测量空气中的声速

谐振频率 f_0 = <u>37.757</u> kHz　误差限(Δf_0)：<u>0.001</u> kHz　室温 t = <u>25</u> ℃

测量次数 i	1	2	3	4	5
位置 L_i/mm	81.54	86.12	90.72	95.30	99.90
测量次数 i+5	6	7	8	9	10
位置 L_{i+5}/mm	104.50	109.10	113.68	118.30	122.92
波长 $\lambda_i = 2\times\|L_{i+5}-L_i\|/5$	9.184	9.192	9.184	9.200	9.208

数据处理

$$\overline{\lambda}=\frac{1}{5}\sum_{i=1}^{5}\lambda_i=9.1936\ \text{mm}$$

$$u_{\text{A}}=\sqrt{\frac{\sum_{i=1}^{5}(\lambda_i-\overline{\lambda})^2}{5\times(5-1)}}=0.0047\ \text{mm}$$

$$u_{\text{B}}=\frac{\varDelta}{\sqrt{3}}=\frac{0.02}{\sqrt{3}}=0.0115\ (\text{mm})$$

$$u(\lambda)=u_{\text{C}}=\sqrt{u_{\text{A}}^2+u_{\text{B}}^2}=0.012\ \text{mm}$$

$$u(f_0)=\frac{\Delta f_0}{\sqrt{3}}=\frac{0.001}{\sqrt{3}}=0.00058\ (\text{kHz})$$

$$\overline{v}=f_0\overline{\lambda}=347.123\ \text{m}\cdot\text{s}^{-1}$$

$$u(\overline{v})=\overline{v}\sqrt{\left(\frac{u(\lambda)}{\overline{\lambda}}\right)^2+\left(\frac{u(f_0)}{f}\right)^2}=0.453\ \text{m}\cdot\text{s}^{-1}$$

实验测量结果

$$v=\overline{v}\pm u(\overline{v})=(347.1\pm0.5)\ \text{m}\cdot\text{s}^{-1}$$

将 t=25 ℃代入声速理论公式得

$$v_{\text{理论}}=331.45+0.59t=331.45+0.59\times25=346.2\ (\text{m}\cdot\text{s}^{-1})$$

误差

$$E=(v_{\text{实验}}-v_{\text{理论}})/v_{\text{理论}}\times100\%=0.26\%$$

【思考题】

(1) 声波与光波、微波有何区别?

(2) 为何在声波形成驻波时，在波节位置声压最大，因而接收器输出信号最大?

(3) 在什么条件下，声波传播中的压缩与稀疏不是绝热过程？这对声速测量结果有何影响?

(4) 对于固体介质，用改变 S2 的位置来改变传播距离求出波长再计算声速的方法往往不可行. 试在传播距离不变的条件下，设计一种利用本实验提供的设备测声速的方法.

实验 3.8　伸长法测量金属丝的杨氏模量

力作用于物体所引起的效果之一是使受力物体发生形变，物体的形变可分为弹性形变和塑性形变. 固体材料的弹性形变又可分为纵向、切变、扭转、弯曲，对于纵向弹性形变可以引入杨氏模量来描述材料抵抗形变的能力. 杨氏模量是表征固体材料性质的一个重要的物理量，是工程设计上选用材料时常需涉及的重要参数之一，一般只与材料的性质和温度有关，与其几何形状无关. 实验测定杨氏模量的方法很多，如拉伸法、弯曲法和振动法(前两种方法属静态法，后一种属动态法). 当前更多的是用拉伸法测定金属丝的杨氏模量，它提供了测量微小长度的方法，既有光杠杆法，也有显微镜法. 显微镜测量基本分两种：目镜分化测量和软件测量. 本仪器兼具光杠杆法和显微镜法，后者采用软件测量方式，两种方法相互独立，实验时既可只采用其中一种方法，也可两种方法同时采用.

【实验目的】

(1) 学会用拉伸法测量金属丝的杨氏模量，掌握光杠杆法测量微小伸长量的原理，掌握显微镜法测量微小伸长量的原理；

(2) 掌握各种测量工具的正确使用方法；

(3) 学会用逐差法或最小二乘法处理实验数据，学会不确定度的计算方法，结果的正确表达.

【实验仪器】

仪器如图 3.8-1 所示(图中照片仅供参考，以实物为准)，主要由实验架、光杠杆组件、数码显微组件，以及数字拉力计、长度测量工具(包括卷尺、游标卡尺、螺旋测微器)、安装有专业软件的计算机(用户自备)组成.

1. 实验架

实验架是待测金属丝杨氏模量测量的主要平台. 金属丝一端穿过横梁被上夹头夹紧，另一端被下夹头夹紧，并与拉力传感器相连，拉力传感器再经螺栓穿过下台板与施力螺母相连. 施力螺母采用旋转加力方式，加力简单、直观、稳定. 拉力传感器输出拉力信号通过数字拉力计显示金属丝受到的拉力值. 实验架含有最大加力限制功能，实验中最大实际加力不应超过质量为 13.00 kg 的力.

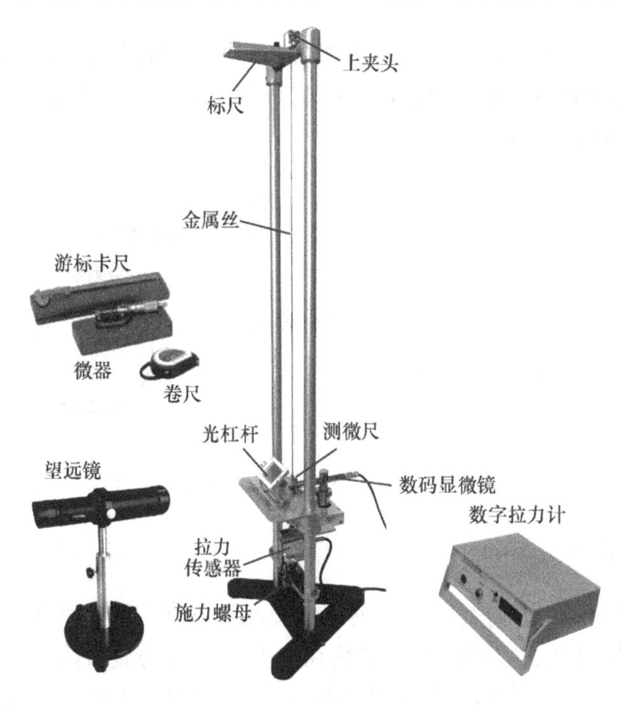

图 3.8-1　杨氏模量测量仪

2. 光杠杆组件

光杠杆组件包括光杠杆、标尺、望远镜，光杠杆上有反射镜和与反射镜连动的动足等结构. 光杠杆结构示意图如图 3.8-2 所示. 图中 a、b、c 为三个尖状足，a、b 为前足，c 为后足(或称动足)，实验中 a、b 不动，c 随着金属丝伸长或缩短而向下或向上移动，锁紧螺钉用于固定反射镜的角度. 三个足构成一个三角形，两前足连线的高 D 称为光杠杆常量(与图 3.8-5 中的 D 相同)，可根据需求改变 D 的大小.

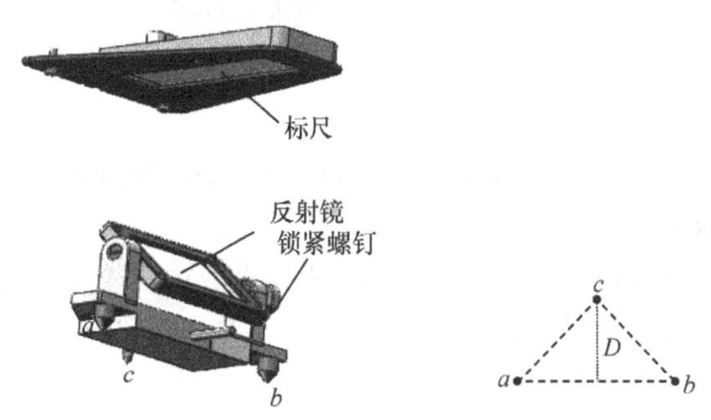

图 3.8-2　光杠杆结构示意图

望远镜放大倍数为 12 倍，最近视距为 0.3 m，含有目镜十字分划线(纵线和横线)，镜身可 360°转动. 通过望远镜架可调升降、水平转动及俯仰倾角. 望远镜结构示意图如图 3.8-3 所示.

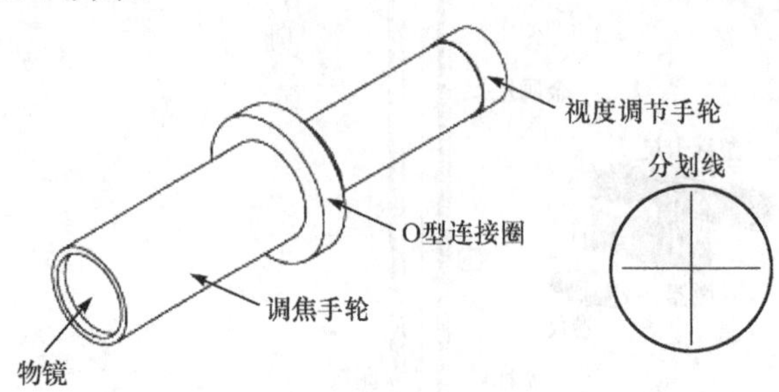

图 3.8-3　望远镜结构示意图

3. 数码显微组件

数码显微组件包括测微尺、数码显微镜及其支架. 支架可在水平方向作一维移动，并有升降功能. 数码显微镜安装在支架上，数码显微镜与测微尺之间的距离可调. 测微尺上含有刻度，量程为 10 mm，分辨力为 1 DIV = 0.1 mm，表示 1 小格长度是 0.1 mm. 测微尺刻度示意图如图 3.8-4 所示.

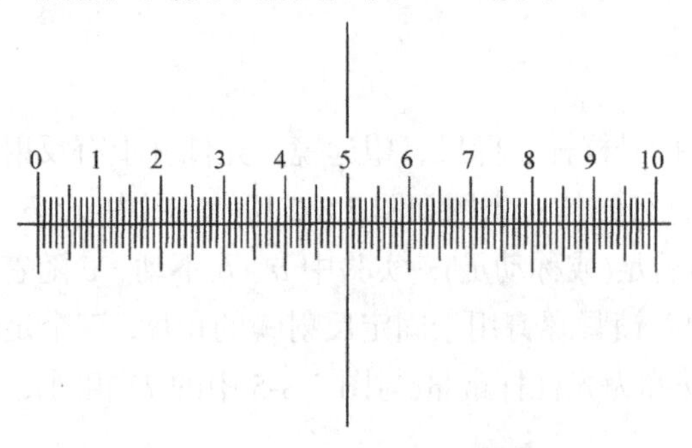

图 3.8-4　测微尺刻度示意图

4. 数字拉力计

电源：AC 220V±10%，50 Hz. 显示范围：0～±19.99 kg(三位半数码显示). 最小分辨力：0.001 kg.

含有显示清零功能(短按“清零”按钮显示清零). 含有直流电源输出接口：输出直流电，用于给背光源供电.

【实验原理】

设金属丝的原长为 L，横截面积为 S，沿长度方向施力 F 后，其长度改变 ΔL，则金属丝单位面积上受到的垂直作用力 $\sigma = F/S$ 称为正应力，金属丝的相对伸长量 $\varepsilon = \Delta L/L$ 称为线应变. 实验结果指出，在弹性范围内，由胡克定律可知物体的正应力与线应变成正比，即

$$\sigma = E \cdot \varepsilon \tag{3.8-1}$$

或

$$\frac{F}{S} = E \cdot \frac{\Delta L}{L} \tag{3.8-2}$$

比例系数 E 即为金属丝的杨氏模量(单位：Pa 或 $N \cdot m^{-2}$)，它表征材料本身的性质，E 越大的材料，要使它发生一定的相对形变所需要的单位横截面积上的作用力也越大.

由式(3.8-2)可知

$$E = \frac{F/S}{\Delta L/L} \tag{3.8-3}$$

对于直径为 d 的圆柱形金属丝，其杨氏模量为

$$E = \frac{F/S}{\Delta L/L} = \frac{mg\Big/\left(\frac{1}{4}\pi d^2\right)}{\Delta L/L} = \frac{4mgL}{\pi d^2 \Delta L} \tag{3.8-4}$$

式中，L(金属丝原长)可由卷尺测量；d(金属丝直径)可用螺旋测微器测量；F(外力)可由实验中数字拉力计上显示的质量 m 求出，即 $F = mg$(g 为重力加速度)；而 ΔL 是一个微小长度变化(mm 级). 针对 ΔL 的测量方法，本实验仪既能采用光杠杆法，也能采用显微镜法来测量. 下面分别对两种方法进行介绍.

1. 光杠杆法

光杠杆法主要是利用平面镜转动，将微小角位移放大成较大的线位移后进行测量. 仪器利用光杠杆组件实现放大测量功能. 光杠杆组件包括：反射镜、与反射镜连动的动足、标尺等. 其放大原理如图 3.8-5 所示.

开始时，望远镜对齐反射镜中心位置，反射镜法线与水平方向成一夹角，在望远镜中恰能看到标尺刻度 x_1 的像. 动足足尖放置在夹紧金属丝夹头的表面上，当金属丝受力后，产生微小伸长 ΔL，与反射镜连动的动足足尖下降，从而带动反射镜转动相应的角度 θ，根据光的反射定律可知，在出射光线(即进入望远镜的光线)不变的情况下，入射光线转动了 2θ，此时望远镜中看到标尺刻度为 x_2.

实验中 $D \gg \Delta L$，所以 θ 甚至 2θ 会很小. 从图 3.8-5 的几何关系中我们可以看出，2θ 很小时有

$$\Delta L \approx D \cdot \theta, \qquad \Delta x \approx H \cdot 2\theta$$

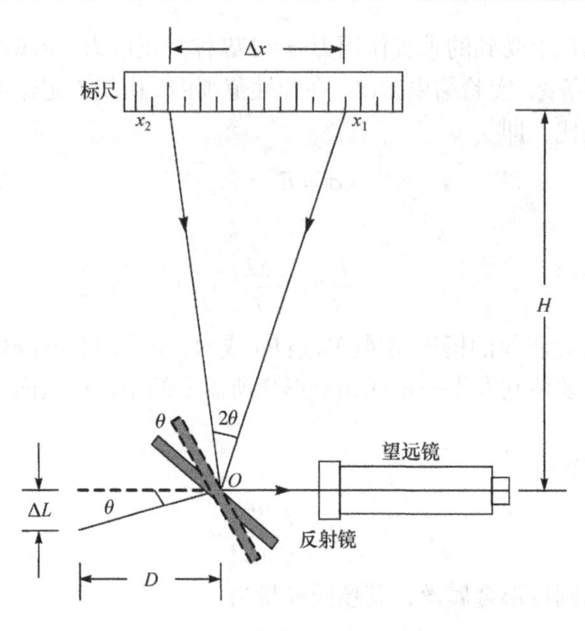

图 3.8-5　光杠杆放大原理图

所以

$$\Delta x = \frac{2H}{D} \cdot \Delta L \tag{3.8-5}$$

其中，$2H/D$ 称作光杠杆的放大倍数，H 是反射镜中心与标尺的垂直距离. 仪器中 $H \gg D$，这样一来，便能把一微小位移 ΔL 放大成较大的容易测量的位移 Δx. 将式(3.8-5)代入式(3.8-4)得到

$$E = \frac{8mgLH}{\pi d^2 D} \cdot \frac{1}{\Delta x} \tag{3.8-6}$$

如此，可以通过测量式(3.8-6)右边的各参量得到被测金属丝的杨氏模量，式(3.8-6)中各物理量的单位取国际单位(SI 制).

2. 显微镜法

本实验采用软件测量方式的数码显微测量方法. 数码显微测量是将光学显微镜技术、光电转换技术、软件显示测量技术等结合在一起的测量技术，一般由数码显微镜、图像显示及处理系统组成. 数码显微镜主要功能是成像，图像显示及处理主要由计算机软件完成. 在自备光源的照明下，由成像镜头摄取目标对象的细节，成像在 CMOS 或 CCD 图像传感器上，经过光电转换和图像信号处理后送到显示器上，显示清晰放大的图像供观察、预览，并可通过专业软件进行标定与测量.

在测量之前，需要进行标定. 由于图像尺寸 Y(以像素数单位 pix 表示)与实物尺寸 y(以长度单位 mm 表示)之间存在一一对应关系，即二者之间的测量比 $K=Y/y$ 为常数，由数码显微镜的物镜放大率和 CMOS 或 CCD 器件的放大率所决定. 利用一尺寸已知的标准器件(如测微尺)作为测量目标，对测量系统的测量比 K 作精确标定. 测量尺寸未知的物体时，只需测定其图像包含的像素数，除以 K，即可获得实物的尺寸.

数码显微测量技术使得我们可以对微观领域的研究从传统的普通双眼观察到通过显示器再现，可以与计算机相接，实现多人同时观察，减少视觉疲劳，提高工作效率；可以预览、保存观察到的显微效果，广泛地应用于科学研究、产品检测、教学演示、考古等方面.

【实验内容和步骤】

实验前应保证上下夹头均夹紧金属丝，防止金属丝在受力过程中与夹头发生相对滑移.

1. 光杠杆法测量金属丝杨氏模量的实验步骤

(1) 将拉力传感器信号线接入数字拉力计信号接口，用直流连接线连接数字拉力计电源输出孔和标尺背光源电源插孔.

(2) 打开数字拉力计电源开关，预热 10 min. 背光源应被点亮，标尺刻度清晰可见. 数字拉力计面板上显示此时加到金属丝上的力.

(3) 旋松光杠杆动足上的锁紧螺钉，调节光杠杆动足至适当长度(以动足尖能尽量贴近但不贴靠到金属丝，同时两前足能置于台板上的同一凹槽中为宜)，用三足尖在平板纸上压三个浅浅的痕迹，通过画细线的方式画出两前足连线的高(即光杠杆常量)，然后用游标卡尺测量光杠杆常量的长度 D，并将实验数据记入表 3.8-1 中. 将光杠杆置于台板上，并使动足尖贴近金属丝，且动足尖应在金属丝正前方.

(4) 旋转施力螺母，先使数字拉力计显示小于 2.5 kg，然后施力由小到大(避免回转)，给金属丝施加一定的预拉力 m_0[(3.00 ± 0.02)kg]，将金属丝原本存在弯折的地方拉直.

(5) 用钢卷尺测量金属丝的原长 L，钢卷尺的始端放在金属丝上夹头的下表面，另一端对齐下夹头的上表面，将实验数据记入表 3.8-1 中.

(6) 用钢卷尺测量反射镜中心到标尺的垂直距离 H，钢卷尺的始端放在标尺板上表面，另一端对齐反射镜中心，将实验数据记入表 3.8-1 中.

(7) 用螺旋测微器测量不同位置、不同方向的金属丝直径视值 $d_{视i}$ (至少 6 处)，注意测量前记下螺旋测微器的零差 d_0. 将实验数据记入表 3.8-2 中，计算直径视值的算术平均值$\overline{d}_{视i}$，并根据$\overline{d}=\overline{d}_{视i}-d_0$计算金属丝的平均直径.

(8) 将望远镜移近并正对实验架台板(望远镜前沿与平台板边缘的距离在 0～30 cm 范围内均可). 调节望远镜使其正对反射镜中心，然后仔细调节反射镜的角度，直到从望远镜中能看到标尺背光源发出的明亮的光.

(9) 调节目镜视度调节手轮，使得十字分划线清晰可见. 调节调焦手轮，使得视野中标尺的像清晰可见. 转动望远镜镜身，使分划线横线与标尺刻度线平行后再次调节调焦手轮，使得视野中标尺的像清晰可见.

(10) 再次仔细调节反射镜的角度，使十字分划线横线对齐≤2.0 cm 的刻度线(避免实验做到最后超出标尺量程). 水平移动支架，使十字分划线纵线对齐标尺中心.

注：下面步骤中不能再调整望远镜，并尽量保证实验桌不要有振动，以保证望远镜稳定. 加力和减力过程，施力螺母不能回旋.

(11) 点击数字拉力计上的“清零”按钮，记录此时对齐十字分划线横线的刻度值x_1.

(12) 缓慢旋转施力螺母，逐渐增加金属丝的拉力，每隔 1.00(±0.02) kg 记录一次标尺的刻度x_i^+，加力至设置的最大值，数据记录后再加 0.5 kg 左右(不超过 1.0 kg，且不记录数据). 然后反向旋转施力螺母至设置的最大值并记录数据，同样地，逐渐减小金属丝的拉力，每隔 1.00(± 0.02) kg 记录一次标尺的刻度x_i^-，直到拉力为 0.00(± 0.02) kg. 将以上数据记录于表 3.8-3 中对应位置.

(13) 实验完成后，旋松施力螺母，使金属丝自由伸长，并关闭数字拉力计.

2. 显微镜法测量金属丝杨氏模量的实验步骤

(1) 将拉力传感器信号线接入数字拉力计信号接口.

(2) 打开数字拉力计电源，预热 10 min. 数字拉力计面板上显示此时施加到金属丝上的力.

(3) 旋转施力螺母，先使数字拉力计显示小于 2.5 kg，然后施力由小到大(避免回转)，给金属丝施加一定的预拉力m_0[(3.00 ± 0.02)kg]，将金属丝原本存在弯折的地方拉直.

(4) 用钢卷尺测量金属丝的原长 L，钢卷尺的始端放在金属丝上夹头的下表面，另一端对齐下夹头的上表面，记录实验数据.

(5)用螺旋测微器测量不同位置、不同方向的金属丝直径视值$d_{视i}$(至少 6 处)，注意测量前记下螺旋测微器的零差d_0. 将实验数据记入表 3.8-4 中，计算直径视值的算术平均值$\overline{d}_{视i}$，并根据$\overline{d}=\overline{d}_{视i}-d_0$计算金属丝的平均直径.

(6) 数码显微镜的数据线连接至计算机，并通过数据线上的亮度调节旋钮适当调节数码显微镜前端 LED 灯的光照强度. 打开软件，显示窗口出现数码显微镜摄取到的目标(实验过程中请不要拔下数据线).

(7) 将数码显微镜装上支架，调节数码显微镜的高度，使其正对测微尺中心，然后将数码显微镜前端与测微尺的距离调至适当距离(推荐 8～10 mm).

(8) 调节数码显微镜尾部的焦距调节旋钮，直到图像中出现测微尺的刻度线并大致调清晰(若始终未能找到测微尺的刻度线,需检查步骤(7)中数码显微镜中心是否正对测微尺中心). 此时所成像并不一定正立，需要再仔细缓慢地转动数码显微镜，使图像正立(即标尺刻度线在显示窗口中需横平竖直)，然后再重新调节焦距使成像最清晰.

(9) 调节数码显微镜的水平位置及高度，使测微尺的中心处于图像中部偏上位置.

注：数码显微镜前端与测微尺的距离越近，数码显微镜放大倍率越大，得到的位置分辨力越高. 但距离太近，超出调焦范围，图像会调不清晰，太远又会降低位置分辨力. 最好的办法是根据待测金属丝的最大伸长量来大致确定二者间的距离. 比如，预估最大伸长量为 1 mm，若在某距离处，图像中金属丝伸长方向(即竖直方向)上有 1.5～2 倍(即 1.5～2 mm)的显示空间，则该距离较为合适.

(10) 完成以上步骤，点击软件上的“暂停”图标，单击“点距”测量图标，然后在静态图像中依次点击测微尺上距离为 1 mm 的两条刻度线，在“测量结果”栏会显示对应的像素数，暂时记下该值.

(11) 点击“标定”图标，选择添加或编辑，在弹出的窗口中编辑名称(自拟)、数值、单位和像素数，例如，hjz　1.00　mm　512. (注：通过键盘输入的上述字符格式必须采用半角，否则软件可能报错). 然后点击“确定”，此时在所采用的标定设置前有打钩符号，表明当前采用的标定参数为：1 mm 相当于 512 pix. 标定完后，在“测量结果”栏单击“1 点距”后选择“删除”，清除标定的用点距画线痕迹.

(12) 然后点击“播放”图标，实时显示动态图像. 标定步骤完毕.

注：标定是显微测量的第一步，标定完成后不能再动数码显微镜，否则若放大倍率发生改变就必须重新进行标定. 下面步骤中应尽量保证实验桌不要有振动，加力和减力过程中，施力螺母不能回旋.

(13) 测量正式开始，点击数字拉力计上的“清零”按钮.

(14) 点击软件上的“暂停”图标，单击“点距”测量图标. 将测微尺上横纵长线相交处作为参考点，在参考点上双击鼠标，出现小十字标记，该标记中心即为起始零位(此后该图标在静态图像中一直存在直到人为删除)，同时“测量结果”栏显示点距 0 mm 0 pix. 然后点击“播放”图标，实时显示动态图像.

(15) 缓慢旋转施力螺母，逐渐增加金属丝的拉力至 1.00(±0.02)kg.

(16) 点击软件上的“暂停”图标，单击“点距”测量图标. 以起始零位为起点做水平横线的垂线，该垂线段的长度显示在“测量结果”栏中，记下该长度的像素数，并记录于表 3.8-5 中对应位置.

(17) 单击“2 点距”后选择“删除”，静态图像中的线段及长度显示消失(该步骤是为了后面测量时不影响起始零位的确定而设置)；然后点击“播放”图标，实时显示动态图像.

(18) 缓慢旋转施力螺母加力，逐渐增加金属丝的拉力，每隔 1.00(±0.02)kg 重复步骤(16)、(17)，直到加力至设置的最大值.

(19) 加力至设置的最大值，数据记录后再加 0.5 kg 左右(不超过 1.0 kg，且不记录数据)；然后，反向旋转施力螺母至设置的最大值，测量同上.

(20) 类似地，缓慢旋转施力螺母减力，逐渐减小金属丝的拉力，每隔 1.00(±0.02)kg 重复步骤(16)、(17)，直到减力至 0.00(±0.02)kg. (注：规定水平横线在起始零位下方时刻度(即像素数)为正值，在起始零位上方时刻度为负值.)

(21) 实验完成后，旋松施力螺母，使金属丝自由伸长，并关闭数字拉力计，关闭软件及计算机，拔下数码显微镜的数据连接线.

【数据记录和数据处理】

光杠杆法实验数据表格见表 3.8-1～表 3.8-3.

表 3.8-1　一次性测量数据

L/mm	H/mm	D/mm

表 3.8-2　金属丝直径测量数据

螺旋测微器零差 d_0=______mm

序号 i	1	2	3	4	5	6	平均值
直径视值 $d_{视i}$/mm							

表 3.8-3　加减力时刻度与对应拉力数据

序号 i	1	2	3	4	5	6	7	8	9	10
拉力视值 m_i/kg	0.00									
加力时标尺刻度 x_i^+ /mm										
减力时标尺刻度 x_i^-/ mm										
平均标尺刻度/mm $x_i=(x_i^++x_i^-)/2$										
标尺刻度改变量/mm $\Delta x_i=x_{i+5}-x_i$										

显微镜法实验数据表格见表 3.8-4 和表 3.8-5，L=_____mm (一次性测量数据).

表 3.8-4　金属丝直径测量数据

螺旋测微器零差 d_0=_____mm

序号 i	1	2	3	4	5	6	平均值
直径视值$d_{视i}$/mm							

表 3.8-5　加减力时标尺刻度与对应拉力数据

标定参数：_____mm =_____pix

序号 i	1	2	3	4	5	6	7	8	9	10
拉力视值 m_i/kg	0.00	1.00	2.00	3.00	4.00	5.00	6.00	7.00	8.00	9.00
加力刻度 Y_i^+/pix	0									
减力刻度 Y_i^-/pix										
平均刻度/pix $Y_i=(Y_i^+ + Y_i^-)/2$										
刻度改变量/pix $\Delta Y_i=Y_{i+5}-Y_i$										

【注意事项】

(1) 使用前请首先详细阅读本说明书.

(2) 螺旋测微器和游标卡尺的使用说明请参见对应的说明书.

(3) 为保证使用安全，三芯电源线须可靠接地.

(4) 数字拉力计为市电供电的电子仪器，为了避免电击危险和造成仪器损坏，非指定专业维修人员请勿打开机盖.

(5) 该实验是测量微小量，实验时应避免实验台振动.

(6) 加力勿超过实验规定的最大加力值.

(7) 严禁改变限位螺母位置，避免最大拉力限制功能失效.

(8) 测微尺等光学零件表面应使用软毛刷、镜头纸擦拭，切勿用手指触摸.

(9) 测微尺等光学零件属易碎件，请勿用硬物触碰或从高处跌落.

(10) 严禁使用望远镜观察强光源(如太阳等)，避免人眼灼伤.

(11) 数码显微镜前端自带光源亮度可调得很强，请勿直射人眼.

(12) 数码显微镜使用期间，会有一定程度的温升现象，若感到温热属于正常情况，若产品过热，感到烫手时，应立即关闭电源.

(13) 数码显微镜不能直接接触蒸汽、雾气、水及各种液体，如果接触，将造成不可恢复的损坏.

(14) 实验完毕后，应旋松施力螺母，使金属丝自由伸长，并关闭数字拉力计.

实验 3.9　毛细管法测量液体黏滞系数

在稳定流动的液体中，由于各层液体的流速不同，互相接触的两层液体之间有力的作用. 两相邻层间的这一作用力称内摩擦力或黏滞力，液体这一性质称为黏滞性. 这是液体的重要性质之一，不仅在工程和生产技术上有着广泛的应用，在生物以及医学领域也起着很重要的作用. 例如，现代医学发现，许多心血管疾病都与血液黏度的变化有关，血液黏度的增大会使流入人体器官的血流量减少，血液流速减缓，使人体处于供血和供氧不足的状态，这可能引起多种心脑血管疾病和其他许多身体不适症状. 因此，测量血黏度的大小是检查人体血液健康的重要标志之一.

本实验仪器是使用奥氏黏度计，采用比较法测量液体黏滞系数(或称黏度). 与落球法测量液体黏滞系数相比，本实验是利用了黏滞流体在垂直毛细管内的流动规律，具有所需测量样品量少、可测不同温度点黏度、控温精度高、结果可重复性好等优点，不但扩展了学生的知识面，而且培养了学生的实验操作能力. 本实验仪器可用于基础物理实验和设计性实验.

【实验目的】

(1) 学会用奥氏黏度计测量液体黏滞系数的方法；

(2) 了解泊肃叶公式的应用，学会使用比较法，并了解其在实验中的应用.

【实验仪器】

毛细管法液体黏滞系数测试实验仪主要由一台主机、一个奥氏黏度计和一个恒温槽组成(图 3.9-1).

仪器使用注意事项：

(1) 奥氏黏度计十分易碎，做完实验后应该从恒温槽上拆下，放在安全的地方妥善保管.

(2) 在实验前后，应清洗奥氏黏度计，防止毛细管堵塞.

(3) 恒温槽中的水不宜长时间存放，加热块和测温棒更不能长时间浸泡在水中，不做实验后应将水倒去.

(4) 倒水时应注意转动磁子，最好先将其取出，防止与水一起倒入下水道.

(5) 仪器通电后，禁止触摸加热棒及加热棒的电源插头/座，以免触电、烫伤.

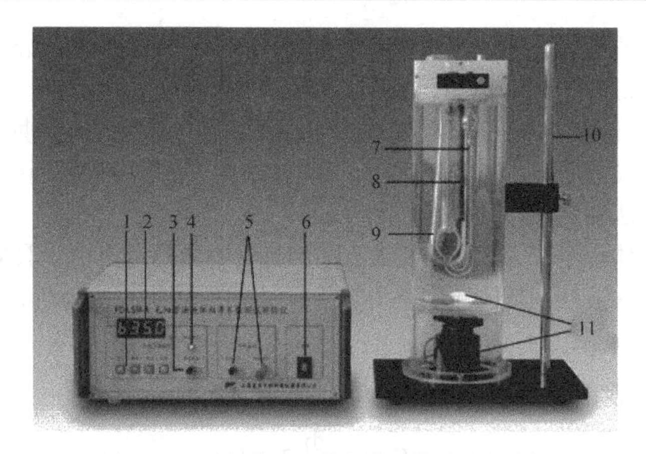

图 3.9-1　毛细管法液体黏滞系数测试实验仪

1—温度设定开关；2—温度显示器；3—传感器接口；4—加热指示灯；5—电机控制旋钮和接口；
6—电源开关；7—奥氏黏度计；8—温度传感器；9—加热块；10—支架；11—电机和磁子

【实验原理】

一切实际的液体都具有黏滞性，这表现在流体流动时各流体层之间有摩擦力的作用，这种发生在流体内部的摩擦力称为内摩擦力. 内摩擦力是由于分子之间的作用力和分子热运动而产生的. 内摩擦力的大小与流体层的面积大小、各层之间的速度梯度 $\dfrac{dv}{dx}$ 及流体本身的特性有关.

在图 3.9-2 中，设流体充满相距为 X 的两平行板 A 和 B 之间，板的面积为 S，B 板保持静止，以恒力 f 作用在 A 板表面切线方向. 由于板表面所附着的流体与板间的流体有摩擦力存在，A 板将由加速运动变为匀速运动，其速度为 v，各层的速度分布如图 3.9-2 所示. 此时作用力 f 的大小等于内摩擦力 f'. 实验证明

$$f=\eta\frac{dv}{dx}S \tag{3.9-1}$$

式中，η 为液体的黏滞系数(或黏度)，为

$$\eta=\frac{f/S}{dv/dx} \tag{3.9-2}$$

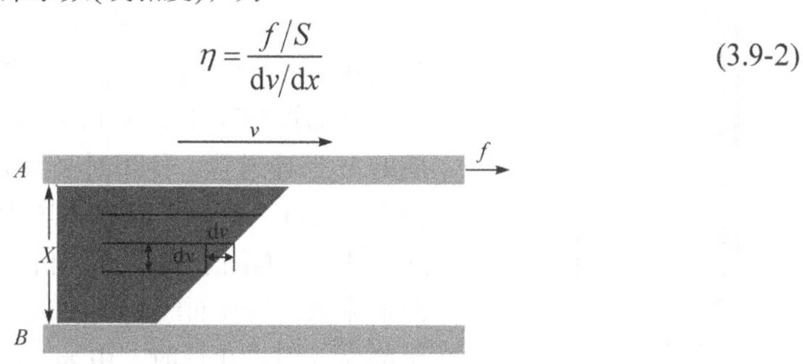

图 3.9-2　内摩擦系数与速度分布示意图

黏滞系数的数值与流体性质和温度有关. 在国际单位制中，黏滞系数的单位：帕斯卡·秒. 在厘米·克·秒单位制中，黏滞系数的单位：泊.

1 帕斯卡·秒=1 牛顿·秒/米 ^{2}；1 泊=1 达因·秒·厘米 ^{2}；1 帕斯卡·秒=10 泊

测量液体黏滞系数的方法有很多，如落球法、扭摆法和圆筒转动法等，本实验采用毛细管法测量液体的黏滞系数.

设实际液体在半径为 R，长度为 L 的水平管中做稳定流动，取半径为 $r(r<R)$ 的液柱，作用在液柱两端的压强差为 p_1-p_2，则推动此液柱流动的力为

$$F_1=(p_1-p_2)\pi r^2 \tag{3.9-3}$$

液体所受的黏滞阻力为

$$F_2=-\eta\frac{\mathrm{d}v}{\mathrm{d}r}2\pi rL \tag{3.9-4}$$

设液体做稳定的流动，则有

$$F_1=F_2$$

$$(p_1-p_2)\pi r^2=-2\pi rL\,\eta\frac{\mathrm{d}v}{\mathrm{d}r}$$

$$-\frac{\mathrm{d}v}{\mathrm{d}r}=\frac{p_1-p_2}{2\eta L}r$$

对上式积分可得

$$v=\frac{p_1-p_2}{4\eta L}(R^2-r^2) \tag{3.9-5}$$

在 t 秒内流经管内任一截面的液体体积为

$$V=\int_0^R 2\pi rvt\,\mathrm{d}r=\frac{\pi R^4(p_1-p_2)}{8\eta L}t \tag{3.9-6}$$

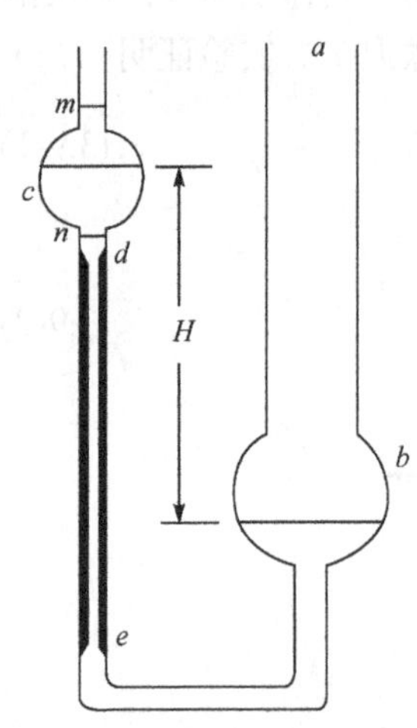

图 3.9-3　毛细管黏度计结构

式(3.9-6)即是泊肃叶公式，亦可改写为

$$\eta=\frac{\pi R^4(p_1-p_2)}{8VL}t \tag{3.9-7}$$

利用式(3.9-7)便可以计算出液体的黏滞系数.

毛细管黏度计结构如图 3.9-3 所示，是由玻璃制成的 U 形连通管，使用时竖直放置. 一定量的被测液体由 a 管注入，液面约在 b 球中部，测量时将液体吸入 c 球，液面高于刻线 m，让液体经 de 段毛细管自由向下流动，当液面经刻线 m 时，开始计时，液面下降至刻线 n 时停止计时，由 m、n 所划定的 c 球体积即为被测液体在 t 秒内流经毛细管的体积 V. 推动液体

流动的压强差 $p_1 - p_2$，在这种情况下不再是外加压强，而是由被测液体在测量时两管的液面差所决定的

$$p_1 - p_2 = \rho g H \tag{3.9-8}$$

由此可得

$$\eta = \frac{\pi R^4 g H}{8VL}\rho t \tag{3.9-9}$$

在实际测量中，毛细管的半径 R、毛细管的长度 L 和 m、n 所划定的体积 V 都很难准确地测量，液面差 H 是随液体流动的时间而改变的，不是一个固定值，因此直接使用此公式来测量是十分不方便的. 下面介绍比较法，即用同一支黏度计对两种液体进行测量，可得

$$\eta_1 = \frac{\pi R^4 g H}{8VL}\rho_1 t_1 \tag{3.9-10}$$

$$\eta_2 = \frac{\pi R^4 g H}{8VL}\rho_2 t_2 \tag{3.9-11}$$

由于 R、V、L 都是定值，如果取用两种液体的体积也是相同的，则在测量开始和测量结束时的液面差 H 也是相同的. 因此将两式相比，可得

$$\frac{\eta_1}{\eta_2} = \frac{\rho_1 t_1}{\rho_2 t_2} \tag{3.9-12}$$

即

$$\eta_2 = \eta_1 \frac{\rho_2 t_2}{\rho_1 t_1} \tag{3.9-13}$$

若 η_1、ρ_1 和 ρ_2 为已知，则根据测得的 t_1 和 t_2 可算出 η_2 的值.

【实验内容和步骤】

研究液体在垂直毛细管内的流动规律. 通过比较法，在任一相同温度下，测量一定量体积未知黏滞系数的液体流过毛细管的时间和相同体积已知黏滞系数的液体流过毛细管的时间，并通过计算得出未知液体的黏滞系数.

(1) 如图 3.9-1 所示，摆放好支架和恒温槽，并按照仪器上的接口名称正确接线. 打开电源，将温度设定为 θ(取决于实验的设计，但要高于室温)，恒温槽进行加热.

(2) 清洗奥氏黏度计. 将 6～10 ml 的酒精注入黏度计的 b 泡中(图 3.9-3)进行洗涤，打开橡皮球的阀门，用手捏住橡皮球，尽量把橡皮球中的空气挤出，关闭

阀门松开手缓缓吸气，将液体从 b 泡中吸入 c 泡，并使液面稍高于 m 刻线(注意不要吸入橡皮球中)；再次挤压橡皮球，将液体全部压回到大管中. 重复上述步骤两到三次，将酒精压入大管中后，倒入回收杯中.

(3) 取 6～8ml 的酒精注入黏度计中(对具体的体积不做要求，但要保证两次两种液体放入的体积相同即可).

(4) 将黏度计放入恒温槽中，并固定保证其在竖直位置 (在恒温槽的外壁有刻线，可以用于参照，保证两次的黏度计摆放位置相同).

(5) 用橡皮球将 b 泡中的酒精吸入 c 泡中并稍高于刻线 m.

(6) 打开橡皮球的阀门，让液面自由下降，用计时器记录液面从刻线 m 下降到刻线 n 所用的时间(注意视线应与刻线水平).

(7) 重复(5)、(6)两个步骤，测量 3～5 个数据(按照实验内容的设计而定).

(8) 挤压橡皮球让酒精全部压入大管中，然后倒出.

(9) 用 6～10 ml 的纯水，按照步骤(2)的方法再次清洗黏度计.

(10) 取与之前相同体积的纯水注入黏度计中，重复步骤(4)、(5)、(6)、(7)，测量纯水所需的时间.

(11) 按照式(3.9-13)计算出酒精在某个温度 θ 下的黏滞系数.

【注意事项】

(1) 由于实验仪器中没有冷却设备，为保证实验的速度，测量的温度点应该从低温测到高温. 恒温槽的水不应放得过满，否则在加温时水会溢出恒温槽.

(2) 奥氏黏度计下端弯曲的部分很容易折断，操作过程中只能握大管，不要一手同时握两管或只握小管.

(3) 要保证两次测量时毛细管的摆放位置相同(垂直水平面)，这样才能保证参数的可比较性，从而使前后两次所产生的压强之比等于这两种液体的密度之比.

(4) 使用橡皮球吸液体时，应该放慢速度，防止液体流动过快流入橡皮球中，从而影响液体的体积.

(5) 为保证被测液体的温度与恒温槽中的温度相同，每设定一个温度时应等待 3～5 min 后再进行实验测量.

【思考题】

(1) 测量液体的黏滞系数还有什么方法？比较一下各种方法的优劣.

(2) 什么是比较法？在什么情况下可以使用比较法？在其他的实验中是否有应用？

(3) 在实验中有什么要注意的吗？哪些操作会引起实验的误差，如何减小误差？

实验 3.10　固体线膨胀系数的测定

【实验目的】

(1) 测定固体在一定温度区域内的平均线膨胀系数；

(2) 了解控温和测温的基本知识，学会使用千分表和掌握温度控制仪的操作方法；

(3) 学习用作图法求物理量和最小二乘法处理实验数据，并分析实验误差.

【实验仪器】

线膨胀系数测试实验仪由实验主机、加热器、待测样品棒等构成，是固体线膨胀系数的一种精密测试实验仪. 本仪器对各种固体的热胀冷缩的特性可做出定量检测，并可对金属的线膨胀系数做精确测量. 本仪器的恒温控制由高精度数字温度传感器与单片电脑组成，炉内具有特厚良导体纯铜管作导热，在达到炉内温度热平衡时，炉内温度不均匀性≤±0.3 ℃，读数分辨率为 0.1 ℃，加热温度控制范围为室温至 80.0 ℃. 本仪器为测量金属线膨胀系数的优质仪器. 图 3.10-1 为仪器的外观图.

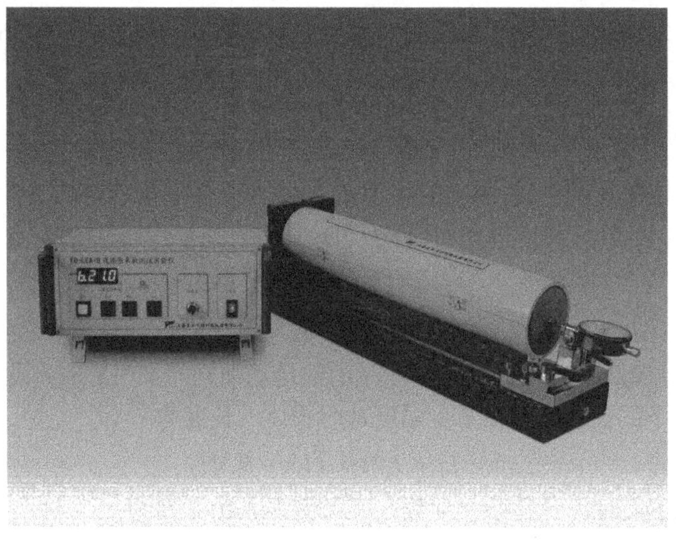

图 3.10-1　测量金属线膨胀系数的仪器的外观图

仪器的内部结构示意图如图 3.10-2 所示，它由恒温控制器、千分表、待测样品等组成.

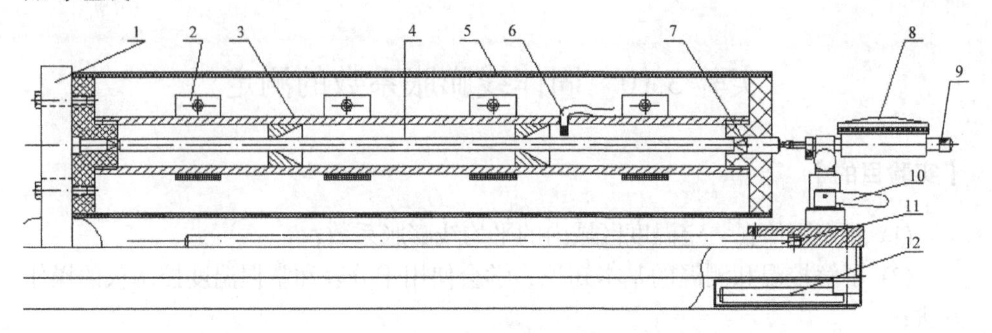

图 3.10-2　仪器的内部结构示意图

1—大理石托架；2—加热圈；3—导热均匀管；4—测试样品；5—隔热罩；6—温度传感器；7—隔热棒；8—千分表；9—千分表滑络端；10—扳手；11—待测样品；12—套筒

仪器使用注意事项如下.

(1) 不能用千分表去测量表面粗糙的毛坯工件或者凹凸变化量很大的工件，以防过早损坏表的零件；使用中应避免量杆过多地做无效运动，以防加快传动件的磨损.

(2) 测量时，量杆的移动不宜过大，更不允许超过它的量程终止端，且不允许敲打表的任何部位，以防损坏表的零件.

(3) 不能无故拆卸千分表内零件，不允许将千分表浸放在冷却液或其他液体内使用；千分表在使用后，要擦净装盒，不能任意涂擦油类，以防粘上灰尘影响灵敏度.

【实验原理】

线膨胀系数α的定义(即α的物理意义)：在压强保持不变的条件下，温度升高 1 ℃所引起的物体长度的相对变化，即

$$\alpha=\frac{1}{L}\left(\frac{\partial L}{\partial\theta}\right)_p \tag{3.10-1}$$

在温度升高时，一般固体由于原子的热运动加剧而发生膨胀，设 L_0 为物体在初始温度θ_0下的长度，则在某个温度θ_1时物体的长度为

$$L_T=L_0[1+\alpha(\theta_1-\theta_0)] \tag{3.10-2}$$

在温度变化不大时，α是一个常数，可以将式(3.10-1)写为

$$\alpha=\frac{L_T-L_0}{L_0(\theta_1-\theta_0)}=\frac{\delta L}{L_0}\frac{1}{(\theta_1-\theta_0)} \tag{3.10-3}$$

α 是一个很小的量，附录 3 的表 14 中列出了几种常见固体材料的 α 值.

当温度变化较大时，α 与 $\Delta\theta$ 有关，可用 $\Delta\theta$ 的多项式来描述

$$\alpha = a + b\Delta\theta + c\Delta\theta^2 + \cdots$$

其中，a,b,c 为常数.

在实际测量中，由于 $\Delta\theta$ 相对比较小，一般地，忽略二次方及以上的小量. 只要测得材料在温度 θ_1 至 θ_2 之间的伸长量 δL_{21}，就可以得到在该温度段的平均线膨胀系数

$$\bar{\alpha} \approx \frac{L_2 - L_1}{L_1(\theta_2 - \theta_1)} = \frac{\delta L_{21}}{L_1(\theta_2 - \theta_1)} \tag{3.10-4}$$

其中，L_1 和 L_2 为物体分别在温度 θ_1 和 θ_2 下的长度，$\delta L_{21} = L_2 - L_1$ 是长度为 L_1 的物体在温度从 θ_1 升至 θ_2 的伸长量. 实验中需要直接测量的物理量是 δL_{21}，L_1，θ_1 和 θ_2.

为了使 $\bar{\alpha}$ 的测量结果比较精确，不仅要对 δL_{21}，θ_1 和 θ_2 进行测量，还要扩大到对 δL_{i1} 和相应的 θ_i 的测量. 将式(3.10-4)改写为以下的形式：

$$\delta L_{i1} = \bar{\alpha}\, L_1(\theta_i - \theta_1) \quad (i = 1, 2, \cdots) \tag{3.10-5}$$

实验中可以等间隔改变加热温度(如改变量为 10 ℃)，从而测量对应的一系列 δL_{i1}. 将所得数据采用最小二乘法进行直线拟合处理，从直线的斜率可得一定温度范围内的平均线膨胀系数 $\bar{\alpha}$.

【实验内容和步骤】

(1) 接通电加热器与温控仪输入输出接口和温度传感器的航空插头.

(2) 旋松千分表固定架螺栓，转动固定架至被测样品(Φ8mm×400 mm 金属棒)能插入特厚壁紫铜管内，再插入传热较差的隔热棒(如不锈钢短棒)，用力压紧后转动固定架，在安装千分表架时注意被测物体与千分表测量头保持在同一直线上.

(3) 将千分表安装在固定架上，并且扭紧螺栓，不使千分表转动，再向前移动固定架，使千分表读数值在 0.2～0.3 mm 处，固定架给予固定，然后稍用力压一下千分表滑络端，使它能与绝热体有良好的接触，再转动千分表圆盘使读数为零.

(4) 接通温控仪的电源，设定需加热的值，一般可分别增加温度为 20 ℃、30 ℃、40 ℃、50 ℃，按“确定”键开始加热.

(5) 当显示值上升到大于设定值时，电脑自动控制到设定值，正常情况下在±0.30 ℃左右波动一到两次，此时可以记录 $\Delta\theta$ 和 Δl，通过公式 $\alpha = (\Delta l / l)\cdot\Delta\theta$ 计算线膨胀系数并观测其线性情况.

(6) 换不同的金属棒样品，分别测量并计算各自的线膨胀系数，并与附录 3 中表 14 表固体的线膨胀系数公认值比较，求出其百分误差.

【注意事项】

千分表在实验时严禁用手直接拉动当中的量杆，以免损坏千分表.

【思考题】

(1) 测量 δL 除了用千分表，还可用什么方法？试举例说明.

(2) 在实验装置允许的情况下，在较大范围内改变温度，确定 α 与 θ 的关系. 请设计实验方案，并考虑处理数据的方法.

第 4 章　电磁学实验

实验 4.1　静电场的描绘

在实际工作中，有时需要了解带电体周围静电场分布的状况(如示波管、电子显微镜、电子管中电极周围的静电场)，但要用理论计算或直接测量的方法都很困难，而模拟法则是描绘静电场的一种方便且效果较好的方法.

【实验目的】

(1) 学习用模拟法描绘静电场；

(2) 加深对电场强度和电势概念的理解.

【实验仪器】

直流稳压电源，电压表，灵敏电流计，滑线变阻器，静电场测试仪，导电纸，开关，导线.

描绘静电场的实验装置和方法很多，有电解槽法、火花打点记录法、复印法、等臂记录法等，本实验采用的是等臂记录法，所使用的实验装置为静电场描绘仪，如图 4.1-1 所示. 金属探针 D 和 C 在同一轴线上，C 是探针，D 是记录针. 当探针找到某个等势点时，记录针 D 在平台的坐标纸上可按下一针孔，该针孔就代表了下边导电纸上相应的等势点.

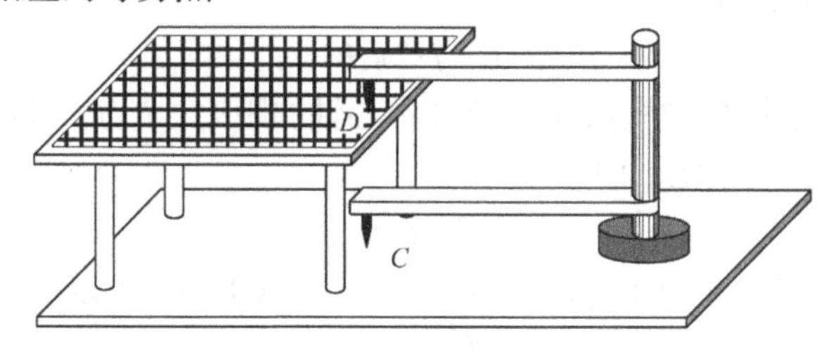

图 4.1-1　静电场描绘仪

【实验原理】

带电体周围都存在着静电场，要研究静电场，就要了解电场的分布，即了解静电场中每处电场强度的大小、方向及电势的高低. 一般来说，由于带电体形状不规则，用理论计算的方法去求静电场的分布比较困难，所以往往使用实验的方法去了解静电场的分布. 但是要直接去探测静电场也存在很大的困难，因为探测电极的引入势必会破坏原来静电场的分布. 因此通常利用模拟稳恒电流场的办法来描绘静电场. 模拟法基于这样一种思想：因为稳恒电流场与静电场具有相同的性质，遵守相同的规律(如都服从高斯定理和环路定理)，所以它们不论在真空中还是在均匀的不良导电介质中所激发的电场的分布形状都是相同的.

本实验所描绘的同轴圆柱形电容器中的静电场由于其电力线总是在垂直于圆柱轴线的平面内，如图 4.1-2 所示，所以模拟的电流场的电流线也在这个平面内，因此只要使用一张导电纸就可以模拟同轴圆柱形电容器中的静电场.

图 4.1-3 为静电场描绘仪产生稳恒电流场的部分，A 和 B 分别为电容器的内极板和外极板，它们都与导电纸保持良好接触.

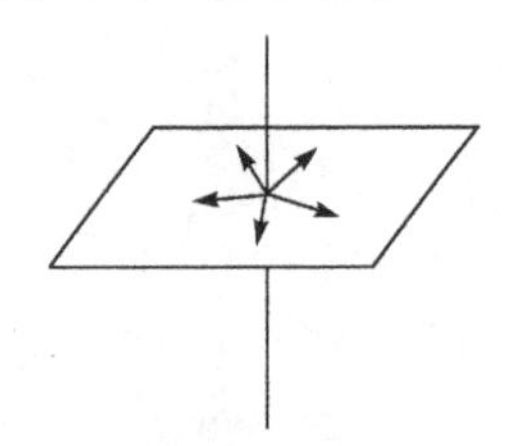

图 4.1-2　同轴圆柱形电容器中的静电场

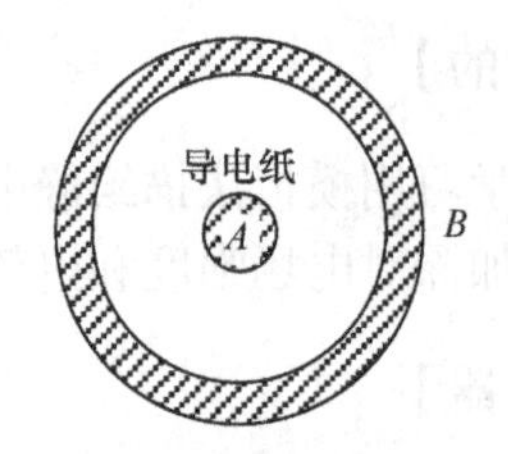

图 4.1-3　静电场描绘仪产生稳恒电流场的部分

据欧姆定律知，从极板 A 经过导电纸流到 B 的电流强度为

$$I = \frac{U_A}{R} \tag{4.1-1}$$

式中，U_A 是稳压电源的输出电压；R 是 A、B 间的等效电阻，取决于导电纸的厚度、大小和导电率. 若认为导电纸是均匀的，同轴圆柱形电容器又是对称的，则流过导电纸的电流强度为

$$I = j \cdot 2\pi rh \tag{4.1-2}$$

式中，h 为导电纸的平均厚度；r 为离开中心轴的距离；j 为 r 处的电流密度，它与该处的电场强度成正比，即

$$j = \sigma E \tag{4.1-3}$$

将式(4.1-3)中的 j 代入式(4.1-2)，得到的 I 代入式(4.1-1)，可以得到

$$E = \frac{U_A}{2\pi\sigma hR} \cdot \frac{1}{r} = c\frac{1}{r} \tag{4.1-4}$$

式中，c 是一个常量. 因为 U_A 及 R 在实验过程中是不变的，因此上式是稳恒电流场的场强分布表示式，与同轴圆柱形电容器中静电场的分布关系完全相同，所以用上述方法可以模拟真正的静电场.

由于电场强度是矢量，电势是标量，所以描绘电势比测绘电场强度容易，我们利用测绘等势线的方法描绘静电场的分布. 图 4.1-4 和图 4.1-5(补偿法)为描绘等势线的电路图.

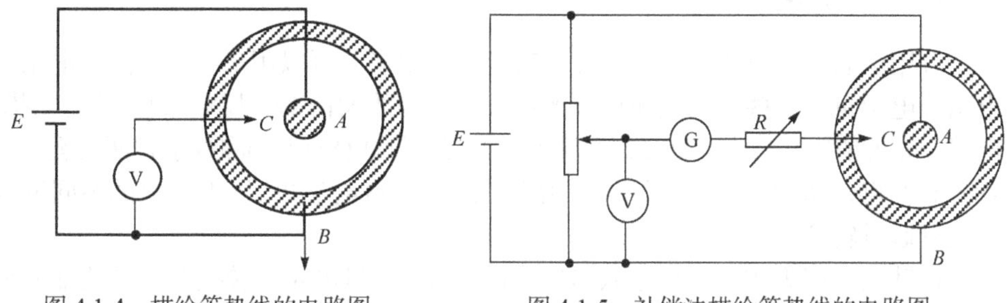

图 4.1-4　描绘等势线的电路图　　图 4.1-5　补偿法描绘等势线的电路图

【实验内容和步骤】

同轴圆柱形电容器静电场的描绘.

考虑图 4.1-4 与图 4.1-5 两种接法各有什么特点. 写出两种接法的实验步骤，按照补偿法线路接线. 要求描绘出 5～7 条等势线，每条等势线要由 10 个记录点确定. 画出等势线后再画出电场线(不少于 6 条).

【注意事项】

(1) 实验中稳压电源的输出电压由实验者估计确定并经教师同意.

(2) 勿用力按压探针 D，以防损坏导电纸.

【思考题】

(1) 实验中，电压表的内阻选择大一些好，还是小一些好?

(2) 分析本实验中影响误差的因素.

(3) 用一张导电纸能否描绘同心球形电容器的电场?

实验 4.2　万用表的原理及使用

【实验目的】

(1) 了解万用表的基本工作原理；

(2) 掌握万用表的使用方法.

【实验仪器】

MF50 型万用表，电阻箱，稳压直流电源，若干定值电阻，直流电源，导线，开关.

【实验原理】

1. 万用表原理

万用电表简称万用表，是一种多功能测量仪表，可以用来测量电流、电压、电阻等电学量，有些万用表还可以测量三极管的放大倍率、频率、电容值、逻辑电势、分贝值等. 它种类繁多，型号各异，有指针式(模拟式)和数字式两大类，二者各有优点，初学者使用指针式万用表有助于学习电学知识. 万用表的不同测量功能可通过转换开关进行选择.

指针式万用表主要由磁电式微安表(表头)、测量电路、转换开关等几部分组成，磁电式微安表是核心部件，它是利用带电线圈受磁场力的作用而转动，线圈转动带动固定在线圈上的指针转动，从而指示出电流的大小. 当线圈中没有电流时，若指针不指在表盘刻度的零位，可手动调节零点调节器，使指针指向零位. 表头与一些电阻并联或串联进行分流、分压，最后可测出电流、电压和电阻.

2. 直流电流测量原理

一个表头就是一个电流表，只不过量程较小. 若要测量较大电流，可在表头两端并联一个适当的电阻进行分流，就能扩大电流表的量程.

如图 4.2-1 所示，R_g 为表头内阻，R_I 为分流电阻，通过表头的电流记作 I，通过 R_I 的电流为 I'，通过改装后的电流表的待测电流为 I_x，有以下关系式成立：

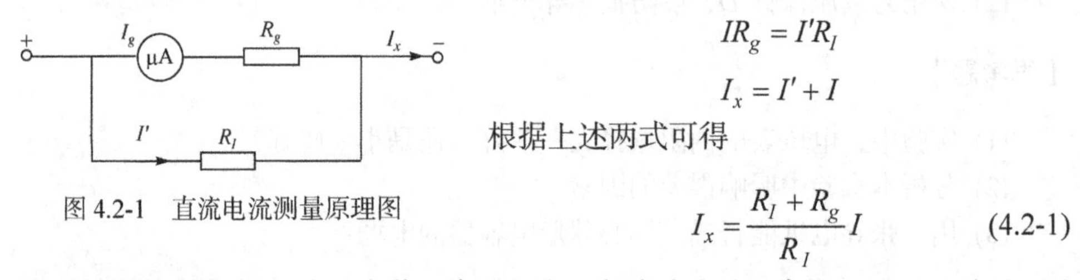

图 4.2-1　直流电流测量原理图

$$IR_g = I'R_I$$

$$I_x = I' + I$$

根据上述两式可得

$$I_x = \frac{R_I + R_g}{R_I} I \tag{4.2-1}$$

量程确定的电流表 R_I 为一定值，待测电流 I_x 与表头电流 I 存在上述正比关系，因此根据指针的位置可知待测电流的大小.

改变分流电阻的阻值，即可改变电流表的量程. 假如图 4.2-1 中表头的量程 $I_g = 100\ \mu A$，若要把它改装为一量程为 $I_{xm} = 10\ mA$ 的毫安表，则应使流过毫安表的电流为 10 mA 时，流过微安表的电流恰为量程值 100 μA. 当待测电流 $I_x = I_{xm}$ 时，根据式(4.2-1)可得

$$I_{xm} = \frac{R_I + R_g}{R_I} I_g$$

$$R_I = \frac{R_g}{I_{xm} - I_g} I_g$$

令 $n = \frac{I_{xm}}{I_g}$，n 表示量程扩大的倍数，从而有

$$R_I = \frac{R_g}{n-1} \tag{4.2-2}$$

当要把微安表的量程扩大 n 倍时，分流电阻 R_I 的阻值可根据上式计算.

测量时必须先断开电路，然后按照电流从"+"到"−"的方向，将万用表串联到被测电路中，即电流从红表笔流入，从黑表笔流出.

3. 电压表原理

表头串联一个适当的分压电阻即可改制为一个所需量程的电压表. 直流电压表原理如图 4.2-2 所示，R_U 为分压电阻，待测电压为 U_x，则有

$$U_x = (R_g + R_U)I \tag{4.2-3}$$

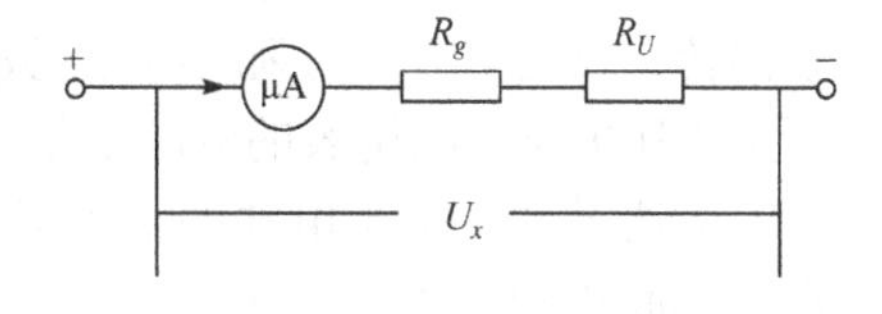

图 4.2-2　直流电压表原理图

对于量程确定的电压表，R_g、R_U 为定值，待测电压 U_x 与通过表头的电流 I 成正比，因此根据指针的位置可知待测电压的大小. 将表头的标尺按电压刻度，即可直接用来测量电压.

改变分压电阻的阻值，即可改变电压表的量程. 若要把表头改装为一量程为 U_{xm} 的电压表，则应使待测电压为 U_{xm} 时，通过微安表的电流恰为量程值 I_g. 当待测电压 $U_x = U_{xm}$ 时，根据式(4.2-3)可得

$$U_{xm} = (R_g + R_U)I_g$$

$$R_U = \frac{U_{xm}}{I_g} - R_g \tag{4.2-4}$$

当要把表头改装为一量程为 U_{xm} 的电压表，分压电阻 R_U 的阻值可根据上式计算.

测量时，首先估计一下被测电压的大小，然后将转换开关拨至适当的量程，将红表笔接被测电压"+"端，黑表笔接被测量电压"−"端.

测量交流电压的方法与测量直流电压相似，所不同的是因交流电没有正、负之分，所以测量交流时，表笔也就不需分正、负. 读数方法与上述的测量直流电压的读法一样，只是数字应看标有交流符号的刻度线上的指针位置.

4. 欧姆表原理

欧姆表原理图如图 4.2-3 所示，图中 E 为干电池电动势，R_g 为电流表内阻，R_0 为保护电阻，R_0' 为调零电阻，当待测电阻 R_x 接入 A、B 端时，通过表头的电流为

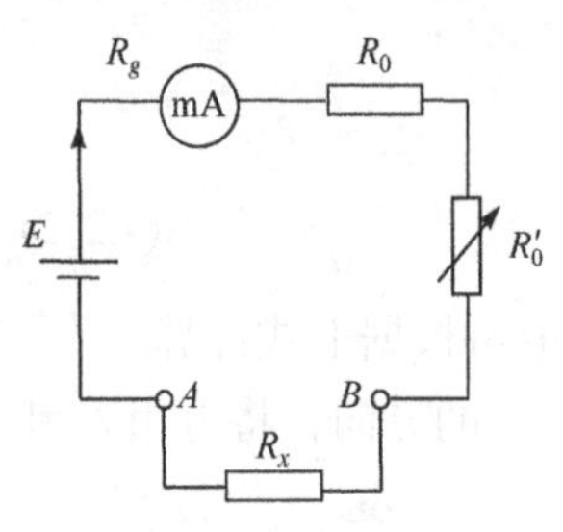

图 4.2-3　欧姆表原理图

$$I = \frac{E}{R_g + R_0' + R_0 + R_x}$$

由上式可知，当 E、R_g、R_0'、R_0 一定时，改变 R_x 的阻值，电流就会变化，表头指针的位置也会改变，指针的位置与被测电阻的阻值是一一对应的，若把表头的标尺按电阻刻度，就可直接用来测量电阻. 被测电阻越大，通过电流表的电流越小，指针偏转越小，当待测电阻为无穷大时，指针不偏转，因此欧姆表的刻度与电流表、电压表的刻度方向相反，并且由于 I 与 R_x 不是正比关系，欧姆表的刻度不是均匀的.

上述设计要求干电池的电动势 E 保持不变，实际上电池的电动势会逐渐下降，从而引入较大误差，因此欧姆表设有零欧姆调节旋钮，使用时将两表笔短路，调节零欧姆调节旋钮，使指针指满刻度，此处即为 $0\,\Omega$. 使用的过程中，若改变欧姆表的量程，则必须重新调节零欧姆调节旋钮.

测量时，先将表笔搭在一起短路，使指针向右偏转，随即调整调零旋钮，使指针恰好指到 0，然后将两表笔分别接触被测电阻(或电路)两端测量. 由于“Ω”刻度线左部读数较密，难于看准，所以测量时应选择适当的欧姆挡，使用中间一段刻度，这样读数比较清楚准确. 每次换挡，都应重新将两表笔短接，重新调整指针到零位，才能测准.

【实验内容和步骤】

1. 测量直流电流

按图 4.2-4 连接电路，改变电源的输出电压，或者电路中的电阻，从而使回路中的电流发生改变，用万用表分别测出相应的电流.

2. 测交直流电压

按图 4.2-5 连接电路，分别用万用表测量出各元件两端的电压.

3. 测量电阻

用万用表测量若干待测电阻的阻值.

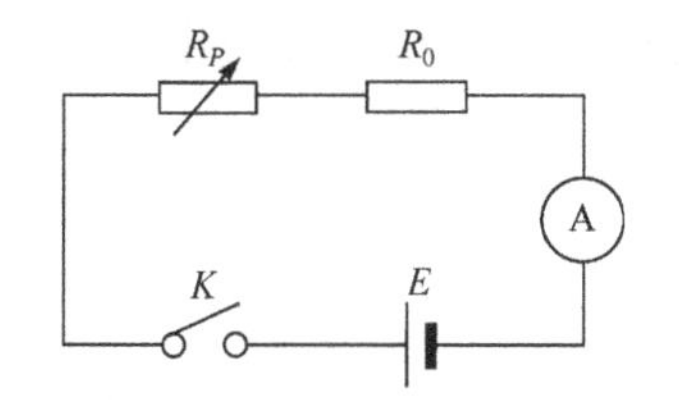

图 4.2-4　直流电流测量电路

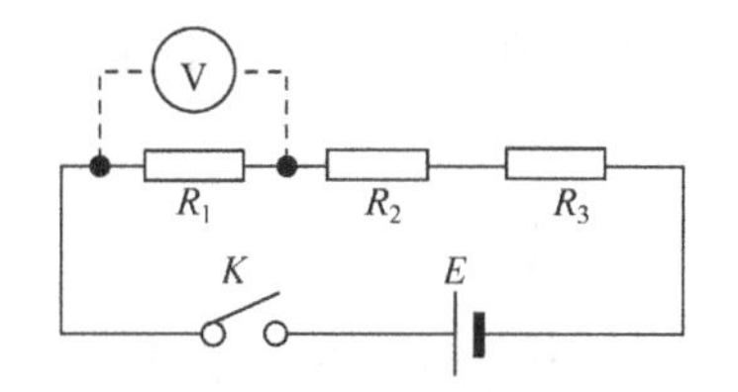

图 4.2-5　电压测量电路

【注意事项】

使用万用表时，除注意各表的使用方法外，还应注意以下几点.

(1) 黑表笔为电表各挡的公共负端，红表笔为正端. 测量直流电压和直流电流时，注意正负极性不要接错，如发现指针反转，则应立即调换表笔，以免损坏指针及表头.

(2) 万用表使用前，应先进行机械调零，即将两表笔分开，调节机械调零旋钮，使指针指在零电压或零电流的位置.

(3) 不能用直流挡测交流电量，不可用电流挡测电压，不可用电阻挡测电压、电流，以免烧坏电表.

(4) 测量中不能转换挡，以免接触点产生电弧而氧化变质.

(5) 如果不知道被测电压或电流的大小，应先选择最高量程挡，然后逐渐减小到合适的量程，以免表指针偏转过度而损坏表头. 所选用的挡位应使指针的偏转在满刻度的 2/3 以上.

(6) 测量电阻时，不要用手触及元件的裸体的两端(或两支表笔的金属部分)，以免人体电阻与被测电阻并联，使测量结果不准确.

(7) 测量完毕，应将旋钮置于空挡或交流高压挡，以免耗费电池，甚至损坏表头. 如长期不用，可考虑将内部电池取出.

【思考题】

(1) 如何正确使用万用表?

(2) 为什么不能用电流挡测电压?

(3) 如何用欧姆表判断二极管的极性?

(4) 使用万用表测电阻时，若无法调零，是什么原因?

实验 4.3　线路故障的分析

在工作和日常生活中，我们会经常遇到有关电路的一些问题，当电路发生故障时，必须利用仪表通过某种方法对电路进行检测、分析，以找出故障并及时排除.

【实验目的】

(1) 学习几种检查、分析电路的方法；

(2) 熟悉万用表的使用.

【实验仪器】

稳压电源，电阻箱，滑线变阻器，电路板，万用表.

【实验原理】

在正常状态下，电路中各元器件的电阻、通过元器件的电流及电路中各点的电势都有一个正常值. 当电路中出现故障时，这些物理量也就随之发生变化而偏离正常状态时的数值. 因此通过对电路中电流、电压及电阻的测量和分析，可判断出故障所在之处.

1. 电阻检查法

用万用表的欧姆挡测量电路中某部分或元器件电阻的数值，与正常状态时的电阻数值比较，数值异常的则为故障所在之处. 测量时应将所测元器件的一端与电路其他部分断开. (为什么？)

2. 电流检查法

将万用表置于直流电流挡后串联接入所测电路中检查电流数值，与正常数值比较后进行分析. 例如，在晶体管放大电路的故障中有时可检查晶体三极管的各极电流数值以判断晶体三极管工作状态是否正常.

3. 电压检查法

是通过检查、分析电路中各处电势数值(或某两点间的电压大小)是否异常来判断电路故障的一种方法.

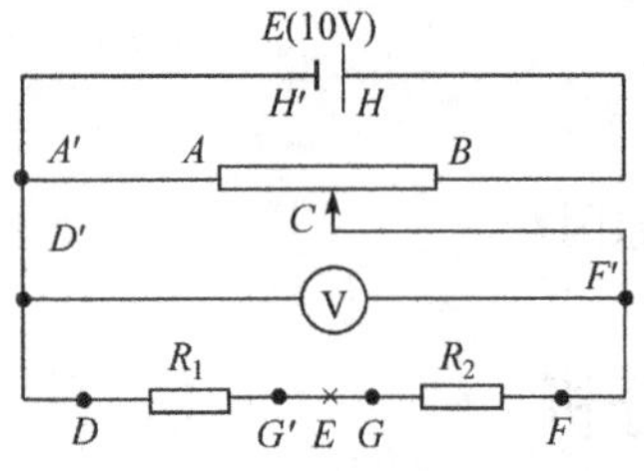

图 4.3-1　用电压检查法检查电路故障

检查电路故障时，应根据实际情况选择适当的方法. 检查时应按步骤、有顺序地进行(一般从电源开始向负载方向检查)，对呈现的现象(电阻数值、电流数值、电压数值)先作出正确分析，再决定下一步如何去做，不可盲目地随便拆卸元件. 例如，用电压检查法检查图 4.3-1 中的故障时("×"号处为断开)，首先检查电源输出电压数值(正常值为 10V)，然后将万用表红表笔固定在电源正极(H处)，黑表笔分别置于A'、A、D'、D点，测得$U_{HA'}=U_{HA}=U_{HD'}=U_{HD}=10\ \text{V}$，这些数据表明电路左侧的各段接线良好. 再将万用表黑表笔固定在电源负极(H'处)，红表笔分别置于B、C、F'、F各点，测得$U_{H'B}=10\ \text{V}$，$U_{H'C}=U_{H'F'}=U_{H'F}>0\ \text{V}$，这些数据说明电路右侧各段接线也无问题. 因此，故障应发生在D、F所在的支路，再作进一步检查、分析，就可判断出故障所在点(试考虑这一步的检查方法).

【实验内容和步骤】

按图 4.3-2 连接电路，电源接通后，电流表指针指示零值(电路故障由实验室设置)，这表明电路中存在故障，检查故障并排除.

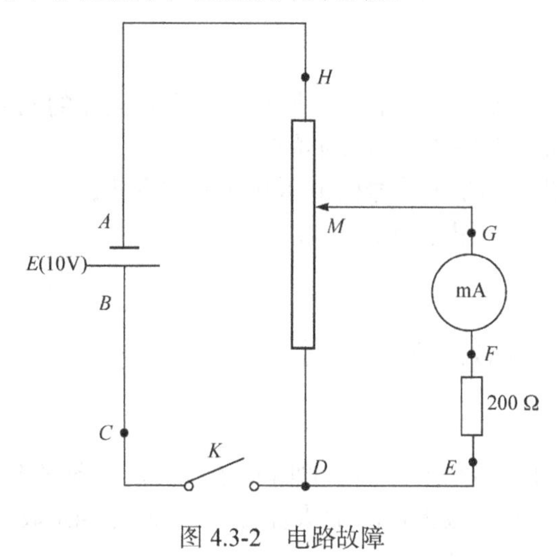

图 4.3-2　电路故障

要求：

(1) 先用电压检查法，找出故障后暂不排除，练习用电流检查法和电阻检查法检查电路故障.

(2) 电压检查法要写出详细步骤及情况分析(要求：用数据分析，且分析详细、理由充分)，电流检查法和电阻检查法要记录电流及电阻的具体数值.

(3) 按图 4.3-2 自行设计电路故障，练习用电压检查法检查电路故障.

(4) 实验小组之间互设故障进行检查.

【思考题】

要想尽快地排除电路故障，在动手检查之前，应对所检查电路做哪些必要的思考？

实验 4.4　示波器的原理与使用

示波器是一种用来展示和观测电信号的电子仪器，它可以直接测量信号电压的大小和周期，因此，一切可以转化为电压的电学量、非电学量(如电流、电功率、阻抗、温度、位移、压力、磁场等)以及它们随时间变化的过程都可用示波器来观测. 由于电子射线的惯性小，又能在荧光屏上显示出可见的图像，所以特别适用于观测瞬时变化的过程，这是示波器重要的优点.

本实验通过使用电子示波器观察电信号波形和测量电信号的电压及频率，了解示波器图像跟踪测量技术，掌握示波器的原理及使用方法.

【实验目的】

(1) 了解示波器的基本结构和工作原理，掌握示波器的调节和使用；
(2) 掌握用示波器观察电信号波形的方法；
(3) 掌握用示波器测量电信号的电压和频率的方法；
(4) 了解示波器图像跟踪测量技术.

【实验仪器】

双通道示波器，函数信号发生器等.

【实验原理】

示波器的规格和型号很多，但不管哪种示波器都有图 4.4-1 所示的几个基本组成部分：示波管、竖直放大器(Y放大器)、水平放大器(X放大器)、扫描电路、触发电路等.

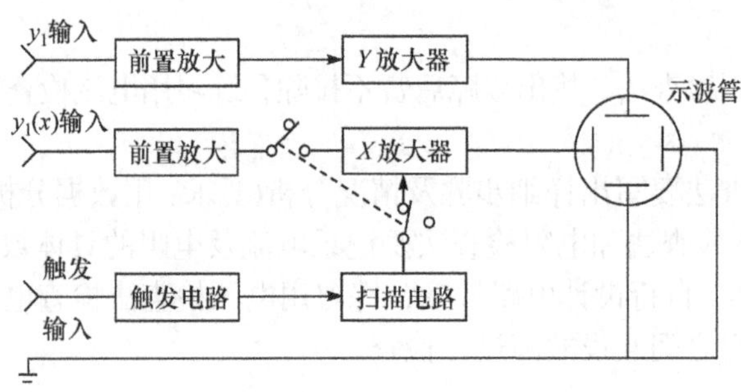

图 4.4-1　示波器原理图

1. 示波管的基本结构

示波管的基本结构如图 4.4-2 所示，主要包括电子枪、偏转系统和荧光屏三个部分，全都密封在玻璃外壳内，里面抽成高真空.

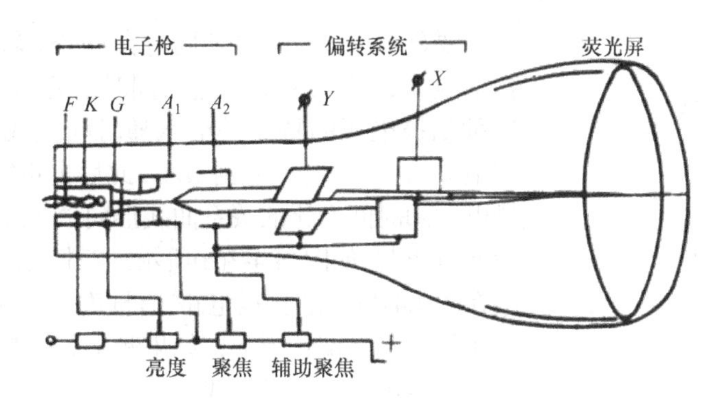

图 4.4-2　示波管的基本结构图

F—灯丝；*K*—阴极；*G*—控制栅极；A_1—第一阳极；A_2—第二阳极；*Y*—竖直偏转板；*X*—水平偏转板

(1) 电子枪：由灯丝、阴极、控制栅极、第一阳极和第二阳极五部分组成，阴极是一个表面涂有氧化层的金属圆筒，被灯丝通电加热后发射电子. 控制栅极是一个顶端有小孔的圆筒，套在阴极外面，它的电势比阴极稍低，对阴极发射出来的电子起控制作用，只有初速度较大的电子才能穿过栅极顶端的小孔，然后在阳极加速下奔向荧光屏，示波器面板上的"亮度"调整旋钮就是通过调节栅极电势以控制射向荧光屏的电子流密度从而改变屏上光斑的亮度. 阳极电势比阴极电势高很多，电子被它们之间的电场加速形成射线. 当控制栅极、第一阳极与第二阳极之间电势调节合适时，电子枪内的电场对电子射线有聚焦作用，所以第一阳极也称聚焦阳极，第二阳极电势更高，又称加速阳极，面板上的"聚焦"调节旋钮，就是调节第一阳极电势，使荧光屏上的光斑成为明亮、清晰的小圆点，有的示波器还有"辅助聚焦"，实际是调节第二阳极电势.

(2) 偏转系统：它由两对互相垂直的偏转板组成，一对竖直偏转板，一对水平偏转板，在偏转板上加上适当电压，当电子束通过时运动方向将发生偏转，从而使电子束在荧光屏上产生的光斑位置也发生改变.

(3) 荧光屏：屏上涂有荧光粉，电子打上去它就发光，形成光斑. 不同材料的荧光粉发光的颜色不同，发光过程的延续时间(一般称为余辉时间)也不同. 荧光屏前有一块透明的、带刻度的坐标板，用于测量光点位置，在性能较好的示波管中，通常将刻度线直接刻在屏玻璃内表面上，与荧光粉紧贴在一起，以消除视差，使光点位置的测量更准确.

2. 示波器显示波形的原理

1) 扫描作用

如果只在竖直偏转板上加一交变的正弦电压，则电子束的亮点将随电压的变化在竖直方向来回运动，如果电压频率较高，则看到的将是一条竖直亮线，如图 4.4-3(a)所示.

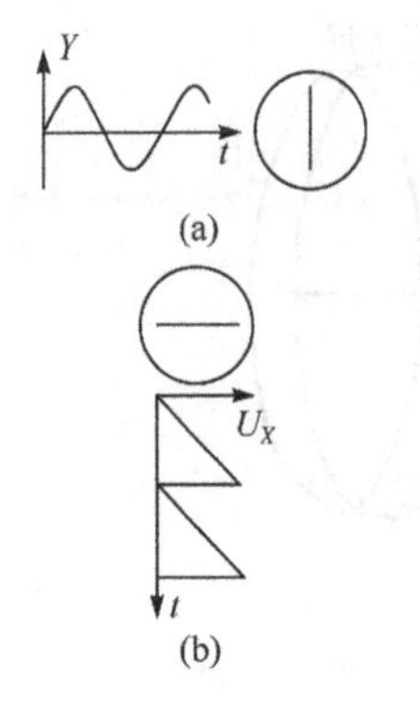

图 4.4-3　示波器显示原理图

要显示出波形，必须同时在水平偏转板上加一个扫描电压，使电子束的亮点同时沿着水平方向拉开. 这种扫描电压的特点是电压随时间呈线性关系增加到最大值，然后突然回到最小，此后再重复地变化. 扫描电压随时间变化的关系曲线形同“锯齿”，故称“锯齿波电压”，如图 4.4-3(b)所示. 产生锯齿波电压的电路在图4.4-1中用“扫描电路”方框表示. 当只有锯齿波电压加在水平偏转板上，如果频率足够高，则会在荧光屏上显示一条水平亮线.

如果在竖直偏转板上(简称 Y 轴)加正弦电压，同时在水平偏转板上(简称 X 轴)加锯齿波电压，电子同时受竖直、水平两个方向的力的作用，则电子的运动为两相互垂直的运动的合成. 当锯齿波电压与正弦电压变化周期相等时，在荧光屏上将能显示出一个完整的正弦电压的波形图(随着时间的推移 X 信号和 Y 信号同步周期性地出现)，如图 4.4-4 所示.

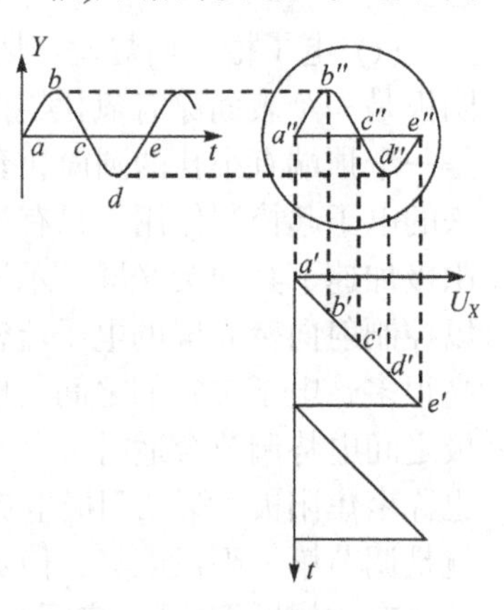

图 4.4-4　扫描原理

2) 触发扫描

普通示波器的扫描电压是采用自激锯齿波振荡器产生的连续信号，当 Y 轴输入信号时，就显示波形，当 Y 轴未输入信号时，就显示一条水平线，这种扫描方式称为连续扫描，连续扫描对于显示正弦波、对称方波、三角波等是比较合适的，但用来显示很窄的脉冲信号时，就很不理想，因为难以看清脉冲的前后沿等情况，为此，必须采用触发扫描方式. 所谓触发扫描，就是使扫描电路在被测脉冲信号或与之有一定关系的外来脉冲信号的触发下，才产生扫描电压，经过一定时间后又自动恢复到起始状态，完成一次扫描，然后等待下一个脉冲的到来，再重新进行一次扫描. 因为扫描的起点由触发信号控制，因此，每次显示的波形必定重合，图像必然稳定，现代通用示波器一般都有触发扫描功能.

3) 同步作用

要在示波器荧屏上获得稳定的波形，被测信号的频率 f_Y 必须为扫描电压(锯齿波)频率 f_X 的整数倍(N 倍)，即有

$$f_Y = Nf_X \tag{4.4-1}$$

因为只有满足上述条件，锯齿波在被测信号的每周或每隔若干周的同一点上开始扫描，即两者保持固定的相位关系，使每次荧光屏上显示的图像重合(即对 X 的每一个扫描周期，Y 有完全相同的波列对应)才可看到稳定的被测信号波形.

如果被测信号与锯齿波两者频率不满足上述整倍数的关系，或两者中的任一频率发生变化，则锯齿波每次扫描就不在信号波形的同一点上开始，而每次扫描显示的图形就不能重合，结果荧光屏上呈现向左或向右移动的波形，这样就难以对信号进行观察和测量.

在实验电路中，电源电压不稳定或其他原因都会引起被测信号和扫描信号频率的变化，这种变化随时可能发生，依靠人工手动调节"扫描微调"旋钮，无法始终保持两者整数比的关系，所以必须设法使两者频率自动保持整数比，为此，可利用被测信号电压或与此有关的电压，去强迫控制锯齿波的频率，使之与被测信号频率保持整数比，这就是同步(或称为整步)，用来控制锯齿波频率的信号则称为同步信号.

需要指出的是同步信号的幅度必须适当，太小达不到同步的目的，太大则使锯齿波发生畸变，必然引起被测信号严重失真.

4) 电压测量

用示波器不仅能测量直流电压，还能测量交流电压和非正弦波的电压. 它采用比较的测量方法，即用已知电压幅度将示波器的垂直方向进行分度，然后将待测信号电压输入，进行比较，如图 4.4-5 所示. 图中的方波幅度假定为 10 V，占据了五个分度，因此每分度表示 2.0 V，即 2.0 V · DIV^{-1}. 图中待测正弦波的峰-峰值($V_{\text{P-P}}$)占据 4.6 DIV，即图 4.4-5 中 A、B 之间在 Y 方向上的格数，则峰-峰电压 $V_{\text{P-P}}$=4.6×2.0=9.2(V)，所以其有效值按公式 $V = V_{\text{P-P}} / 2\sqrt{2}$ 就可计算出来. 现在的双踪电子示波器和数字示波器的 Y 轴电压衰减旋钮已设置了每分度的电压值，可以直接利用其分度值测量电压.

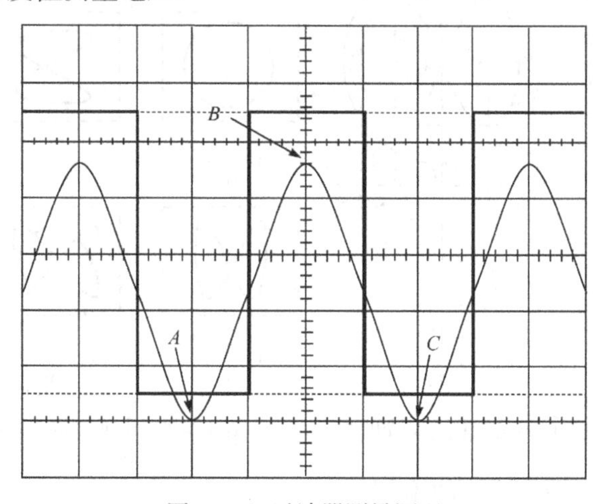

图 4.4-5　示波器测量原理

注意：测量电压时，选择合适的电压衰减分度，使波形峰-峰位置在示波器屏幕范围内且占据的格数尽量大，这样就会提高测量精度.

5) 测量周期或频率

用示波器测量周期或频率必须知道 X 轴的扫描速率，即 X 方向每分度相当于多少秒(s)或者微秒(μs). 假定图 4.4-5 所示的 X 轴扫描速率为 10 ms · DIV^{-1}，则正弦波一个周期占 4.0 DIV，即图 4.4-5 中 A、C 之间在 X 方向上的格数，其周期为 T=4.0×10=40 (ms). 因此就可计算出频率 $f = 1/40\ \mathrm{ms} = 25\ \mathrm{Hz}$.

注意：当显示的波形的个数较多时，周期可根据测量 n 个周期的时间除以 n 来计算，以保证周期有较高的精度.

6) 李萨如图形

如果 X、Y 偏转板上加的电信号都是正弦波，当 f_X 和 f_Y 之比为整数比时，电子束受到它们的合作用，光点将会描绘出特定的比较稳定的图形——李萨如图形. 图 4.4-6 描绘的是 $f_Y / f_X = 2/1$ 的两个正弦波电信号合成的李萨如图形.

图 4.4-7 给出了几种不同频率的李萨如图形. 可以证明两个正弦波的频率之比等于李萨如图形在 X 轴和 Y 轴上的切点数之比. 一般的计算公式为

$$\frac{f_Y}{f_X} = \frac{\text{与}X\text{轴切点数}}{\text{与}Y\text{轴切点数}} \tag{4.4-2}$$

利用李萨如图形可以根据已知频率求出未知频率.

注意：由于两种信号的频率不会非常稳定和严格相等，因此得到的李萨如图形不稳定，经常会出现上下左右来回地或定向地滚动现象. 如果是比较稳定的翻转，则测出翻转一次的时间为 t(s)，可知 f_X 与 f_Y 之差为 1/t Hz.

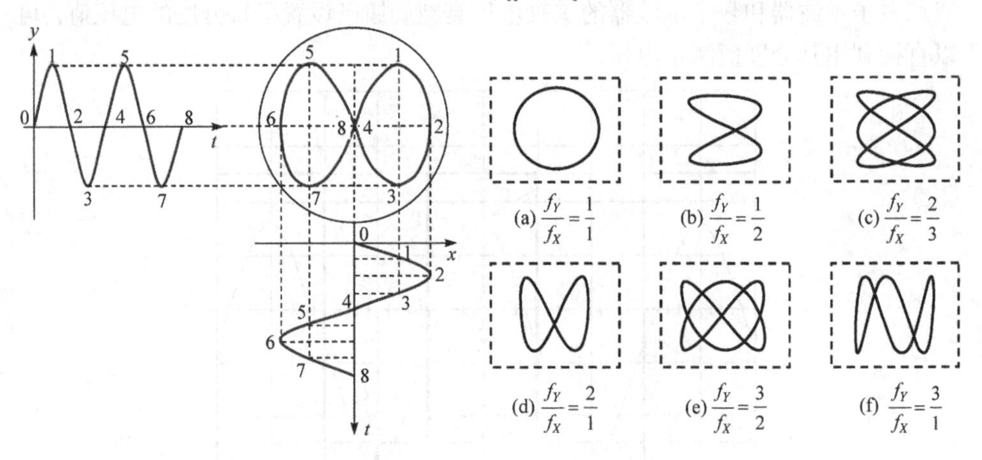

图 4.4-6　两个正弦波电信号合成的李萨如图形

图 4.4-7　几种不同频率的李萨如图形

7) 测量两个正弦信号的相位差

根据李萨如图形可以计算出相位差，如图 4.4-8 所示. 令

$$y = a\cos\omega t \tag{4.4-3}$$

$$x = b\sin(\omega t + \varphi) \tag{4.4-4}$$

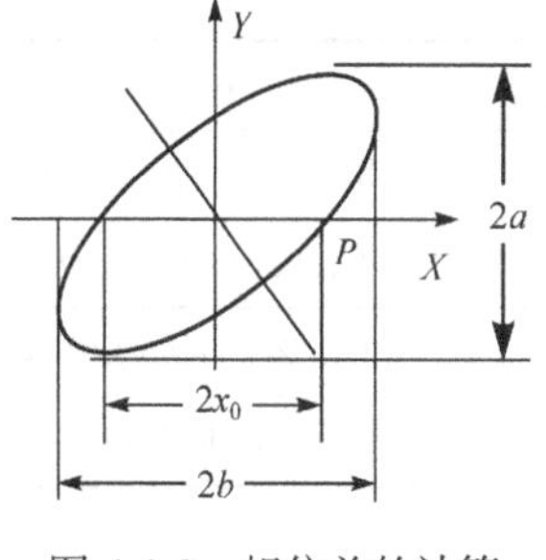

图 4.4-8　相位差的计算

则 y 与 x 的相位差为 φ. 假定波形在 X 轴上的截距为 $2x_0$，则对 X 轴上的 P 点

$$y = a\cos\omega t = 0$$

因而

$$\omega t = 0$$

所以

$$x_0 = b\sin(\omega t + \varphi) = b\sin\varphi$$

则

$$\varphi = \arcsin\frac{x_0}{b} \tag{4.4-5}$$

【实验内容和步骤】

(1) 熟悉示波器、函数信号发生器的面板上各个旋钮及其作用.

(2) 练习用示波器观察信号波形.

将函数信号发生器的 A 路信号输出端口接入示波器 CH1(X)输入端口，利用示波器观察函数信号发生器输出 100 Hz、5 V 的正弦波，200 Hz、1 V 的方波及 150 Hz、2 V 的三角波的图形，要求在示波器上显示 2～3 个周期的波形，并画出此波形图. 熟悉示波器面板上的“电压衰减开关”和“扫描速率选择开关”的作用.

(3) 用示波器测量函数信号发生器输出的正弦波电压信号的电压峰-峰值 $V_{\text{P-P}}$.

① 将函数信号发生器输出的 200 Hz 交流正弦波信号，由示波器 CH1 端输入，调节函数信号发生器，让其电压峰-峰值($V_{\text{P-P}}$)为 1.5 V 的信号.

② 调节“扫描速率选择开关”使示波器屏幕显示 2～3 个周期的波形. 如果显示波形不稳定，调节“电平”旋钮，使波形稳定；调节 CH1 输入端口对应的“电压衰减开关”使信号波形幅度适中. 记录电压衰减分度值 D.

③ 读出示波器屏幕上波形纵方向波峰到波谷刻度值之差，记为 M(格).

④ 计算交流电的峰-峰值 $V_{\text{P-P}} = M \times D$ (V).

⑤ 正弦波交流电的有效值 $V = V_{\text{P-P}}/2\sqrt{2}$；

⑥ 再调节函数信号发生器，让其电压峰-峰值($V_{\text{P-P}}$)分别为 1.5 V、5.0 V、10.8 V、15.3 V、17.5 V、20.0 V 的信号. 重复②～⑤过程，将数据填入表 4.4-1 中，分析示波器的测量值与函数发生器示值的相对误差和误差存在的原因.

表 4.4-1　电压测量数据表

测量次数	1	2	3	4	5	6
函数信号发生器 V_{P-P} 示值/V	1.5	5.0	10.8	15.3	17.5	20.0
电压衰减分度 $D/(V \cdot DIV^{-1})$						
交流正弦波的测量值 V_{P-P}/V						
交流正弦波的有效值 V/V						

(4) 频率和周期的测量.

调节函数信号发生器，让其输出电压为 2 V，频率分别为 50 Hz、243 Hz、540 Hz、864 Hz、1000 Hz、1300 Hz 的正弦信号，用示波器的时间扫描功能分别测量其频率值. 记录各信号波形一个周期所占据的格数，扫描速率选择开关的示值，并计算其周期和频率值，填入表 4.4-2 中，分析示波器的测量值与函数发生器示值的相对误差和误差存在的原因.

表 4.4-2　频率和周期测量数据表

测量次数	1	2	3	4	5	6
函数发生器频率示值 f/Hz	50	243	540	864	1000	1300
扫描速率开关分度/(s/DIV)						
交流正弦波的周期测量值 T/s						
交流正弦波的频率 f/Hz						

(5) 利用李萨如图形测量频率.

将函数发生器的 B 路信号输出接入示波器的 CH2(Y)输入，A 路信号输出端输出的正弦电压信号接入示波器的 CH1(X)输入，选择(X-Y)工作方式，调节函数信号发生器的频率让示波器上显示比较稳定的李萨如图形. 分别测出图形在 X 轴、Y 轴的切点数之比为 1∶1、1∶2、2∶1、2∶3、3∶1、3∶2 的函数发生器的频率示值，将数据填入表 4.4-3 中.

表 4.4-3　利用李萨如图形测量频率数据表

测量次数	1	2	3	4	5	6
X 轴、Y 轴的切点数之比	1∶1	1∶2	2∶1	2∶3	3∶1	3∶2
A 路信号的频率 f_X/Hz(示值)						
B 路信号的频率 f_Y/Hz						

(6) 利用示波器测量 RC 串联电路中电压和电流之间的相位差(选做).

自行设计测量电路和测量方法.

【注意事项】

(1) 认真阅读仪器说明书中有关仪器的介绍，掌握所使用的示波器、信号发生器面板上各旋钮的作用后再操作.

(2) 为了保护荧光屏不被灼伤，使用示波器时，光点亮度不能太强，而且也不能让光点长时间停在荧光屏的一个位置上. 在实验过程中，如果短时间不使用示波器，可将“辉度”旋钮调到最小，不要经常通断示波器的电源，以免缩短示波管的使用寿命.

(3) 示波器上所有开关与旋钮都有一定强度与调节角度，使用时应轻轻地缓缓旋转，不能用力过猛或随意旋转.

【思考题】

(1) 如果打开示波器的电源开关后，在屏幕上既看不到扫描线又看不到光点，可能有哪些原因？应分别进行怎样的调节？

(2) 示波器的主要功能是什么？

(3) 为什么扫描电压信号与被研究的电压信号的周期不成整数倍关系时，图形是不稳定的？

(4) 为什么观察扫描现象时，必须在 X 偏转板加锯齿波电压？加恒值电压行不行？

(5) 当用示波器观察一正弦波信号时，如果荧光屏上显示的正弦波图形发生移动(向左或向右)，应如何调节才能使波形稳定？

实验 4.5　补偿法原理与电势差计

补偿法是电磁测量的一种基本方法. 电势差计(potentiometer)就是利用补偿原理来精确测量电动势或电势差的一种精密仪器. 其突出优点是在测量电学量时，在补偿平衡的情况下，不从被测电路中吸取能量，也不影响被测电路的状态和参数，所以在计量工作和高精度测量中被广泛使用.

补偿式电势差计不但可以用来精确测量电动势、电压，与标准电阻配合还可以精确测量电流、电阻和功率等，也可以用来校准精密电表和直流电桥等直读式仪表，电学计量部门还用它来确定产品的准确度和定标. 在非电参量(如温度、压力、位移和速度等)的电测法中也占有极其重要的地位. 它不仅被用于直流电路，也用于交流电路. 因此在工业测量自动控制系统的电路中得到普遍的应用.

虽然随着科学技术的进步，高内阻、高灵敏度的仪表不断出现，在许多测量场合逐步由新型仪表所取代，但是电势差计这一经典的精密测量仪器，其补偿法测量原理是一种十分经典的测量手段和实验方法，其测量原理有着十分重要的意义，至今仍然值得学习借鉴.

【实验目的】

(1) 掌握补偿原理，用比较法测定电源电动势；

(2) 了解电势差计的结构，学会电路估算、定标及测量方法；

(3) 正确使用灵敏电流计、标准电阻、标准电池、电阻箱；

(4) 学习比较法间接测量电阻和电流；

(5) 掌握用电势差计测量电池电动势和内阻的方法.

【实验仪器】

十一线电势差计，箱式电势差计，直流稳压电源，灵敏电流计，标准电池，标准电阻，电阻箱，待测电池，单刀开关，单刀双掷开关等.

1) DH325 新型十一线电势差计的结构

图 4.5-1 为 DH325 新型十一线电势差计面板示意图，是实验室用作实验教学的一种电势差计，其结构简单，直观，便于进行分析. 它是将图 4.5-2 中的电阻丝 AB 用长度为 11 m 且粗细均匀的电阻线代替并将其长度分为相等的 11 段，每段长为 1 m. 图 4.5-1 中与 B 端连接的一段电阻丝置于转盘中. 其余十段电阻丝由接线柱(或插孔)固定并分别标出数字：1，2，…，10. 面板中的 C 端用双插头线与 1，2，3，…，10 各插孔相连接(相当于图 4.5-2 中的 C)，插头插换一个插孔，C、D 间的长度变化 1 m，所以它具有粗调功能. 转盘滑块与电阻丝紧密接触(相当于图 4.5-2 中的 D)，可以在 1 m 范围内连续滑动，具有细调的功能. 改变 C、D 在电势差计上的位置，可以使 C、D 间的电阻丝长度在 0～11 m 间连续变化. 例如，当 C 插头与 5 插孔相连，表明 CD 之间有 5 根电阻丝接入，即 CD 电阻丝整数部分长度为 5 m，当转盘的示数为 0.093，则 CD 之间的电阻丝总长度为 5.093 m.

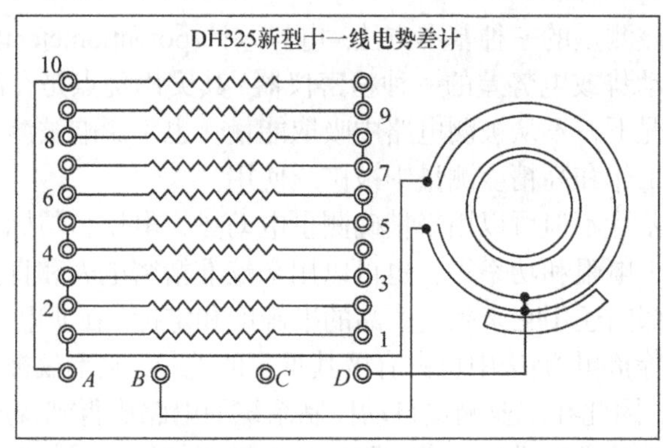

图 4.5-1　DH325 新型十一线电势差计面板示意图

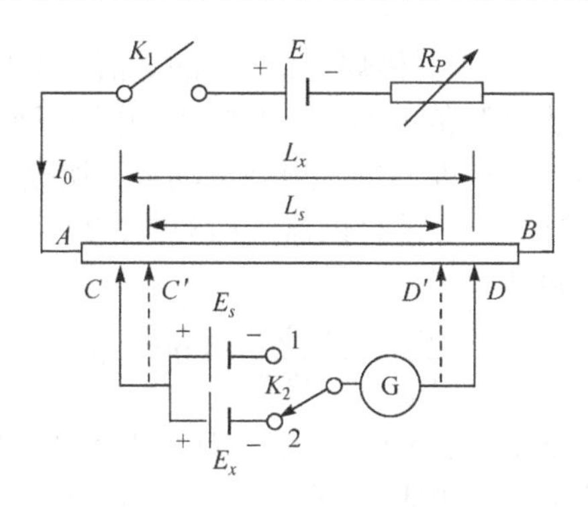

图 4.5-2　直流电势差计原理图

2) 电势差计的定标(即标准化)

从式(4.5-2)可知，在具体测量中若 U_0 为一定值，则只要测出 L_x 就可方便地计算出 E_x. 为了便于计算，通常 U_0 可以人为选定一个简单的值，只要通过调节图 4.5-3 中限流电阻 R_P 就可以达到这个目的. 对于这个电路，只要调节电源的粗调和细调，就可满足调节 R_P 的要求了. 确定 U_0 的具体数值的过程称作电势差计的定标，或电势差计工作电流的标准化. 电势差计的定标就是使电势差计工作回路的电流为其规定值或一选定值. 这一工作是利用标准电池、灵敏电流计和工作回路的电阻丝构成补偿电路，通过调节限流电阻 R_P 使补偿电路达到补偿来完成的(本次实验的电路是通过调节电源的粗调和微调达到这个目的的). 定标完成后，使用电势差计测量待测电源的电动势或电压时，电源的输出电压的值不能再改变，以保证电势差计在确定的工作电流下工作，这是使用电势差计的关键所在. 下面以本实验所用的新型十一线电势差计为例来具体说明定标过程.

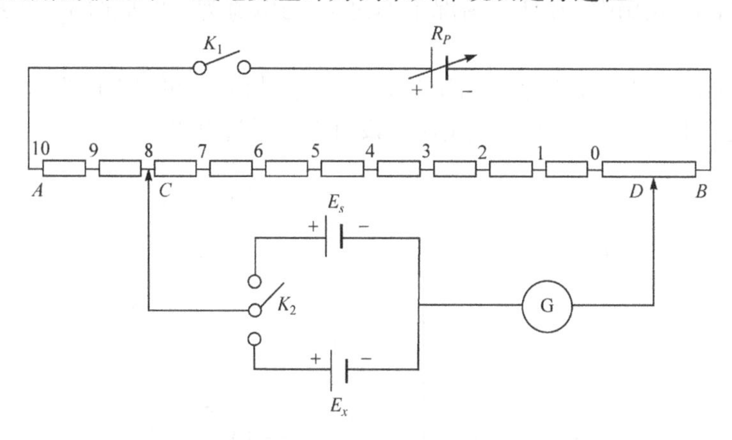

图 4.5-3　DH325 电势差计设计与应用综合实验仪电路图

对新型十一线电势差计而言，使其工作回路的电流为一规定值，实质上就是使电阻丝单位长度的电压 U_0 为具体规定值. U_0 的数值取多少除了取决于待测电源的电动势或待测电压的大致数值范围外，还要考虑电阻丝所允许通过的额定电流. 如果要求测量一大约为 1.5 V 左右的干电池电动势，所提供的标准电池电动势为 1.0186 V. 考虑到上述两种因素，结合仪器结构构成，可选定 $U_0=0.2000\ \text{V}\cdot\text{m}^{-1}$. 这样定标时选取电阻丝长度为

$$L_s=\frac{E_s}{U_0}=\frac{1.0186}{0.2000}=5.093\,(\text{m})$$

将插头 C 置于“5”孔(相当于 5 m)，滑动头 D 置于米尺上的 0.093 m(即为 93 mm)处，然后调节工作回路的限流电阻 R_P 使补偿回路达到补偿，灵敏电流计示零. 此时电势差计电阻丝上的电压即为所选取的 $U_0=0.2000\ \text{V}\cdot\text{m}^{-1}$，即可用它来进行相应的测量工作了.

3)电势差计的系统误差

为了提高测量电源电动势和电压的准确度，应充分考虑电势差计的系统误差，例如，工作回路的电源 E 的不稳定性，标准电池的温度修正，11 m 电阻丝带来的误差，判断补偿回路是否达到补偿所用的灵敏电流计是否具有足够的灵敏度等，针对这些系统误差产生的原因，应采取相应措施，减少它们的影响.

【实验原理】

1. 预习思考

先思考以下几个问题.

(1) 用图 4.5-4(a)所示的方法能否用电压表测出电源的电动势 E_x？为什么？

(2) 为了避免在测量电动势时有电流通过电源，请你试设计一种方法.

(3) 图 4.5-4(b)中，在什么情况下通过 E_x 的电流为零？此时 E_x 和 E_0 是什么关系？

(4) 图 4.5-2 中 AB 段为一电阻丝，C、D 为活动接头，可以在电阻丝上滑动. 当开关 K_2 与“2”接通后，在什么情况下没有电流通过电源 E_x？

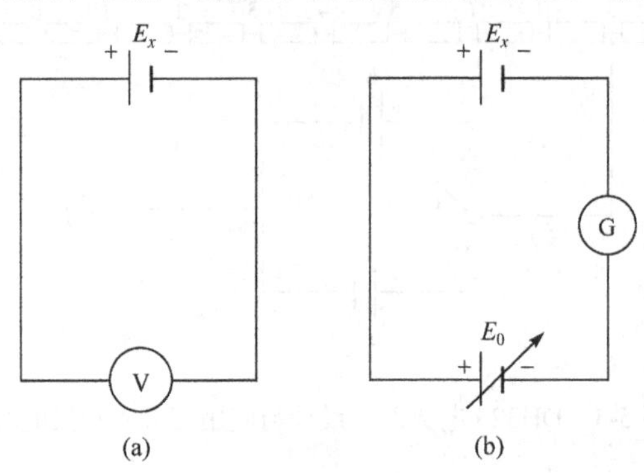

图 4.5-4　电路补偿原理图

(5) 灵敏电流计中电流为零值时，E_x是否与U_{CD}相等?

(6) 若在电阻丝AB上分划出刻度，并以电压为单位，你有什么办法使所标示出的电压值与实际电压一致?

(7) 图 4.5-2 中，将标准电池E_s接入电路中C'、D'($U_{C'D'}$电压标示值与电动势E_s相等)两端后，通过调节R_P，由E_s的值可较精确地使电阻AB段上所标出的电压的值与实际值一致，试分析其道理.

(8) 此时，由图 4.5-2 你能否较准确地测定电源电动势E_x的值?

2. 补偿原理

在直流电路中，电源电动势在数值上等于电源开路时两电极的端电压. 因此，在测量时要求没有电流通过电源，此时测得电源的端电压，即为电源的电动势. 但是，如果直接用伏特表去测量电源的端电压，由于伏特表总要有电流通过，而电源具有内阻，因而不能得到准确的电动势数值，所测得的电势差值总是小于电动势值. 为了准确的测量电动势，必须使分流到测量支路上的电流等于零，直流电势差计就是为了满足这个要求而设计的.

补偿原理就是利用一个补偿电压去抵消另一个电压或电动势，其原理如图 4.5-1(b)所示. 设E_0为一连续可调的标准的示值准确的补偿电压，而E_x为待测电动势(或电压)，两个电源E_0和E_x正极对正极、负极对负极，中间串联一个灵敏电流计Ⓖ接成闭合回路. 调节E_0使灵敏电流计Ⓖ示零(即回路电流I=0)，则E_x=E_0. 上述过程的实质是，E_x两端的电势差和E_0两端的电势差相互补偿，这时电路处于平衡状态或完全补偿状态. 在完全补偿状态下，已知E_0的大小，就可确定E_x，这种利用补偿原理测电势差的方法称为补偿法测量. 在测定过程中不断地用已知数值补偿电压与待测的电动势(电压)进行比较，当灵敏电流计指示电路中的电流为零时，电路达到平衡补偿状态，此时被测电动势与补偿电压相等. 由上可知，为了测量E_x，关键在于如何获得可调节的标准的补偿电压，并要求：①便于调节；②稳定性好；③示值准确.

这就好比用一把标准的米尺来与被测物体(长度)进行比较，测出其长度的基本思想一样. 但其比较判别的手段有所不同，补偿法用示值为零来判定.

3. 电势差计电路原理

图 4.5-2 是一种简单的直流电势差计原理图. 它由三个基本回路构成：①工作电流调节回路：由电源E，限流电阻R_P，电阻AB，开关K_1构成. ②校准回路：由灵敏电流计Ⓖ、标准电池E_s、电阻$C'D'$构成的回路，也称补偿回路. ③测量回路：由灵敏电流计Ⓖ、待测电池E_x、电阻CD构成的回路. 通过下述的两个操作步骤，可以清楚地了解电势差计的原理.

(1) 校准. AB上有两个活动接头C、D，当通过工作回路的电流I_0恒定时，

改变 C、D 位置，就能改变 C、D 间的电势差 U_{CD} 的大小. 图 4.5-2 中开关 K_2 拨向 1 侧，取 R_{CD} 为一预定值(对应标准电势值 $E_s=R_{CD}\times I_0=1.0186$ V)，调节限流电阻 R_P 使灵敏电流计Ⓖ的示值为零，使工作电流回路内的 R_{AB} 中流过一个已知的“标准”电流 I_0，且 $I_0=E_s/R_{CD}$ 这种利用标准电源 E_s 高精度的特点，使得工作回路中的电路 I 能准确地达到某一标定工作电流 I_0，这一调整过程又叫做电势差计的“工作回路电流标准化”.

工作回路电流标准化的过程是：根据标准电池的电动势数值，将 C、D 两点移动到与标准电池电动势数值相同的电压数值的位置，如图 4.5-2 中 C'、D' 两点，设 $C'D'$ 长度为 L_s. 将单刀开关 K_1 接通，单刀双掷开关 K_2 接通“1”与标准电池相连，调节限流电阻 R_P，使得灵敏电流计Ⓖ为零，此时称工作回路中的电流被标准化，或称 $U_{C'D'}$ 与 E_s 互相补偿，则有

$$E_s=U_{C'D'}=I_0R_0L_s=U_0L_s \tag{4.5-1}$$

式中，R_0 为单位长度电阻丝的电阻值. 由于标准电池电动势的数值准确度较高，只要灵敏电流计的灵敏度足够高，则电阻 AB 上刻度出的电压数值也就足够准确.

(2) 测量. 对 E_x 进行测量时，将单刀双掷开关 K_2 接通“2”与 E_x 接通，改变 C、D 两点位置，使灵敏电流计Ⓖ为零，CD 对应的长度记为 L_x. 此时 U_{CD} 与 E_x 互相补偿，则有

$$E_x=U_{CD}=I_0R_0L_x=U_0L_x \tag{4.5-2}$$

这种测 E_x 的方法叫补偿法.

补偿法具有以下优点. ①电势差计是一电阻分压装置，它将被测电动势 E_x 和一标准电动势直接比较. E_x 的值仅取决于 E_s/R_{CD} 及 E_s，因而测量准确度较高. ②在上述的校准和测量两个步骤中，灵敏电流计Ⓖ两次示零，表明测量时既不从校准回路内的标准电动势源中吸取电流，也不从测量回路中吸取电流. 因此，不改变被测回路的原有状态及电压等参量，同时可避免测量回路导线电阻及标准电势的内阻等对测量准确度的影响，这是补偿法测量准确度较高的另一个原因.

需要指出的是，近年来数字式仪表已有了广泛应用，数字式仪表内阻高(大于数百万欧姆)，准确度高，而且操作方便，结果显示直观快捷，在测量电势和电动势时可代替电势差计. 在数字式电压表中，其中逐次逼近比较型数字电压表则是以电势差计为原理而研制的.

【实验内容和步骤】

1. 根据图 4.5-5 的电路图正确连接线路

(1) 实验连接前要熟悉直流稳压电源，本实验所使用的直流电源输出电压为 2～3 V，弄懂单刀双掷开关、单刀开关的作用和接法.

(2) 认真分析电势差计线路特点，合理布置仪器并按回路接线. 接线过程中要注意回路极性，开关处于断开状态，电源的输入电压调到最小保证接入回路中的电流最小，以保护电路仪器安全.

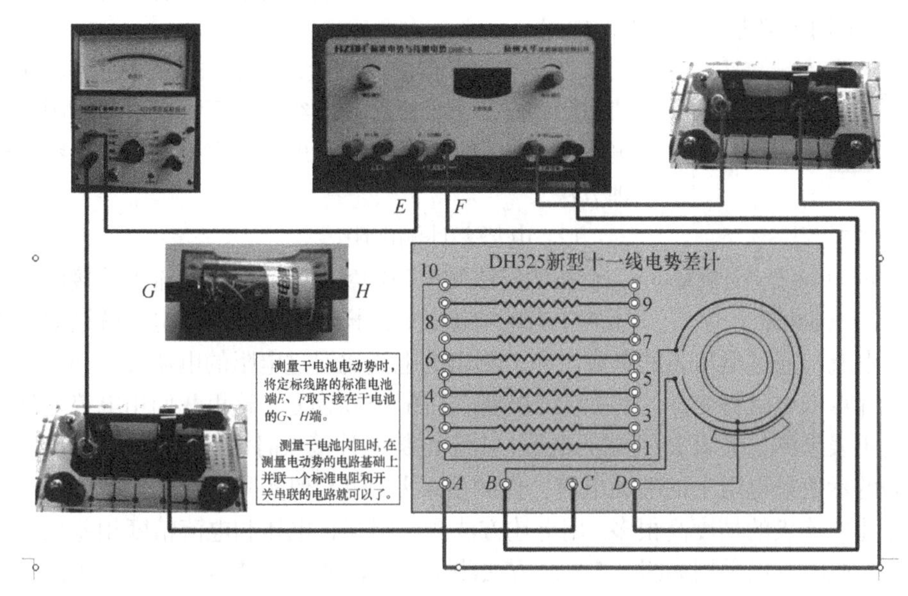

图 4.5-5　DH325 电势差计测量干电池电动势和内阻的电路图

2. 电势差计定标(工作回路电流标准化)

(1) 根据待测电池电压范围和电阻丝最大额定电流，选取电阻丝上单位长度的电压降 U_0，例如，待测电池如果是 1.5 V 的干电池，U_0=0.2000 V · m^{-1} 就可以了.

(2) 根据标准电池的电动势 E_s. 再根据 $L_s=E_s/U_0$，确定电阻丝的长度. 定标时置插头 C 和转盘 D 两点之间的距离为 L_s.

(3) 调节工作回路电源电压的粗调和细调使灵敏电流计示数为零，关闭开关 K_1，将单刀双掷开关 K_2 置于标准电池一端. 通过调节电源电压的粗调和细调使灵敏电流计为零. 此时该电势差计按要求定标完成.

3. 待测干电池电动势的测量

由于电势差计测量用到了比较法，因此测量过程中绝不能改变工作电流(即不能再次调节工作回路的电源电压).

单刀双掷开关置于待测电池电动势一侧，通过改变新型十一线电势差计的两个活动头 C、D 之间的位置，按先粗调、后细调这一基本步骤，使灵敏电流计指针指零. 记下此时的 L_x.

重复上述步骤，对 L_x 多次测量(至少 5 次). 再利用 $E_x=U_0L_x$，计算 E_x，求平均值和不确定度，并完整表示结果.

4. 提高与设计性实验

(1) 用电势差计测量电池内阻.

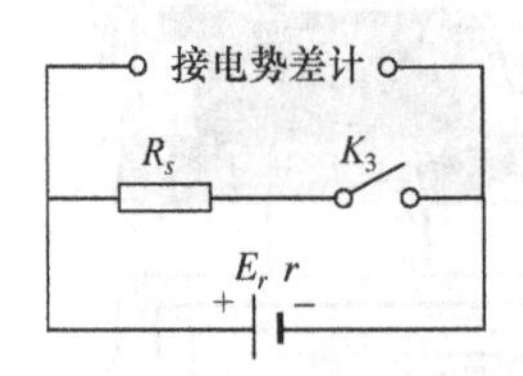

图 4.5-6　用电势差计测量电池内阻

在本实验仪器的基础上，再增加开关 K_3 和直流多值电阻箱 R_s，按图 4.5-6 接线，则可由全电路欧姆定律测量电池内阻. 说明测量原理，拟定操作步骤和数据处理方法.

(2) 电势差计测电阻.

在伏安法测电阻的实验中，应用电流表外接法时电压表中有电流流过，这样电流表测出的电流就是通过电阻的电流与通过电压表的电流之和，测出的电流比通过电阻的电流大，利用欧姆定律计算的电阻将变少，存在系统误差. 如图 4.5-7 所示，这里我们用电势差计替换电压表来测量电阻 R_x 两端的电压，由于电势差计接入时没有取用电流，所以电流表的示值是电阻上的准确电流，使测量误差减小. 但实际中，电势差计的测量精度比电流表的精度高很多. 用上述方法测电阻存在电压和电流精度相差悬殊的情况，此时可以采用如图 4.5-8 的方法测量电阻，其中 R_s 是标准电阻. 用同一台电势差计分别测量 R_s 和 R_x 的端电压 U_s、U_x，则待测电阻为

$$R_x = \frac{R_s}{U_s} U_x \tag{4.5-3}$$

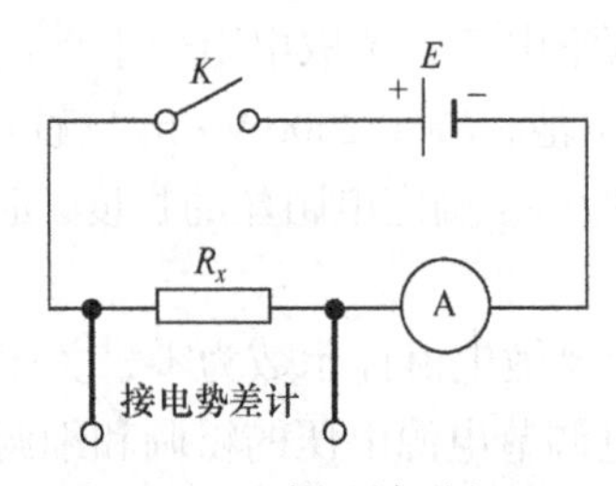

图 4.5-7　电势差计测电阻一

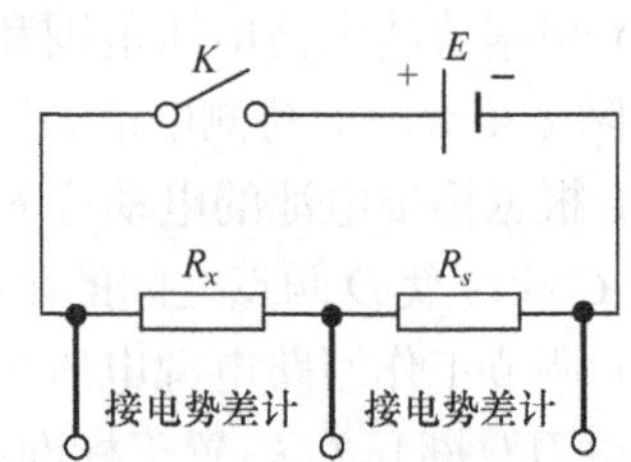

图 4.5-8　电势差计测电阻二

注意：测量两电阻电压时，应采用同一精度的电势差计. 如果同一台电势差计测量，测量两电阻的电压时，应保证回路的电流不变. 选择标准电阻时其电阻值与待测电阻尽量接近.

5. (选作)用箱式电势差计测干电池电动势和内阻

按说明书中箱式电势差计的使用步骤进行.

6. (选作)用箱式电势差计校正电表

【思考题】

(1) 什么是补偿原理？电势差计达到补偿的标志是什么？

(2) 为什么电势差计在测量之前要定标(或工作回路的电流标准化)？如何定标？

(3) 在实验中若灵敏电流计指针总向一边偏转，试分析其原因.

(4) 用十一线板式电势差计测量待测电源电动势时，需要改变 C、D 两活动头的位置，怎样才能找到合适的位置？

实验 4.6　热电偶的定标

热电偶(又称温差电偶)是一种常用的传感器，一般用来进行温度测量及温度自动控制，在工业生产及科研中使用较为广泛. 它具有测温范围广(−100～2000℃)、灵敏度高等优点.

【实验目的】

(1) 了解热电偶的原理；

(2) 掌握热电偶的定标方法.

【实验仪器】

热电偶，电势差计，加热器，烧杯，电炉，保温杯，标准水银温度计.

【实验原理】

1. 温差电现象

1) 佩尔捷电动势(接触电动势)

两种不同金属接触，在接触处会产生一电势差(图 4.6-1). 其原因是在接触处两种金属的自由电子都要越过界面向对方扩散，这可等效为在界面上存在一个扩散力(非静电力). 若 A 金属的自由电子密度比 B 金属的自由电子密度大，则由金属 A 扩散到金属 B 的自由电子数大于由金属 B 扩散到金属 A 的自由电子数，结果会使界面 B 侧出现负电荷而 A 侧出现正电荷. 这些电荷所激发的电场会阻止 A 侧的电子向 B 侧扩散，但加速了 B 侧的电子向 A 侧的扩散. 这样最终会使界面两侧的电荷达到一定数值后不再增加，界面两侧也就存在一定的电势差. 从这种电势差的形成过程可以知道，相互接触的 A、B 两金属内相应地存在着

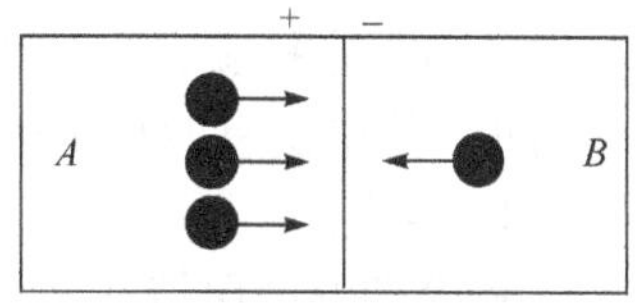

图 4.6-1　佩尔捷电动势

一个电动势(来源于“扩散力”)，这个电动势称为接触电动势.

2) 汤姆孙电动势

两端温度不同的金属(图 4.6-2)，由于高温端的自由电子动能比低温端自由电子的动能大，因此由高温端向低温端扩散的自由电子数大于由低温端向高温端扩散的自由电子数，这可等效为自由电子受到一个非静电力的作用，因此在高温端出现正电荷而在低温端出现负电荷. 这些电荷所激发的静电场会阻止电荷数值的增加，当静电场力和非静电力达到平衡后，电荷数值保持恒定，这时金属存在一恒定的电势差，这个电势差的数值与金属内源于非静电力的电动势数值是相同的，这类电动势称为汤姆孙电动势.

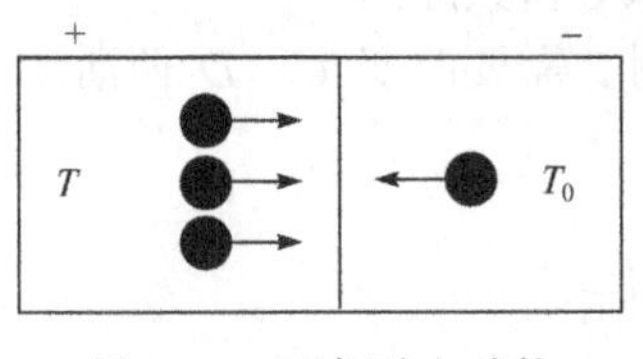

图 4.6-2　汤姆孙电动势

3) 热电偶回路中的电动势

将两种金属连接成回路(图 4.6-3)，该回路存在两个佩尔捷电动势和两个汤姆孙电动势. 如果两接点处温度相同，回路中总电动势为零. 两接点温度不同时，回路中总电动势不为零，回路中出现温差电流.

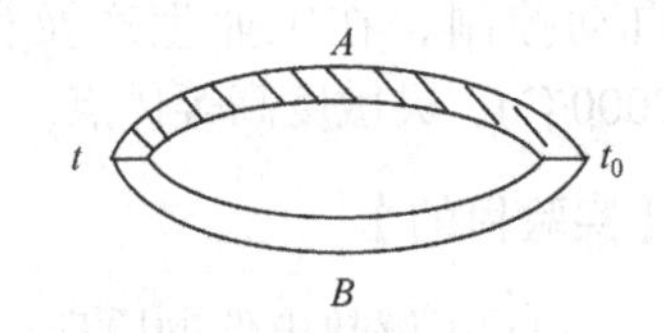

图 4.6-3　热电偶回路中的电动势

热电偶回路中的电动势与其两端温差的关系较复杂，取一级近似时有以下关系：

$$E = C(t - t_0) \tag{4.6-1}$$

式中，C 为温差系数，与金属性质有关，当温度变化范围不大时可认为是常数；t 为热端温度；t_0 为冷端温度. 将热电偶其中一端(如冷端)的温度固定不变，则回路中的电动势的数值就是另一端(热端)的函数. 找出这种函数关系，即可由测出的热电偶电动势确定温度数值.

2. 热电偶的定标

热电偶定标就是确定出热电偶电动势与温度的对应关系，以便尽量准确地测定温度. 热电偶有两种定标方法.

1) 定点法

将冷端温度保持在 0 ℃，找出热端某几个确定的温度所对应的热电偶电动势数值，一般是将一些纯物质的沸点或熔点作为确定的温度，例如，一个标准大气压下水的沸点 100 ℃，锡的熔点 231.8 ℃，铅的熔点 327.5 ℃. 几个点上的温度与电动势关系确定后，其他点上的对应关系可由内插法求出.

2) 比较法

将准确度较高的热电偶与需要定标的热电偶冷端均置于 0 ℃环境，热端均置于加热器中，当热端温度上升时，分别测出两个热电偶同一温度下的电动势数值. 据此可作出 E-t 定标曲线. 也可以用标准水银温度计进行定标(图 4.6-4).

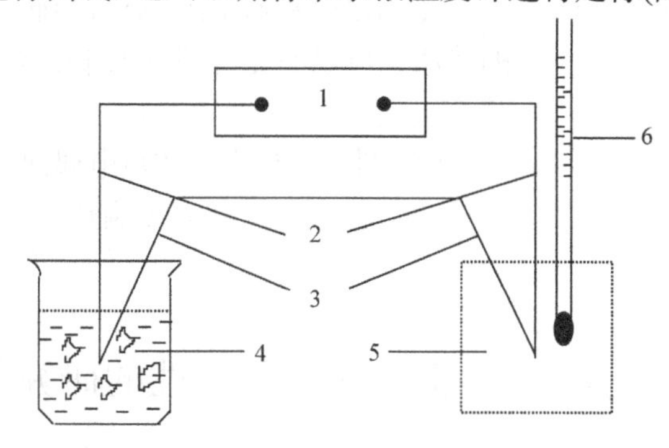

图 4.6-4　用标准水银计定标

1—电势差计; 2—康铜; 3—铜; 4—冰水混合物; 5—加热器; 6—标准水银温度计

定点法的优点是由于所确定的温度数值准确，所以定标后的热电偶温度计也比较准确；其缺点是可准确确定的点数少(纯物质少)，而且温度变化范围较大时非线性问题较明显，所以准确度受到限制. 比较法的优点是方法简便，但准确度较低.

图 4.6-4 中的加热器可据不同温度范围选择以下三种：①直流电加热器，温度最高为 80 ℃；②热水槽，由电炉加热；③电热坩埚，使用市电加热，经调压器调压后可使坩埚达到较高温度，可熔化锡、铅、锌等金属.

【实验内容和步骤】

将电势差计接入铜-康铜热电偶回路，热电偶冷端置于冰水混合物中.

1. 定点标定

将热电偶热端置于沸水中，记录电势差计的读数(沸水温度按当地实际沸点记录)，然后将热端从热水中取出.

将热端(装保护套)置于熔化后的纯锡中，待锡的温度下降到不变时(锡的凝固期，此时的温度即为锡的熔点)，记录电势差计读数.

以温度为横坐标，以电动势为纵坐标作 E-t 定标曲线.

2. 比较法定标

将热端与标准水银温度计置入直流电加热器中加热. 每隔 5 ℃记录一次温度数值和电动势数值(要尽量做到两种读数同步)，当温度升至 80 ℃时停止加热.

以温度为横坐标，以电动势为纵坐标作 E-t 定标曲线.

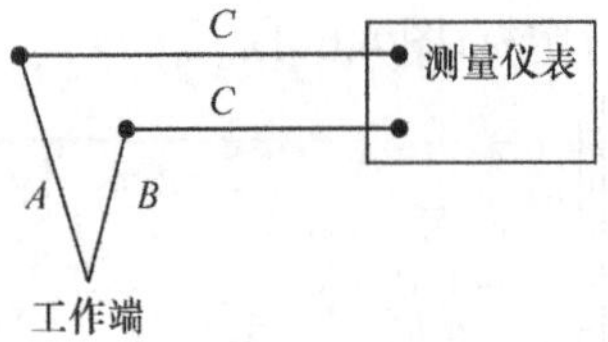

【思考题】

(1) 在实际应用中，有时会遇到如图 4.6-5 所示的接法，可以明显看到有工作端(热端)存在，试指出其冷端.

(2) 图 4.6-5 中，在热电偶回路中接入了第三种金属(导线)，这会不会影响热电偶回路中的电动势数值？

图 4.6-5　思考题

实验 4.7　非线性电阻特性的研究

【实验目的】

(1) 了解非线性元件的伏安特性，拓宽对电阻伏安特性的认识；

(2) 培养学生设计简单电路的能力.

【实验仪器】

晶体二极管，小灯泡，电压表，电流表，滑线变阻器，电阻箱，单刀开关.

【实验要求】

(1) 已知灯泡额定功率 P=0.55 W，额定电压 U=2.2 V，电源输出电压 3 V.

(2) 要求设计出测量灯泡伏安特性的方案(①包括线路图及设计思想，写出电路中所使用元件的规格；②电流能够细调).

(3) 写出电流测量的范围及测量间隔(不少于 15 组数据).

(4) 记录灯泡刚发光时的电压与电流数值，求出灯泡电阻的最大值与最小值.

(5) 写出实验步骤.

(6) 研究二极管的非线性特性(研究正向特性与反向特性).

(7) 对所做出的曲线作出分析.

【提示】

(1) 考虑如何设计才能保证灯泡不被烧坏？

(2) 二极管反向电阻很大，考虑用普通的指针式电压表或电流表是否合适？

【思考题】

本实验中研究小灯泡的伏安特性时应选择分压电路好还是限流电路？为什么？

实验 4.8 惠斯通电桥测电阻

电桥在电磁测量技术、自动调节、自动控制中的应用十分广泛，其特点是灵敏度和准确度都较高. 惠斯通电桥是一种直流电桥，利用其处于平衡状态时的特点，可以较准确地测定中等阻值电阻(几十欧姆至几百千欧姆).

【实验目的】

(1) 掌握惠斯通电桥测量电阻的原理；

(2) 了解惠斯通电桥的结构和使用方法.

【实验仪器】

滑线式惠斯通电桥，箱式惠斯通电桥，指针式检流计，滑线变阻器，电阻箱，稳压电源，待测电阻，开关等.

1. 滑线式电桥

滑线式电桥的结构如图 4.8-1 所示. 木板上固定一米尺，米尺上边置一绷紧的电阻丝，电阻丝的长度为 100.00 cm. 米尺两端各有一块用来固定电阻丝的金属块. 金属块上附有接线柱. 在米尺和电阻丝上还附有一滑块，滑块可在米尺上滑动. 另外，在木板的另一侧固定有金属条，其上有三个接线柱，它相当于图 4.8-2 中的 C 点. R_0 为已知电阻，R_t 为滑线变阻器，用来调节电流的大小. 测未知电阻时，可调节滑块 D 的位置及 R_0 的数值使电桥平衡，此时有

$$R_x = \frac{l_1}{l_2} R_0 \tag{4.8-1}$$

l_1 可以从米尺上读出，而 $l_2 = 100.00 - l_1$.

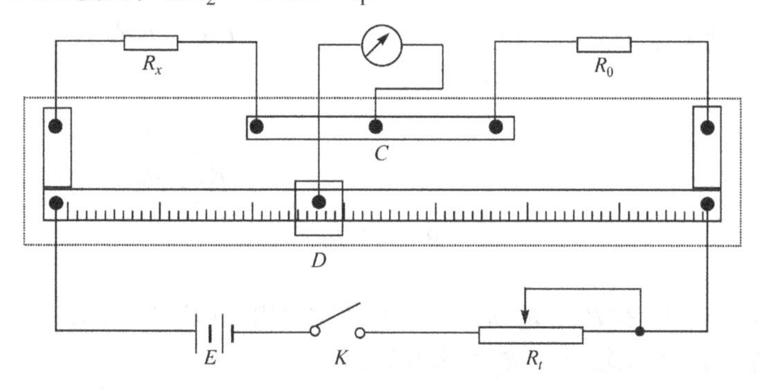

图 4.8-1 滑线式电桥的结构

2. 自组电桥

按照图 4.8-1 所示的线路，选择合适的电阻和器件组成电桥. R_0、R_1 及 R_2 均可选用电阻箱，为了提高比率臂的精确度，R_1 和 R_2 可选用标准电阻.

3. 箱式电桥

箱式电桥是一种便于携带的直流电桥. 实验室中常见的有 850 型、QJ24 型等. 箱式电桥的面板上有可以调节比率臂比率数值的旋钮(一只)，有调节 R_0 数值的旋钮(四只). 检流计在使用前应调好零位. 箱式电桥的使用方法及结构可参阅有关说明书.

【实验原理】

如图 4.8-2 所示，将四只电阻 R_0、R_1、R_2、R_x 接成一个四边形，在对角 A、B 两点连接直流电源，在另一对角 C、D 之间接入检流计，这就构成了惠斯通电桥. 四边形的每一条边称为电桥的桥臂. 由于Ⓖ所在的这条支路好像是 ACB 和 ADB 两条并联支路的“桥”，所以称为电桥.

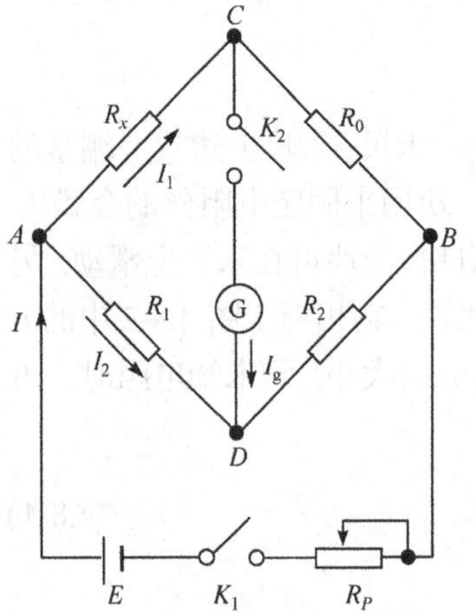

图 4.8-2　惠斯通电桥

惠斯通电桥测电阻实际上是把待测电阻与已知的标准电阻进行比较，所以应使 C、D 两点电势相等，则检流计无电流通过，此时称电流达到平衡. 显然，电桥平衡时应有 $U_C = U_D$，此时通过 R_0 与 R_x 上的电流均为 I_1，通过 R_1 和 R_2 上的电流均为 I_1，因此

$$I_1 R_x = I_2 R_1$$

$$I_1 R_0 = I_2 R_2$$

则有

$$\frac{R_x}{R_0} = \frac{R_1}{R_2} \tag{4.8-2}$$

$$R_x = \frac{R_1}{R_2} R_0 \tag{4.8-3}$$

由式(4.8-3)知，若 R_0、R_1 及 R_2 已知，则待测电阻 R_x 可求出. 通常将 R_1、R_2 称为比率臂，R_0 为比较臂，R_x 为未知臂.

问题讨论如下.

(1) 实际测量时，如何操作才能求得 R_x？

(2) R_x 的精确程度取决于哪些因素？

电桥能否达到平衡是影响待测电阻测量准确度的一个重要因素，为了估计由此而带来的误差，需引入电桥灵敏度的概念.

电桥灵敏度定义为

$$S = \frac{\Delta n}{\Delta R_0 / R_0} \tag{4.8-4}$$

式中，ΔR_0 为 R_0 的改变量；Δn 为由于 R_0 的改变，检流计指针偏离平衡位置的格数.

电桥灵敏度对任一桥臂都相同，所以

$$S = \frac{\Delta n}{\Delta R_0 / R_0} = \frac{\Delta n_x}{\Delta R_x / R_x} = \frac{\Delta n_1}{\Delta R_1 / R_1} = \frac{\Delta n_2}{\Delta R_2 / R_2} \tag{4.8-5}$$

(3) 电桥灵敏度的高低与电桥平衡状态的判断有什么关系？

电桥的灵敏度与检流计的灵敏度、电源电压及各桥臂阻值有关. 在其他条件相同时，可以证明，当 $R_1 / R_2 = 1$ 时，电桥灵敏度最高. 由电桥灵敏度的定义可得待测电阻的误差为

$$\Delta R_x = \frac{\Delta n_0}{S} R_x \tag{4.8-6}$$

式中，Δn_0 取 0.1 分格.

【实验内容和步骤】

1. 用滑线式电桥测电阻

按图 4.8-2 连接线路，测量一只标称阻值为 600 Ω的电阻.

要求：

(1) 比率臂的比率数值应尽量接近 1. (为什么？)

(2) 电桥灵敏度应随着电桥平衡状态的调节逐步增大.

(3) 应将 R_x 与 R_0 交换位置测出两次值后取平均. (为什么？)

(4) 求出电桥灵敏度及待测电阻的不确定度.

2. 用自组电桥测一只标称阻值为 600 Ω的电阻

要求：按 1:1、1:10、1:100 三种不同比率测量并求出相应的灵敏度.

3. 用箱式电桥测电阻

要求：测数十欧姆、数百欧姆、数千欧姆电阻各一只并求出不确定度.

【思考题】

(1) 惠斯通电桥平衡条件是什么?

(2) 用惠斯通电桥测量电阻时，如果发现检流计的指针总是向一边偏转，这是什么原因?

实验 4.9　常用照明电路的安装

【实验目的】

(1) 学会安装常用电路和日光灯电路，了解日光灯电路原理；

(2) 掌握电能表、验电笔等仪器的使用方法.

【实验仪器】

照明电路安装板，日光灯电路安装板，单相闸刀开关，电能表，单极开关，双联开关(单刀双掷)，白炽灯，灯座，单相插座，日光灯，镇流器，启动器，电源插头，导线，验电笔，螺丝刀，电工钳，剥皮钳.

【实验原理】

常用照明电路电源取自供电系统配电变压器的低压侧引出单相电源，即一根相线(火线)和一根地线(零线)，用导线穿过进户管引入室内，经单相闸刀开关、单相电能表，再经一单相闸刀开关，接到电灯或其他用电器上. 我国常用照明电路的电源(俗称市电)一般采用 220 V. 常用照明电路的电路图如图 4.9-1 所示.

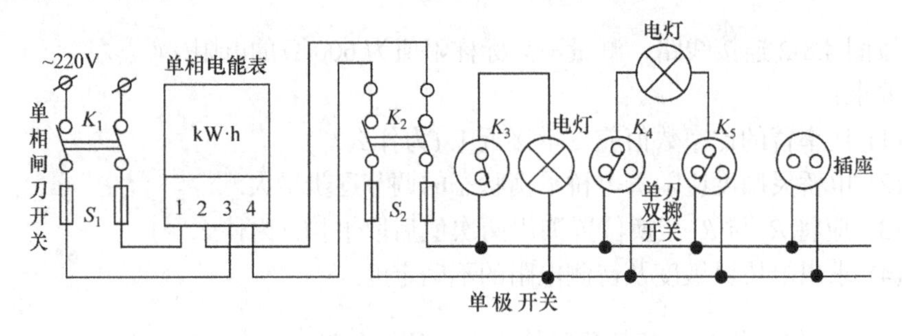

图 4.9-1　常用照明电路的电路图

单相电能表是计量电灯和其他用电器消耗电能的一种仪表，它的下端从左至右按 1、2、3、4 编号排有 4 个接线端，如图 4.9-1 所示. 电能表的接线方式是按编号 1、3 接进线，2、4 接出线. 在电能表的进线端(1、3)前和出线端(2、4)后各设有一个单相闸刀开关 K_1、K_2 和熔断器(俗称保险丝)S_1、S_2，其作用是当两端线路中出现短路、过压、过流、过载等情况时，S_1 或 S_2 会立即熔断，起到线路安全保护作用. 当熔断器保险丝熔断后，应拉下 K_1 或 K_2 断开电源，换上和电能表额定电流相同的保险丝. 保险丝不可任意加粗，更不可用其他金属丝代替.

在照明电路熔断器 S_2 后根据需要，可安装若干盏电灯和电源插座，所有电灯和电源插座都必须并联在相线和地线之间，并在每盏灯的相线上串联开关以便单独控制. 电源插座如无特殊需要一般不设开关，直接将两接线端并联在相线和地线上. 图 4.9-1 中右边的一盏灯是受两个单刀双掷开关分别在两个地方控制这盏灯的电路，它常常用于楼梯或长廊中需要在两头分别控制的场合.

日光灯照明电路线路图如图 4.9-2 所示.

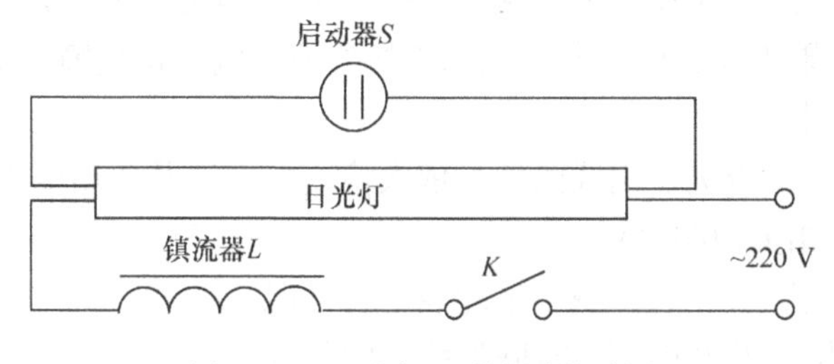

图 4.9-2　日光灯照明电路线路图

日光灯电路是由灯管、启动器和镇流器、灯管座、日光灯架等几个主要部件组成. 图中 L 是一个带有铁心的自感线圈，叫镇流器. S 是启动器，是一个充有氖气的小玻璃泡，内装有两个电极，一个为固定的静触片，另一个是用热胀系数不同的两种金属片合成的 U 字形的动触片. 日光灯管是由普通玻璃制成，管内壁涂有一层荧光粉，抽成真空后充有一定量的氩气和少量水银，灯管两端各有一根涂有氧化物的灯丝，灯丝外接灯脚插到灯管座上.

当电源开关 K 闭合后，电源电压加在启动器 S 的两极上，使两极的氖气电离形成辉光放电并发热，启动器动触片受热膨胀与静触片接触将电路接通，于是电流流过镇流器 L 和灯管两端灯丝，使灯丝发热并发射大量电子，此时启动器辉光放电已停止，动触片冷却而回缩，由于两触片突然断开(为避免两触片断开时产生火花烧坏触片，在两触片间并联了一个电容器 C)，在电路突然断开的瞬间，由于自感作用，镇流器两端可产生高达 600 V 以上的自感电动势，它和电源电压一起加在灯管两端的灯丝之间，使灯管中激发管壁上的荧光粉，使灯管发出近似日光的白光，日光灯就点亮了. 灯管点亮后，一半以上的电源电压降落在镇流器的电感线圈上，而灯管两端的电压(即启动器两触片之间的电压)此时较低，不足以引起氖管辉光放电，因此，启动器两触片保持断开状态，这时镇流器线圈的感抗起着限制电流、保护灯管的作用.

【实验内容和步骤】

1. 安装白炽灯照明电路

(1) 检查实验仪器和工具是否齐全.

(2) 熟悉线路及验电笔、单刀双掷开关的结构，找出单刀双掷开关固定头和活动头的位置.

(3) 按图 4.9-1 白炽灯照明电路的电路图进行接线和安装.

(4) 安装完毕后，仔细检查各元件的连接是否正确，经指导老师检查许可后，方可接通电源开关. 合上闸刀开关 K_1，K_2，分别接通 K_3，K_4，K_5，观察白炽灯是否正常发光，如果不亮，则应断开电源查找故障原因，待故障排除后，再接通电源，直到电路正常工作.

(5) 用验电笔检查进、出线两端，依次检查电度表及各用电器带电情况(验电笔如何使用查找相关说明书).

(6) 将实验安装板立起，观察电能表运行情况.

(7) 实验完毕，断开电源，拆除连线，归整放好.

2. 安装日光灯线路

(1) 熟悉日光灯、镇流器、启动器、灯管插座等部件.

(2) 按图 4.9-2 日光灯照明电路线路图进行接线和安装.

(3) 安装完毕后，要仔细检查各部件的连接是否正确. 经指导教师检查并得到许可后，方可接通电源.

(4) 用验电笔检查各接线点的带电情况，如灯管不亮，可初步判断故障点.

(5) 实验完毕，断开电源，拆除连线，归整放好.

【注意事项】

严格遵守操作规程，绝对禁止带电装、换保险丝和安装拆线，以防发生触电事故.

实验 4.10　热敏电阻温度计的制作

【实验目的】

(1) 了解热敏电阻的温度特性；

(2) 了解热敏电阻温度计的原理及制作方法；

(3) 学会作热敏电阻温度计的标度曲线和测定方程.

【实验仪器】

热敏电阻，电流表，水银温度计，加热器，烧杯，电阻箱，电阻和电池等.

【实验原理】

1. 热敏电阻的特性

热敏电阻是用对温度极为敏感的半导体制成的电阻. 热敏电阻是一种非线性电阻，它常应用在温度测量、温度控制、温度补偿等多个方面. 作为测温用的热敏电阻，一般采用负温度系数的半导体材料，如图 4.10-1 是负温度系数热敏电阻随温度变化的曲线. 实验表明，在一定的温度范围内，热敏电阻的电阻值随温度变化呈指数关系，且电压、电流及电阻三者的变化关系不服从欧姆定律. 半导体的电阻率 ρ 和热力学温度 T 之间的关系可表示为

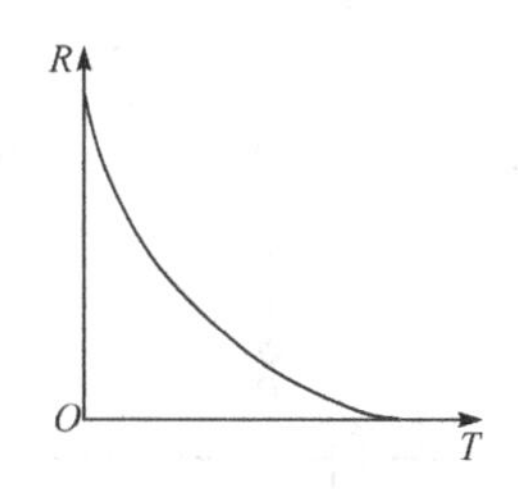

图 4.10-1　负温度系数热敏电阻随温度变化的曲线

$$\rho = a_0 e^{b/T} \tag{4.10-1}$$

式中，a_0 和 b 为常量，其数值与材料的物理性质有关. 热敏电阻的阻值，根据电阻定律可写成

$$R_T = \rho \frac{l}{S} = a_0 e^{b/T} \frac{l}{S} = a e^{b/T} \tag{4.10-2}$$

式中，l 为电极间的距离；S 为热敏电阻的横截面积，$a = a_0 l / S$；a 为热敏电阻在热力学温度 T_0 时的阻值；b 为热敏电阻材料系数，一般为 2000～6000 K. 常量 a、b 可用实验的方法求出.

对式(4.10-2)两边取对数，得

$$\ln R_T = \ln a + b\frac{1}{T} \tag{4.10-3}$$

令 $x = 1/T$，$y = \ln R_T$，$A = \ln a$，则式(4.10-3)可写成

$$y = A + bx \tag{4.10-4}$$

式中，x、y 可由测量值 T、R_T 求出，利用 n 组测量值，可用图解法、计算法或最小二乘法求出参数 A、b 的值，注意温度 T 为热力学温度.

热敏电阻还具有随周围温度变化而自身温度迅速变化的特性：一般称热敏电阻从一个稳定温度到另一个稳定温度所需的时间为时间常量，在临床应用中，希

望时间常量尽可能小，以便减少测温时间，作为温度计用热敏电阻的时间常量约为 3～6 s.

用不同半导体材料制成的热敏电阻适用的温度范围不同，如 CuO 和 MnO_2 制成的热敏电阻适用于−70～120℃，适于测量人的体温.

2. 热敏电阻温度计

热敏电阻温度计最常用的电路是桥式电路，使热敏电阻成为电桥的一个臂，利用电阻随温度的变化破坏电桥的平衡而产生不平衡电流来测量温度. 其工作原理简单说明如下：电阻 R_1、R_2、R_3、R_t (热敏电阻)连成电桥，其中 $R_1 = R_2$、$R_3 = R_{0t}$ (R_{0t} 表示热电阻在 0 ℃时的阻值)，如图 4.10-2 所示. 当所测温度为 0 ℃时，若电流表指针不偏转，此时必满足电桥平衡条件：$R_1 / R_2 = R_{0t} / R_3$. 若所测温度高于 0 ℃时，热敏电阻 R_t 的阻值减小，平衡条件被破坏，此时 C 点电势高于 D 点电势，电流表中有电流通过. 随着温度升高，电流增大，即可由通过电流的大小来指示出温度的高低.

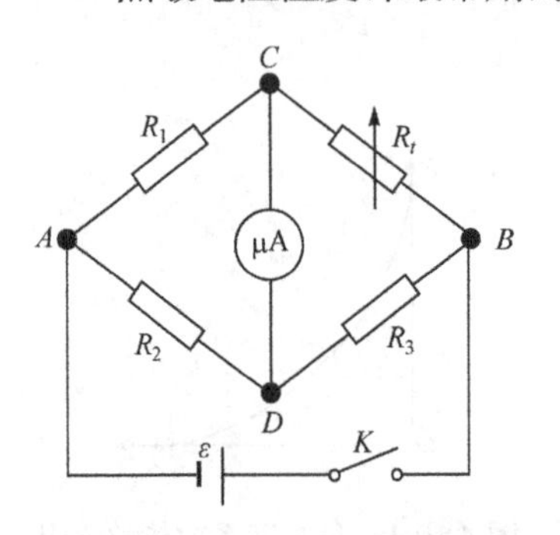

图 4.10-2　热敏电阻温度计电路

热敏电阻温度计的优点：①灵敏度很高，最灵敏的热敏电阻温度计可精确地测出 0.0005 ℃的变化，而一般水银温度计最多只能测出 0.1 ℃的变化；②由于热敏电阻体积可以做得很小(其线度可小到万分之一毫米)，因此可被用来测量很小范围内的温度变化，如针灸穴位附近的温度变化；③由于热敏电阻的阻值比较大，可连接较长的导线而不必考虑导线的电阻，这样可以远距离测量病房里病人体温的变化.

【实验内容和步骤】

(1) 按图 4.10-3 连接线路，经老师检查后方可接通电源.

(2) 调整零点. 将开关 $S_{1\text{-}2}$ 置“1”挡，把热敏电阻和水银温度计一起放入盛有冰水混合的烧杯中，当杯中温度计指为 0 ℃时，调节 W_2 使微安表指示为零，这样就基本上保证了电桥处于平衡状态.

(3) 调整满度电流. 仍将开关 $S_{1\text{-}2}$ 置“1”挡，把烧杯中的水换成 50 ℃以上的热水，热敏电阻与水银温度计仍放入杯中. 当水银温度计指示为 50 ℃时，调节 W_1 使 CD 两点有一确定电压，使微安表指为 100 μA 的满度值. 然后将 $S_{1\text{-}2}$ 置“2”挡，调节 W_3，使微安表仍指示 100 μA.

(4) 温度计的定标. 调整好零点和满度电流后，将 $S_{1\text{-}2}$ 仍置“1”挡. 将热敏电阻和水银温度计再放入 0 ℃的冰水混合物中，烧杯放在加热器架上缓慢加热，烧杯中水的温度每升高 5 ℃，记录一次电流表的计数，直到 50 ℃时为止.

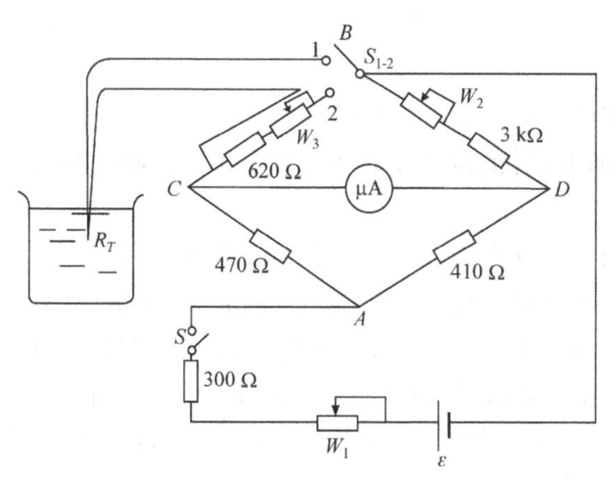

图 4.10-3　实验电路图

【数据记录和数据处理】

(1) 热敏电阻温度计的定标测量数据填入表 4.10-1 中，以温度 T 为横坐标，电流 I 为纵坐标，作 I-T 曲线或利用曲线拟合的方法得出 $I = f(T)$ 拟合方程.

表 4.10-1　热敏电阻温度计的定标测量数据表

温度/℃	0	5	10	15	20	25	30	35	40	45	50
电流											

(2) 将热敏电阻分别与手心、额头的皮肤接触，读出电流表中各自电流值，在已作出的 I-T 曲线上标出位置或利用拟合曲线 $I = f(T)$ 方程计算出温度，写出它们的温度值，数据填入表 4.10-2 中.

表 4.10-2　用制作的温度计测量待测物体温度数据表

测量部位	电流值	温度/℃
手心		
额头		

【注意事项】

(1) 热敏电阻从 0 ℃水拿到 50 ℃水之前，要用手握一下，以防炸裂.

(2) 用加热器加热冰水混合物时，要用搅棒不断将水温搅匀，水银温度计与热敏电阻要尽量放在烧杯中部同一个位置上，以减小测量误差，测量时同组同学要密切合作，观察水温、读数、记录和搅拌.

【思考题】

(1) 热敏电阻的阻值与温度满足什么关系?

(2) 热敏电阻温度计的制作是利用了热敏电阻的哪一特性和电学的什么原理结合制成的?

(3) 热敏电阻温度计应用在医学上有哪些优点?

(4) 调微安表零点时，是通过调哪一个电势器实现的?

(5) 调微安表满刻度时，是通过调哪两个电势器实现的? 调 W_3 有什么用途?

(6) 若微安表的精密度为 2 μA，则实验数据应记到哪一位?

(7) 我们实验中用的是负温度系数热敏电阻，若热敏电阻为正温度系数，则实验线路哪处需改动?

实验 4.11 各向异性磁阻传感器与磁场测量

物质在磁场中电阻率发生变化的现象称为磁阻效应，磁阻传感器利用磁阻效应制成.

磁场的测量可利用电磁感应法、霍尔效应法、磁阻效应法等方法来实现. 其中磁阻效应法发展最快，测量灵敏度最高. 磁阻传感器可用于直接测量磁场或磁场变化，如弱磁场测量，地磁场测量，各种导航系统中的罗盘，计算机中的磁盘驱动器，各种磁卡机等. 也可通过磁场变化测量其他物理量，如利用磁阻效应已制成各种位移、角度、转速传感器，各种接近开关，隔离开关，广泛用于汽车，家电及各类需要自动检测与控制的领域.

磁阻元件的发展经历了半导体磁阻(MR)、各向异性磁阻(AMR)、巨磁阻(GMR)、庞磁阻(CMR)等阶段. 本实验研究 AMR 的特性并利用它对磁场进行测量.

【实验目的】

(1) 了解 AMR 的原理并对其特性进行实验研究;

(2) 测量亥姆霍兹线圈的磁场分布;

(3) 测量地磁场.

【实验仪器】

磁场实验仪如图 4.11-1 所示，核心部分是磁阻传感器，辅以磁阻传感器的角度、位置调节及读数机构，亥姆霍兹线圈等组成.

图 4.11-1　磁场实验仪

本仪器所用磁阻传感器的工作范围为 ± 6 Gs，灵敏度为 1 mV/V/Gs. 灵敏度表示当磁阻电桥的工作电压为 1 V，被测磁场磁感应强度为 1 Gs 时，输出信号为 1 mV.

磁阻传感器的输出信号通常需经放大电路放大后，再接显示电路，故由显示电压计算磁场强度时还需考虑放大器的放大倍数. 本实验仪电桥工作电压 5 V，放大器放大倍数 50，磁感应强度为 1 Gs 时，对应的输出电压为 0.25 V.

亥姆霍兹线圈是由一对彼此平行的共轴圆形线圈组成. 两线圈内的电流大小和方向可根据需要进行设置，线圈之间的距离 d 正好等于圆形线圈的半径 R. 这种线圈的特点是能在公共轴线中点附近产生较广泛的均匀磁场，根据毕奥-萨伐尔定律，可以计算出亥姆霍兹线圈公共轴线中点的磁感应强度为

$$B_0=\frac{8}{5^{3/2}}\cdot\frac{\mu_0 NI}{R}$$

式中，N 为线圈匝数；I 为流经线圈的电流强度；R 为亥姆霍兹线圈的平均半径；$\mu_0=4\pi\times10^{-7}\ \mathrm{H\cdot m^{-1}}$ 为真空中的磁导率. 采用国际单位制时，由上式计算出的磁感应强度，单位为 T(1 T=10000 Gs). 本实验仪 N=310，R=0.14 m，线圈电流为 1 mA 时，亥姆霍兹线圈中部的磁感应强度为 0.02 Gs.

仪器电源介绍如下.

恒流源为亥姆霍兹线圈提供电流，电流的大小可以通过旋钮调节，电流值由电流表指示. 电流换向按钮可以改变电流的方向.

补偿(offset)电流调节旋钮调节补偿电流的方向和大小. 电流切换按钮使电流表显示亥姆霍兹线圈电流或补偿电流.

传感器采集到的信号经放大后，由电压表指示电压值. 放大器校正旋钮在标准磁场中校准放大器放大倍数.

复位(R/S)按钮每按下一次，向复位端输入一次复位脉冲电流，仅在需要时使用.

【实验原理】

各向异性磁阻(anisotropic magneto resistance，AMR)传感器由沉积在硅片上的坡莫合金($Ni_{80}Fe_{20}$)薄膜形成电阻. 沉积时外加磁场,形成易磁化轴方向. 铁磁材料的电阻与电流和磁化方向的夹角有关，电流与磁化方向平行时电阻 R_{max} 最大，电流与磁化方向垂直时电阻 R_{min} 最小，电流与磁化方向成 θ 角时，电阻可表示为

$$R = R_{min}+(R_{max}-R_{min})\cos^2\theta$$

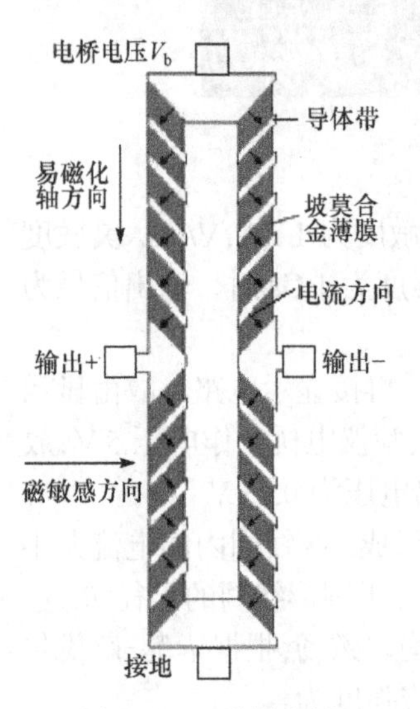

图 4.11-2　磁阻电桥

在磁阻传感器中，为了消除温度等外界因素对输出的影响，由 4 个相同的磁阻元件构成惠斯通电桥，结构如图 4.11-2 所示，图中易磁化轴方向与电流方向的夹角为 45°. 理论分析与实践表明，采用 45°偏置磁场，当沿与易磁化轴垂直的方向施加外磁场，且外磁场强度不太大时，电桥输出与外加磁场强度呈线性关系.

无外加磁场或外加磁场方向与易磁化轴方向平行时，磁化方向就是易磁化轴方向，电桥的 4 个桥臂电阻阻值相同，输出为零. 当在磁敏感方向施加如图 4.11-2 所示方向的磁场时，合成磁化方向将在易磁化方向的基础上逆时针旋转. 结果使左上和右下桥臂电流与磁化方向的夹角增大，电阻减小 ΔR；右上与左下桥臂电流与磁化方向的夹角减小，电阻增大 ΔR. 通过对电桥的分析可知，此时输出电压可表示为

$$U=V_b\times\Delta R/R$$

式中，V_b 为电桥工作电压；R 为桥臂电阻；$\Delta R/R$ 为磁阻阻值的相对变化率，与外加磁场强度成正比. 故 AMR 传感器输出电压与磁场强度成正比，可利用磁阻传感器测量磁场.

磁阻传感器已制成集成电路，除图 4.11-2 所示的电源输入端和信号输出端外，还有复位/反向置位端和补偿端两对功能性输入端口，以确保磁阻传感器的正常工作.

复位/反向置位的机理可参见图 4.11-3. AMR 置于超过其线性工作范围的磁场中时，磁干扰可能导致磁畴排列紊乱，改变传感器的输出特性. 此时可在复位端输入脉冲电流，通过内部电路沿易磁化轴方向产生强磁场，使磁畴重新整齐排列，

恢复传感器的使用特性. 若脉冲电流方向相反，则磁畴排列方向反转，传感器的输出极性也将相反.

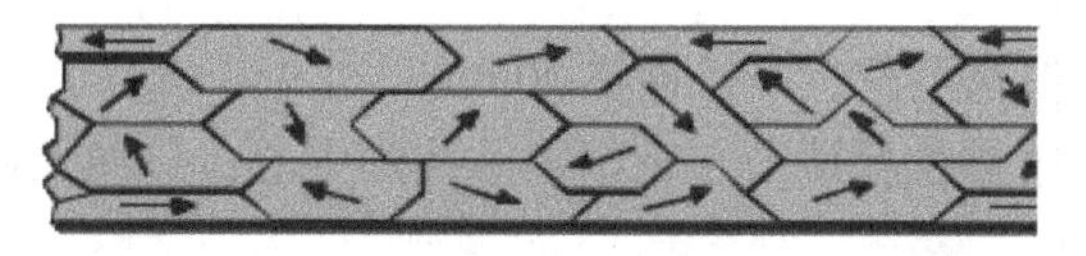

(a) 磁干扰使磁畴排列紊乱

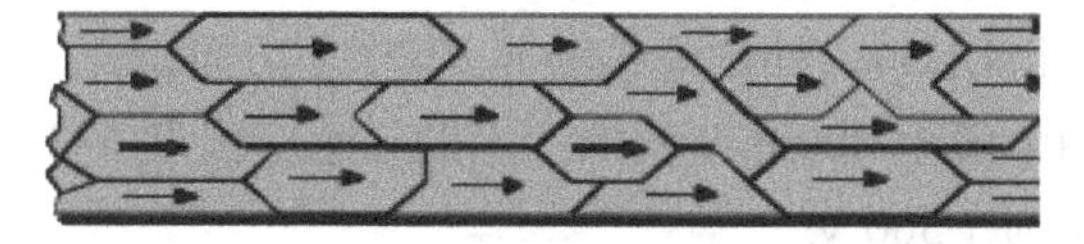

(b) 复位脉冲使磁畴沿易磁化轴整齐排列

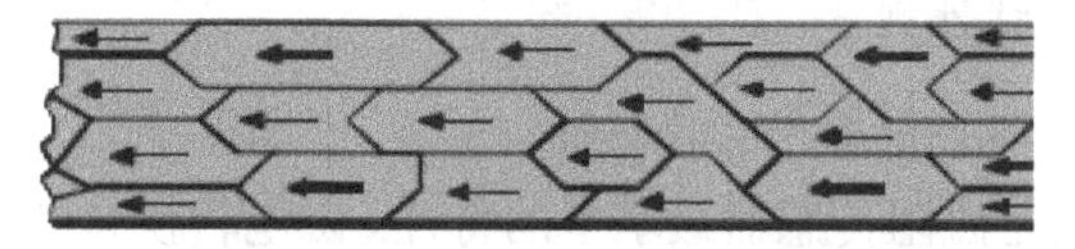

(c) 反向置位脉冲使磁畴排列方向反转

图 4.11-3　复位/反向置位脉冲的作用

从补偿端每输入 5 mA 补偿电流，通过内部电路将在磁敏感方向产生 1 Gs 的磁场. 可用来补偿传感器的偏离.

图 4.11-4 为 AMR 的磁电转换特性曲线. 其中电桥偏离是在传感器制造过程中，4 个桥臂电阻不严格相等带来的，外磁场偏离是测量某种磁场时，外界干扰磁场带来的. 不管要补偿哪种偏离，都可调节补偿电流，用人为的磁场偏置使图 4.11-4 中的特性曲线平移，使所测磁场为零时输出电压为零.

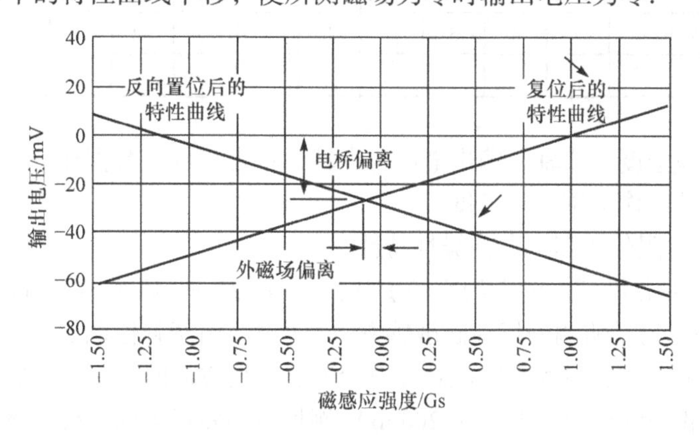

图 4.11-4　AMR 的磁电转换特性曲线

【实验内容和步骤】

测量准备如下.

(1) 连接实验仪与电源，开机预热 20min.

(2) 将磁阻传感器位置调节至亥姆霍兹线圈中心，传感器磁敏感方向与亥姆霍兹线圈轴线一致.

(3) 调节亥姆霍兹线圈电流为零，按复位键(见图 4.11-3(b)，恢复传感器特性)，调节补偿电流(见图 4.11-4，补偿地磁场等因素产生的偏离)，使传感器输出为零. 调节亥姆霍兹线圈电流至 300 mA(线圈产生的磁感应强度 6 Gs)，调节放大器校准旋钮，使输出电压为 1.500 V.

1. 磁阻传感器特性测量

1) 测量磁阻传感器的磁电转换特性

磁电转换特性是磁阻传感器最基本的特性. 磁电转换特性曲线的直线部分对应的磁感应强度，即磁阻传感器的工作范围，直线部分的斜率除以电桥电压与放大器放大倍数的乘积，即为磁阻传感器的灵敏度.

按表 4.11-1 数据从 300 mA 逐步调小亥姆霍兹线圈电流，记录相应的输出电压值. 切换电流换向开关(亥姆霍兹线圈电流反向，磁场及输出电压也将反向)，逐步调大反向电流，记录反向输出电压值. *注意：电流换向后，必须按复位按键消磁.*

表 4.11-1　AMR 磁电转换特性的测量

线圈电流/mA	300	250	200	150	100	50	0	−50	−100	−150	−200	−250	−300
磁感应强度/Gs	6	5	4	3	2	1	0	−1	−2	−3	−4	−5	−6
输出电压/V													

以磁感应强度为横轴，输出电压为纵轴，将表 4.11-1 数据作图，并确定所用传感器的线性工作范围及灵敏度.

2) 测量磁阻传感器的各向异性特性

AMR 只对磁敏感方向上的磁场敏感，当所测磁场与磁敏感方向有一定夹角 α 时，AMR 测量的是所测磁场在磁敏感方向的投影. 由于补偿调节是在确定的磁敏感方向进行的，实验过程中应注意在改变所测磁场方向时，保持 AMR 方向不变.

将亥姆霍兹线圈电流调节至 200 mA，测量所测磁场方向与磁敏感方向一致时的输出电压.

松开线圈水平旋转锁紧螺钉，每次将亥姆霍兹线圈与传感器盒整体转动 10°后锁紧，松开传感器水平旋转锁紧螺钉，将传感器盒向相反方向转动 10°(保持

AMR 方向不变)后锁紧，记录输出电压数据于表 4.11-2 中.

表 4.11-2　AMR 方向特性的测量(B_0=4 Gs)

夹角 α/(°)	0	10	20	30	40	50	60	70	80	90
输出电压/V										

以夹角 α 为横轴，输出电压为纵轴，将表 4.11-2 数据作图，检验所做曲线是否符合余弦规律.

2. 亥姆霍兹线圈的磁场分布测量

亥姆霍兹线圈能在公共轴线中点附近产生较广泛的均匀磁场，在科研及生产中得到广泛的应用.

1) 亥姆霍兹线圈轴线上的磁场分布测量

根据毕奥-萨伐尔定律,可以计算出通电圆线圈在轴线上任意一点产生的磁感应强度矢量垂直于线圈平面，方向由右手螺旋定则确定，与线圈平面距离为 x_1 的点的磁感应强度为

$$B(x_1)=\frac{\mu_0 R^2 I}{2(R^2+x_1^2)^{3/2}}$$

亥姆霍兹线圈是由一对彼此平行的共轴圆形线圈组成. 两线圈内的电流方向一致，大小相同，线圈匝数为 N，线圈之间的距离 d 正好等于圆形线圈的半径 R，若以两线圈中点为坐标原点，则轴线上任意一点的磁感应强度是两线圈在该点产生的磁感应强度之和

$$B(x)=\frac{\mu_0 N R^2 I}{2\left[R^2+\left(\frac{R}{2}+x\right)^2\right]^{3/2}}+\frac{\mu_0 N R^2 I}{2\left[R^2+\left(\frac{R}{2}-x\right)^2\right]^{3/2}}$$

$$=B_0\frac{5^{3/2}}{16}\left\{\frac{1}{\left[1+\left(\frac{1}{2}+\frac{x}{R}\right)^2\right]^{3/2}}+\frac{1}{\left[1+\left(\frac{1}{2}-\frac{x}{R}\right)^2\right]^{3/2}}\right\}$$

式中，B_0 是 x=0 时，即亥姆霍兹线圈公共轴线中点的磁感应强度. 表 4.11-3 列出了 x 取不同值时 $B(x)/B_0$ 值的理论计算结果.

表 4.11-3　亥姆霍兹线圈轴向磁场分布测量(B_0=4 Gs)

位置 x	$-0.5R$	$-0.4R$	$-0.3R$	$-0.2R$	$-0.1R$	0	$0.1R$	$0.2R$	$0.3R$	$0.4R$	$0.5R$
$B(x)/B_0$ 计算值	0.946	0.975	0.992	0.998	1.000	1	1.000	0.998	0.992	0.975	0.946
$B(x)$测量值/V											
$B(x)$测量值/Gs											

调节传感器磁敏感方向与亥姆霍兹线圈轴线一致，位置调节至亥姆霍兹线圈中心(x=0)，测量输出电压值.

已知 R=140 mm，将传感器盒每次沿轴线平移 $0.1R$，记录测量数据.

将表 4.11-3 数据作图，讨论亥姆霍兹线圈的轴向磁场分布特点.

2) 亥姆霍兹线圈空间磁场分布测量

由毕奥-萨伐尔定律，同样可以计算亥姆霍兹线圈空间任意一点的磁场分布，由于亥姆霍兹线圈的轴对称性，只要计算(或测量)过轴线的平面上二维磁场分布，就可得到空间任意一点的磁场分布.

理论分析表明，在 $x \leqslant 0.2R$，$y \leqslant 0.2R$ 的范围内，$(B_x - B_0)/B_0$ 小于百分之一，B_y/B_x 小于万分之二，故可认为在亥姆霍兹线圈中部较大的区域内，磁场方向沿轴线方向，磁场大小基本不变.

按表 4.11-4 数据改变磁阻传感器的空间位置，记录 x 方向的磁场产生的电压 V_x，测量亥姆霍兹线圈空间磁场分布.

表 4.11-4　亥姆霍兹线圈空间磁场分布测量(B_0=4 Gs)

y \ V_x \ x	0	$0.05R$	$0.1R$	$0.15R$	$0.2R$	$0.25R$	$0.3R$
0							
$0.05R$							
$0.1R$							
$0.15R$							
$0.2R$							
$0.25R$							
$0.3R$							

由表 4.11-4 数据讨论亥姆霍兹线圈的空间磁场分布特点.

3. 地磁场测量

地球是一个大磁体，地球本身及其周围空间存在的磁场叫地磁场，其主要部分是一个偶极场. 地心磁偶极子轴线与地球表面的两个交点称为地磁极，地磁的南(北)极实际上是地心磁偶极子的北(南)极，彼此并不重合，可用地磁场强度，磁倾角，磁偏角三个参量表示地磁场的大小和方向. 磁倾角是地磁场强度矢量与水平面的夹角，磁偏角是地磁场强度矢量在水平面的投影与地球经线(地理南北方向)的夹角.

在现代的数字导航仪等系统中，通常用互相垂直的三维磁阻传感器测量地磁场在各个方向的分量，根据矢量合成原理，计算出地磁场的大小和方位. 本实验学习用单个磁阻传感器测量地磁场的方法.

将亥姆霍兹线圈电流调节至零，将补偿电流调节至零，传感器的磁敏感方向调节至与亥姆霍兹线圈轴线垂直(以便在垂直面内调节磁敏感方向).

调节传感器盒上平面与仪器底板平行，将水准气泡盒放置在传感器盒正中，调节仪器水平调节螺钉使水准气泡居中，使磁阻传感器水平. 松开线圈水平旋转锁紧螺钉，在水平面内仔细调节传感器方位，使输出最大(如果不能调到最大，则需要将磁阻传感器在水平方向选择 180°后再调节). 此时，传感器磁敏感方向与地理南北方向的夹角就是磁偏角.

松开传感器绕轴旋转锁紧螺钉，在垂直面内调节磁敏感方向，至输出最大时转过的角度就是磁倾角，记录此角度.

记录输出最大时的输出电压值 U_1 后，松开传感器水平旋转锁紧螺钉，将传感器转动 180°，记录此时的输出电压 U_2，将 $U = (U_1 - U_2)/2$ 作为地磁场磁感应强度的测量值(表 4.11-5).

表 4.11-5 地磁场的测量

磁倾角/(°)	磁感应强度			
	U_1/V	U_2/V	$U=(U_1-U_2)/2$/V	$B=U/0.25$/Gs

在实验室内测量地磁场时，建筑物的钢筋分布，同学携带的铁磁物质，都可能影响测量结果，因此，此实验重在掌握测量方法.

【注意事项】

(1) 禁止将实验仪处于强磁场中，否则会严重影响实验结果；

(2) 为了降低实验仪间磁场的相互干扰，任意两台实验仪之间的距离应大于 3 m；

(3) 实验前请先调水平实验仪；

(4) 在操作所有的手动调节螺钉时应用力适度，以免滑丝；

(5) 为保证使用安全，三芯电源须可靠接地.

实验 4.12　太阳能电池特性实验

能源短缺和地球生态环境污染已经成为人类面临的最大问题. 21 世纪初进行的世界能源储量调查显示，全球剩余煤炭只能维持约 216 年，石油只能维持 45 年，天然气只能维持 61 年，用于核发电的铀也只能维持 71 年. 另外，煤炭、石油等矿物能源的使用，产生大量的 CO_2、SO_2 等温室气体，造成全球变暖，冰川融化，海平面升高，暴风雨和酸雨等自然灾害频繁发生，给人类带来无穷的烦恼. 根据计算，现在全球每年排放的 CO_2 已经超过 500 亿吨. 我国能源消费以煤为主，CO_2 的排放量占世界的 15%，仅次于美国，所以减少排放 CO_2、SO_2 等温室气体，已经成为刻不容缓的大事. 推广使用太阳辐射能、水能、风能、生物质能等可再生能源是今后的必然趋势.

广义地说，太阳光的辐射能、水能、风能、生物质能、潮汐能都属于太阳能，它们随着太阳和地球的活动，周而复始地循环，几十亿年内不会枯竭，因此我们把它们称为可再生能源. 太阳的光辐射可以说是取之不尽、用之不竭的能源. 太阳与地球的平均距离为 1.5 亿千米. 在地球大气圈外，太阳辐射的功率密度为 1.353 kW/m^2，称为太阳常数. 到达地球表面时，部分太阳光被大气层吸收，光辐射的强度降低. 在地球海平面上，正午垂直入射时，太阳辐射的功率密度约为 1 kW/m^2，通常被作为测试太阳电池性能的标准光辐射强度. 太阳光辐射的能量非常巨大，从太阳到地球的总辐射功率比目前全世界的平均消费电力还要大数十万倍. 每年到达地球的辐射能相当于 49000 亿吨标准煤的燃烧能. 太阳能不但数量巨大，用之不竭，而且是不会产生环境污染的绿色能源，所以大力推广太阳能的应用是世界性的趋势.

太阳能发电有两种方式. 光-热-电转换方式通过利用太阳辐射产生的热能发电，一般是由太阳能集热器将所吸收的热能转换成蒸汽，再驱动汽轮机发电，太阳能热发电的缺点是效率很低而成本很高. 光-电直接转换方式是利用光生伏特效应而将太阳光能直接转化为电能，光-电转换的基本装置就是太阳能电池.

与传统发电方式相比，太阳能发电目前成本较高，所以通常用于远离传统电源的偏远地区，2002 年，国家有关部委启动了“西部省区无电乡通电计划”，通过太阳能和小型风力发电解决西部七省区无电乡的用电问题. 随着研究工作的深入与生产规模的扩大，太阳能发电的成本下降很快，而资源枯竭与环境保护导致传统电源成本上升. 太阳能发电有望在不久的将来在价格上与传统电源竞争，太阳能应用具有光明的前景.

根据所用材料的不同，太阳能电池可分为硅太阳能电池，化合物太阳能电池，聚合物太阳能电池，有机太阳能电池等. 其中硅太阳能电池是目前发展最成熟的，在应用中居主导地位.

本实验研究单晶硅、多晶硅、非晶硅 3 种太阳能电池的特性.

【实验目的】

(1) 太阳能电池的暗伏安特性测量；

(2) 测量太阳能电池的开路电压和光强之间的关系；

(3) 测量太阳能电池的短路电流和光强之间的关系；

(4) 太阳能电池的输出特性测量.

【实验仪器】

太阳能电池实验装置如图 4.12-1 所示.

光源采用碘钨灯，它的输出光谱接近太阳光谱. 调节光源与太阳能电池之间的距离可以改变照射到太阳能电池上的光强，具体数值由光强探头测量. 测试仪为实验提供电源，同时可以测量并显示电流、电压、以及光强的数值.

电压源：可以输出 0～8 V 连续可调的直流电压. 为太阳能电池伏安特性测量提供电压.

电压/光强表：通过“测量转换”按键，可以测量输入“电压输入”接口的电压，或接入“光强输入”接口的光强探头测量到光强的数值. 表头下方的指示灯确定当前的显示状态. 通过 “电压量程” 或 “光强量程”，可以选择适当的显示范围.

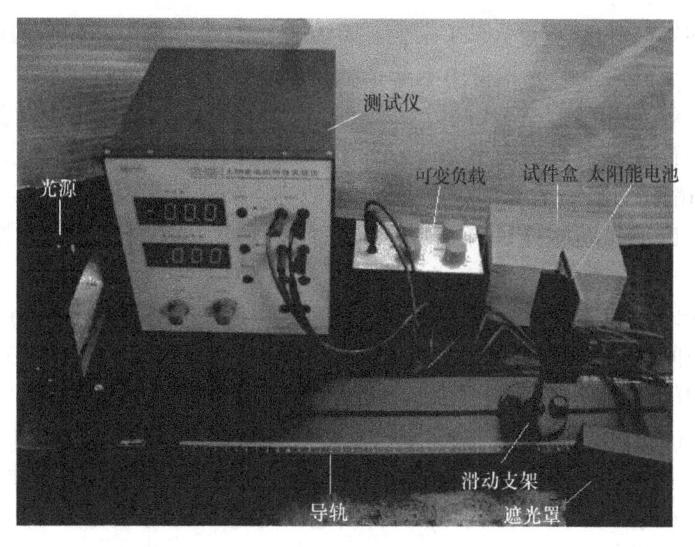

图 4.12-1　太阳能电池实验装置

电流表：可以测量并显示 0～200 mA 的电流，通过"电流量程"选择适当的显示范围.

【实验原理】

太阳能电池用半导体材料制成，太阳能电池多为面结合 PN 结型，利用半导体 PN 结受光照射时的光伏效应产生电动势，太阳能电池的基本结构就是一个大面积平面 PN 结，图 4.12-2 为半导体 PN 结示意图. 当太阳光照射 PN 结时，在半导体内的电子由于获得了光能而释放电子，相应地便产生了电子-空穴对，并在势垒电场的作用下，电子被驱向 N 型区，空穴被驱向 P 型区，从而使 N 区有过剩的电子，P 区有过剩的空穴. 于是，就在 PN 结的附近形成了与势垒电场方向相反的光生电场.

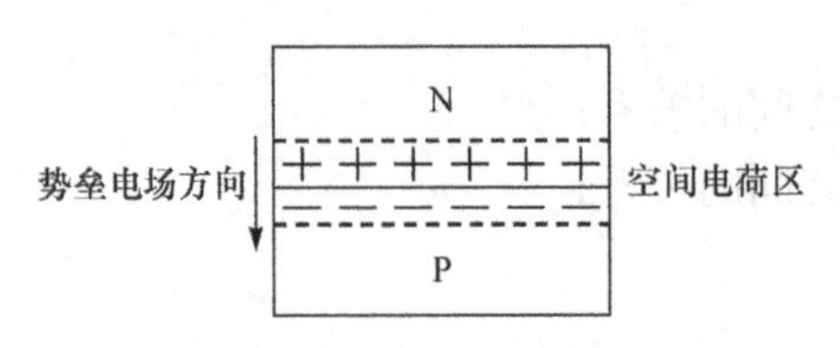

图 4.12-2　半导体 PN 结示意图

制造太阳能电池的半导体材料已知的有十几种，因此太阳能电池的种类也很多. 目前，技术最成熟，并具有商业价值的太阳能电池要算硅太阳电池. 下面我们以硅太阳能电池为例，详细介绍太阳能电池的工作原理.

1. 太阳能电池的物理基础

1) 本征半导体

物质的导电性能决定于原子结构. 导体一般为低价元素，它们的最外层电子极易挣脱原子核的束缚成为自由电子，在外电场的作用下产生定向移动，形成电流. 高价元素(如惰性气体)或高分子物质(如橡胶)它们的最外层电子受原子核束缚力很强，很难成为自由电子，所以导电性极差，成为绝缘体. 常用的半导体材料硅(Si)和锗(Ge)均为四价元素，它们的最外层电子既不像导体那么容易挣脱原子核的束缚，也不像绝缘体那样被原子核束缚的那么紧，因而其导电性介于两者之间.

将纯净的半导体经过一定的工艺过程制成单晶体，即为本征半导体. 晶体中的原子在空间形成排列整齐的点阵，相邻的原子形成共价键(图 4.12-3).

晶体中的共价键具有极强的结合力，因此，在常温下，仅有极少数的价电子由于热运动(热激发)获得足够的能量，从而挣脱共价键的束缚成为自由电子. 与此同时，在共价键中留下一个空穴(图 4.12-4). 原子因失掉一个价电子而带正电，或者说空穴带正电. 在本征半导体中，自由电子与空穴是成对出现的，即自由电子与空穴数目相等.

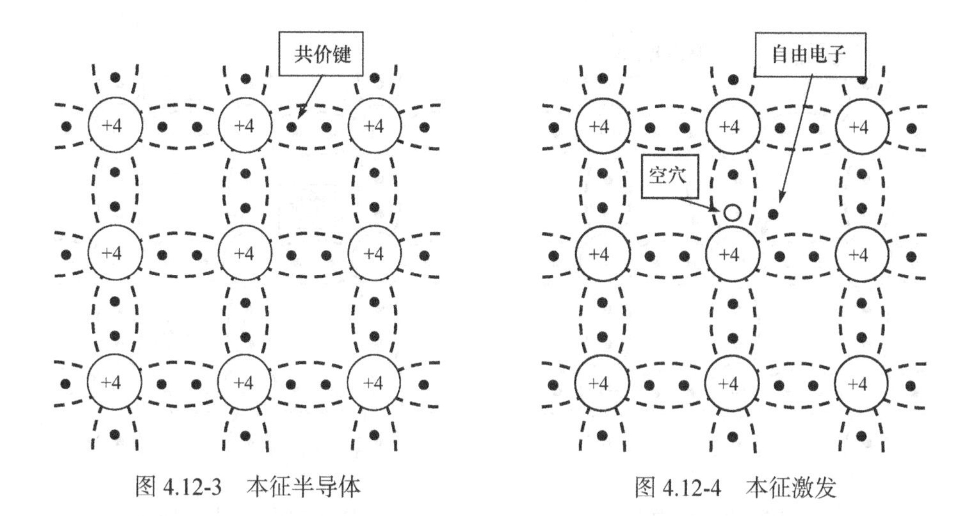

图 4.12-3　本征半导体　　　　图 4.12-4　本征激发

自由电子在运动的过程中如果与空穴相遇就会填补空穴，使两者同时消失，这种现象称为复合. 在一定的温度下，本征激发所产生的自由电子与空穴对，与复合的自由电子和空穴对数目相等，故达到动态平衡.

2) 杂质半导体

杂质半导体：通过扩散工艺，在本征半导体中掺入少量杂质元素，便可得到杂质半导体. 按掺入的杂质元素不同，可形成 N 型半导体和 P 型半导体；控制掺入杂质元素的浓度，就可控制杂质半导体的导电性能.

N 型半导体(N-type semiconductor)： 在纯净的硅晶体中掺入五价元素(如磷)，使之取代晶格中硅原子的位置，就形成了 N 型半导体(图 4.12-5). 由于杂质原子的最外层有五个价电子，所以除了四个价电子与其周围硅原子形成共价键外，还多出一个电子. 多出的电子不受共价键的束缚，成为自由电子. 使自由电子的浓度大于空穴的浓度，故在 N 型半导体中自由电子为多数载流子，空穴为少数载流子，也称 N 型半导体(N 为 negative[负]之意)为电子型半导体. 由于杂质原子可以提供电子，故称之为施主原子.

P 型半导体(P-type semiconductor)：在纯净的硅晶体中掺入三价元素(如硼)，使之取代晶格中硅原子的位置，就形成了 P 型半导体(图 4.12-6). 由于杂质原子的最外层有三个价电子，所以当它们与其周围硅原子形成共价键时，就产生了一个“空位”，当硅原子的最外层电子填补此空位时，硅原子共价键中便产生一个空穴. 因而在 P 型半导体中，空穴为多子，自由电子为少子，也称 P 型半导体(P 为 positive[正]之意)为空穴型半导体. 因杂质原子中的空位吸收电子，故称之为受主原子.

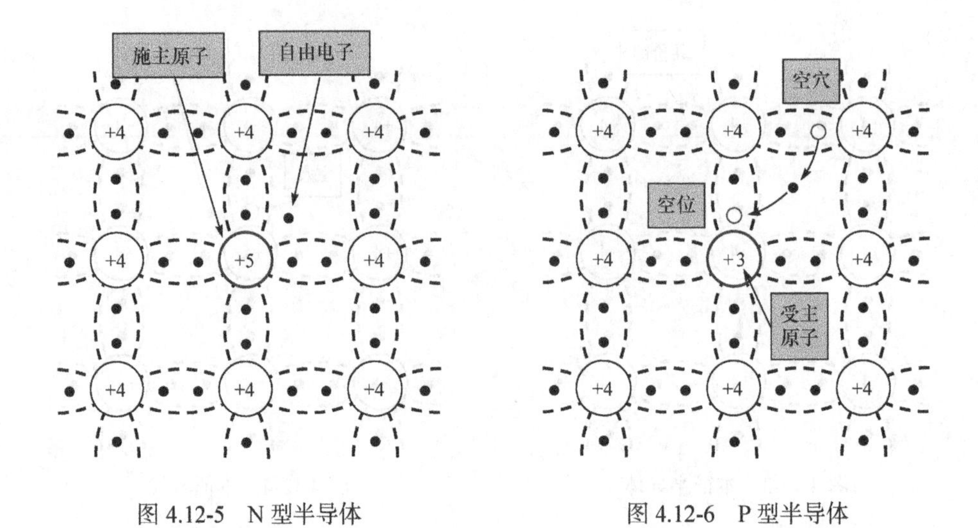

图 4.12-5　N 型半导体　　　　图 4.12-6　P 型半导体

3) PN 结

PN 结：采用不同的掺杂工艺，将 P 型半导体与 N 型半导体制作在同一块硅片上，在它们的交界面就形成 PN 结.

扩散运动：物质总是从浓度高的地方向浓度低的地方运动，这种由于浓度差而产生的运动称为扩散运动. 当把 P 型半导体和 N 型半导体制作在一起时，在它们的交界面处，两种载流子的浓度差很大，因而 P 区的空穴必然向 N 区扩散，N 区的自由电子也必然向 P 区扩散，如图 4.12-7 所示. 由于扩散到 P 区的自由电子与空穴复合，而扩散到 N 区的空穴与自由电子复合，所以在交界面附近多子的浓度下降，P 区出现负离子区，N 区出现正离子区，它们是不能移动的，称为空间电荷区，从而形成势垒电场(图 4.12-8). 随着扩散运动的进行，空间电荷区加宽，势垒电场增强，其方向由 N 区指向 P 区，正好阻止扩散运动的进行.

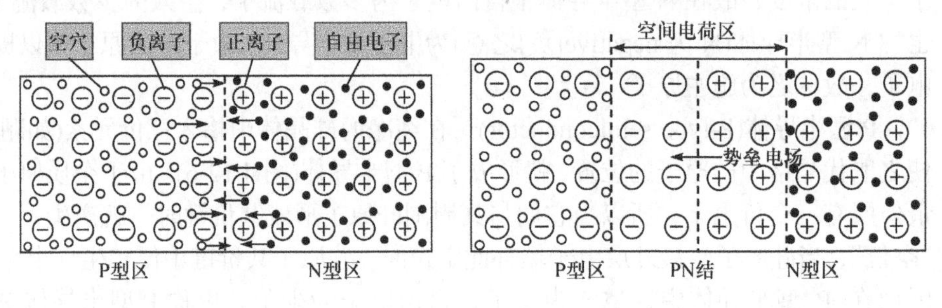

图 4.12-7　多数载流子扩散运动　　　　图 4.12-8　PN 结的形成

漂移运动：在电场力作用下，载流子的运动称为漂移运动. 当空间电荷区形成后，在势垒电场作用下，少子产生飘移运动，空穴从 N 区向 P 区运动，而自由电子从 P 区向 N 区运动. 在 PN 结附近形成空间电荷区与势垒电场. 势垒电场会使载流子向扩散的反方向作漂移运动，最终扩散与漂移达到平衡，使流过 PN 结的净电流为零. 在空间电荷区内，P 区的空穴被来自 N 区的电子复合，N 区的电子被来自 P 区的空穴复合，使该区内几乎没有能导电的载流子，又称为结区或耗尽区.

2. 太阳能电池工作原理

光伏效应：太阳能电池能量转换的基础是半导体 PN 结的光伏效应. 如前所述，当光电池受光照射时，在 N 区、耗尽区和 P 区中激发而产生光生电子-空穴对(图 4.12-9). 激发的电子和空穴分别被势垒电场推向 N 区和 P 区，使 N 区有过量的电子而带负电，P 区有过量的空穴而带正电，PN 结两端形成电压，这就是光伏效应，若将 PN 结两端接入外电路，就可向负载输出电能.

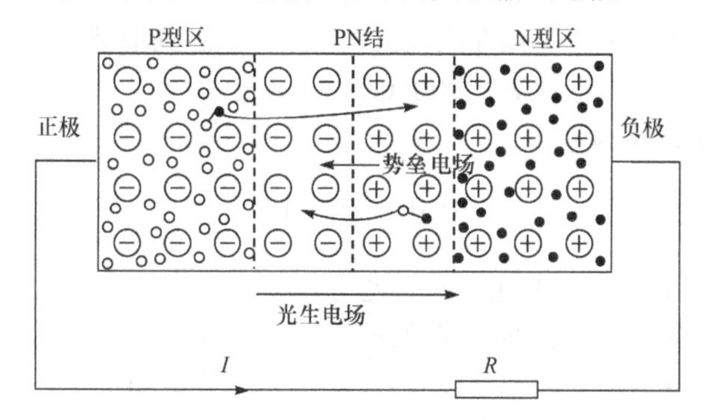

图 4.12-9　太阳能电池工作原理

耗尽区：光生电子-空穴对在耗尽区中产生后，立即被势垒电场分离，光生电子被送进 N 区，光生空穴则被推进 P 区. 在 N 区中：光生电子-空穴对产生以后，光生空穴便向 PN 结边界扩散，一旦到达 PN 结边界，便立即受到势垒电场作用，被电场力牵引作漂移运动，越过耗尽区进入 P 区，光生电子(多子)则被留在 N 区. 在 P 区中：光生电子(少子)同样的先经扩散、后经漂移而进入 N 区，光生空穴(多子)留在 P 区. 如此便在 PN 结两侧形成了正、负电荷的积累，使 N 区储存了过剩的电子，P 区有过剩的空穴. 从而形成与势垒电场方向相反的光生电场. 光生电场除了部分抵消势垒电场的作用外，还使 P 区带正电，N 区带负电. 当电池接上一负载后，光电流就从 P 区经负载流至 N 区，负载中即得到功率输出.

在一定的光照条件下，改变太阳能电池负载电阻的大小，测量其输出电压 V 与输出电流 I，得到输出伏安特性，如图 4.12-10 实线所示的 I-V 曲线.

如果将 PN 结两端开路，可以测得开路电压 V_{oc}. 对晶体硅电池来说，开路电压的典型值为 0.5～0.6 V. 如果将外电路短路，则外电路中就有与入射光能量成正

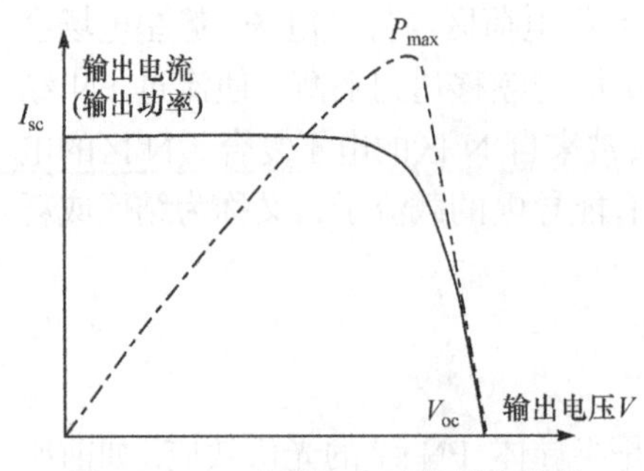

图 4.12-10　太阳能电池的输出特性

比的光电流流过，这个电流称为短路电流 I_{sc}.

太阳能电池的输出功率为输出电压与输出电流的乘积. 同样的电池及光照条件，负载电阻大小不一样时，输出的功率是不一样的. 若以输出电压为横坐标，输出功率为纵坐标，绘出的 P-V 曲线如图 4.12-10 点划线所示.

输出电压与输出电流的最大乘积值称为最大输出功率 P_{max}，填充因子 $F{\cdot}F$ 定义为

$$F\cdot F=\frac{P_{max}}{V_{oc}\times I_{sc}} \tag{4.12-1}$$

填充因子是表征太阳电池性能优劣的重要参数，其值越大，电池的光电转换效率越高，一般的硅光电池 $F{\cdot}F$ 值在 0.75～0.8 之间.

转换效率 η_s 定义为

$$\eta_s(\%)=\frac{P_{max}}{P_{in}}\times 100\% \tag{4.12-2}$$

式中，P_{in} 为入射到太阳能电池表面的光功率.

理论分析及实验表明，在不同的光照条件下，短路电流随入射光功率线性增长，而开路电压在入射光功率增加时只略微增加，如图 4.12-11 所示.

硅太阳能电池分为单晶硅太阳能电池、多晶硅薄膜太阳能电池和非晶硅薄膜太阳能电池三种.

单晶硅太阳能电池转换效率最高，技术也最为成熟. 在实验室里最高的转换效率为24.7%，规模生产时的效率可达15%. 在大规模应用和工业生产中仍占据主导地位. 但由于单晶硅价格高，大幅度降低其成本很困难，为了节省硅材料，发展了多晶硅薄膜和非晶硅薄膜作为单晶硅太阳能电池的替代产品.

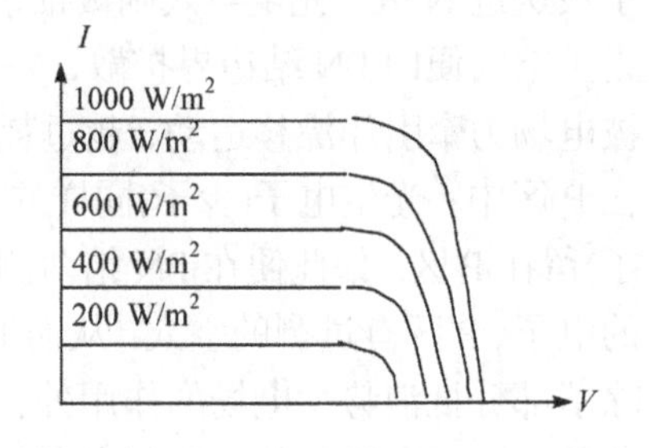

图 4.12-11　不同光照条件下的 I-V 曲线

多晶硅薄膜太阳能电池与单晶硅比较，成本低廉，而效率高于非晶硅薄膜电池，其实验室最高转换效率为 18%，工业规模生产的转换效率可达 10%. 因此，多晶硅薄膜电池可能在未来的太阳能电池市场上占据主导地位.

非晶硅薄膜太阳能电池成本低，重量轻，便于大规模生产，有极大的潜力.

如果能进一步解决稳定性及提高转换率，无疑是太阳能电池的主要发展方向之一.

【实验内容和步骤】

1. 硅太阳能电池的暗伏安特性测量

1) 实验内容

暗伏安特性是指无光照射时，流经太阳能电池的电流与外加电压之间的关系.

太阳能电池的基本结构是一个大面积平面 PN 结，单个太阳能电池单元的 PN 结面积已远大于普通的二极管. 在实际应用中，为得到所需的输出电流，通常将若干电池单元并联. 为得到所需输出电压，通常将若干已并联的电池组串联. 因此，它的伏安特性虽类似于普通二极管，但取决于太阳能电池的材料、结构及组成组件时的串并联关系.

本实验提供的组件是将若干单元并联. 要求测试并画出单晶硅、多晶硅、非晶硅太阳能电池组件在无光照时的暗伏安特性曲线.

2) 实验步骤

(1) 伏安特性测量接线原理图如图 4.12-12 所示. 将单晶硅太阳能电池接到测试仪上的“电压输出”接口，并用遮光罩罩住太阳能电池. 电阻箱调至 50 Ω 后串联进电路起保护作用，用电压表测量太阳能电池两端电压，电流表测量回路中的电流.

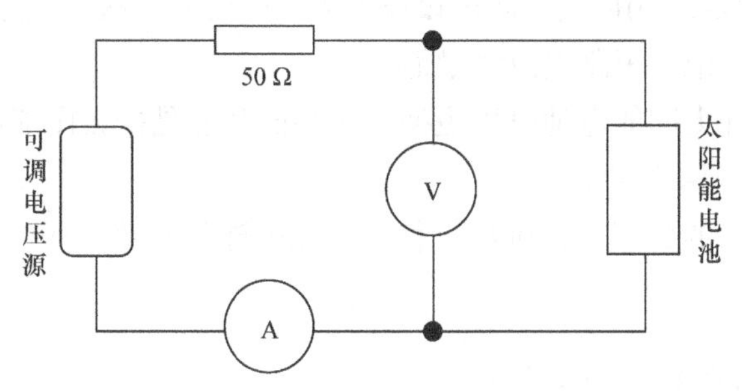

图 4.12-12　伏安特性测量接线原理图

(2) 将电压源调到 0 V，然后逐渐增大输出电压，每间隔 0.3 V 记一次电流值，一直测到 3.9 V. 设计表格记录实验数据.

(3) 将电压输入调到 0 V. 然后将“电压输出”接口的两根连线互换，即给太阳能电池加上反向的电压. 逐渐增大反向电压，每间隔 1.0 V 记一次电流值，一直测到 −7.0 V. 设计表格记录电流随电压变换的测量数据.

(4) 按步骤(1)～(3)测量多晶硅和非晶硅太阳能电池的暗伏安特性.

(5) 以电压为横坐标，电流为纵坐标，作出单晶硅、多晶硅和非晶硅太阳能电池的暗伏安特性曲线. 并讨论太阳能电池的暗伏安特性与一般二极管的伏安特性有何异同.

2. 测量开路电压、短路电流与光强的关系

(1) 打开光源开关，预热 5min.

(2) 打开遮光罩. 将光强探头装在太阳能电池板位置，探头输出线连接到太阳能电池特性测试仪的“光强输入”接口上. 测试仪设置为“光强测量”. 由近及远移动滑动支架，距光源为 15 cm 开始测量光强 I，每间隔 5 cm 测一组数据，直到 50 cm，设计表格，记录测量数据.

(3) 将光强探头换成单晶硅太阳能电池，测试仪设置为“电压表”状态. 按图 4.12-13(a)接线，按测量光强时的距离值(光强已知)，记录开路电压测量值.

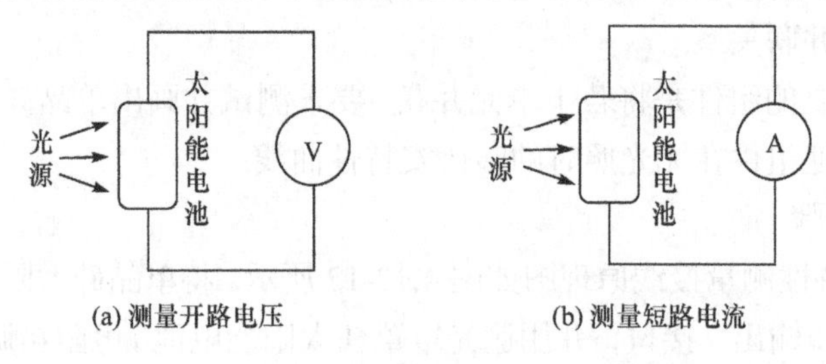

图 4.12-13　开路电压、短路电流与光强关系测量示意图

(4) 按图 4.12-13(b)接线，测试仪设置为“电流表”状态. 按测量光强时的距离值(光强已知)，记录短路电流测量值.

(5) 将单晶硅太阳能电池分别更换为多晶硅和非晶硅太阳能电池，重复(3)、(4)测量步骤，并记录数据.

(6) 根据记录的数据表，画出三种太阳能电池的开路电压、短路电流随光强变化的关系曲线.

3. 太阳能电池输出特性实验

(1) 按图 4.12-14 接线，以电阻箱作为太阳能电池负载. 在一定光照强度下(将滑动支架固定在导轨上某一个位置)，分别将三种太阳能电池板安装到支架上，通过改变电阻箱的电阻值，记录太阳能电池的输出电压 V 和电流 I，并计算输出功率 $P_O=V\times I$，电压为 0 V 开始测量，每隔 0.2 V 测量一组数据，至少测量 16 组数据.

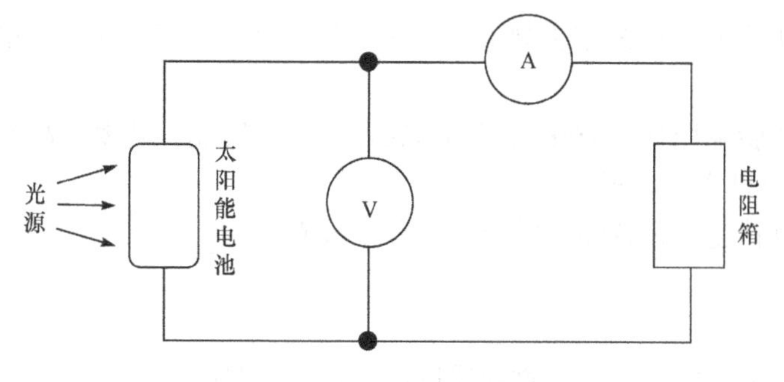

图 4.12-14　测量太阳能电池输出特性

(2) 根据测量数据作三种太阳能电池的输出伏安特性曲线及功率曲线，并与图 4.12-9 比较.

(3) 找出最大功率点，对应的电阻值即为最佳匹配负载.

(4) 由式(4.12-1)计算填充因子.

(5) 由式(4.12-2)计算转换效率. 入射到太阳能电池板上的光功率 $P_{in}=I\times S_1$，I 为入射到太阳能电池板表面的光强，S_1 为太阳能电池板面积(约为 50 mm×50 mm).

(6) 选作：若时间允许，可改变光照强度(改变滑动支架的位置)，重复前面的实验.

【注意事项】

(1) 在预热光源的时候，需用遮光罩罩住太阳能电池，以降低太阳能电池的温度，减小实验误差；

(2) 光源工作及关闭后的约 1 h 期间，灯罩表面的温度都很高，请不要触摸；

(3) 可变负载只能适用于本实验，否则可能烧坏可变负载；

(4) 220 V 电源需可靠接地.

实验 4.13　电磁感应与磁悬浮实验

磁悬浮是一系列技术的通称，它包括借助磁力的方法悬浮、导引、驱动和控制等. 磁悬浮的主要方式分为电磁吸引悬浮(EMS)，永磁斥力悬浮(PRS)，感应斥力悬浮(EDS)，其基本原理源于电磁感应.

【预习思考】

(1) 产生电磁感应的条件是什么？产生磁悬浮现象的机理是什么？

(2) 产生磁悬浮的主要方式有哪几种？各有什么特点？

(3) 本实验中利用的是稳恒磁场还是交变磁场？是均匀磁场还是非均匀磁场？

(4) 本实验采用什么方法测量磁悬浮力和牵引力？若要提高测量精度应如何改进？

(5) 本实验采用什么方法测量铝盘转速和轴承转速？若要提高测量转速的稳定性应如何改进实验装置？

(6) 铝盘转速与磁悬浮和磁牵引力有什么关系？

【实验目的】

(1) 了解电磁感应定律及磁悬浮技术的基本原理；

(2) 研究导体在磁场中运动的磁悬浮力、磁牵引力等磁悬浮现象的规律性；

(3) 能通过数据拟合出经验公式；

(4) 学会灵活运用电磁感应定律进行磁悬浮的各种应用设计.

【实验仪器】

本实验的基本装置由电磁感应与磁悬浮综合实验仪，力传感器，光电传感器，步进电机，铝盘，磁悬浮测试底座和传感器支架等组成，如图 4.13-1 所示.

图 4.13-1　电磁感应与磁悬浮实验装置图

各部分介绍如下.

1. 步进电机控制器操作说明

电源开关及按键、各个信号接口都在前面板，AC220 V 电源从后面板插入，由前面板上电源开关控制通断，三个按键负责控制步进电机的转速、启动和停止，最左边的航插接称重传感器的电源线和数据线，中间四芯航空插座接从光电门传来的铝盘转速信息，最右边四芯航空插座连接步进电机，前面板如图 4.13-2 所示.

操作方法如下：

(1) 打开实验仪电源开关，LCD 显示文字，机器经过几秒的预热，就进入工作界面，显示铝盘转速、当前转速和磁力值都为 0，按下“启停”键后电机启动；

(2) 电机启动后带动铝盘和光电门的转轴转动并使力传感器受力，在 LCD 上显示当前的铝盘转速、当前转速和力传感器受力值.

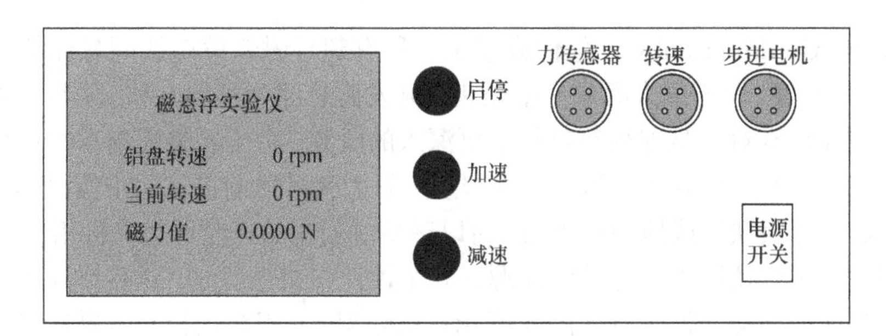

图 4.13-2 磁悬浮实验仪前面板示意图

(3) 电机开启后，按最低挡转速运转，每按一下加速键电机转速会增进一挡，每按一下减速键电机转速会减一挡. (30 rpm①为一挡，当电机转速为最大转速或最小转速时，再按加速键或减速键无效).

(4) “启停”键用于控制电机的启动、停止，当电机停止时按下“启停”键，电机开始以最低速度运转，电机运转时按下启停键，电机停止运转.

2. 液晶屏显示内容

控制器接通电源后，LCD 就显示文字，经过短暂的延时后，LCD 上出现三行文字，分别是“铝盘转速”“当前转速”“磁力值”，后面是这三个量的以 rpm、rpm 和 N 为单位的实时值，如图 4.13-2 所示.

通过按键调节电机转速，电机转速的变化马上会反映到铝盘的转速上去，从而引起力传感器的受力值变化，同时也带动光电门轴承更快或更慢变化，这些参数的变化都会反映在 LCD 液晶屏上面.

【实验原理】

1831 年，英国科学家法拉第从实验中发现，当通过一闭合回路所包围的面积的磁通量(磁感应强度 B 的通量)发生变化时，回路中就产生电流，这种电流称为感应电流. 法拉第在 1831 年 11 月 24 日向英国皇家学院报告了“电磁学的实验研究”的结果，他将电磁感应的条件概括为：①变化的电流；②变化的磁场；③运动的稳恒电流； ④运动的磁铁；⑤在磁场中运动的导体. 电磁感应定律的发现，无论在科学和技术上都具有划时代的意义，电磁感应定律使人类找到机械能与电能之间的转换方法，为生产部门和各行各业广泛地使用电力创造了条件，大大地促进了生产力的发展和人类文明的进程，开创了电气时代的新纪元.

目前磁悬浮技术的大规模应用主要集中在磁悬浮列车和磁悬浮轴承上. 第一个提出磁悬浮列车的是美国布鲁克林国家实验室的两位青年物理学家 James R.

① 1rpm=1r/min

Powell 和 Gordon Danby．他们设想了一种有超导磁铁感应线圈悬浮的每小时480千米的火车，而德国人海尔曼率先获得开发磁悬浮列车的专利．于是首先在德国，随后在日本对磁悬浮列车进行了更深入的研究．由于磁悬浮列车在运行时是悬浮在磁轨上的，只要像飞机一样克服空气阻力就可以前进，而不像火车或汽车那样还需要克服铁轨或地面的阻力，所以磁悬浮列车的速度可与飞机相比，同时，它不但噪声小，还可大大地节约能源，安全性比飞机还优越．磁悬浮列车的诸多优点，将使地面交通发生巨大的变革．许多发达国家正在竞相开发磁悬浮列车技术，上海于2002年建成我国第一条磁悬浮示范运营线．

最近美国国家航空航天局正在研制磁悬浮发射航天器，马歇尔航天中心的发射部经理谢里 · 布希曼说："与火箭相比，磁悬浮用电费用简直便宜得惊人．同时既安全又符合环保的要求．"另外，磁悬浮技术在国防、材料制备、机电工业等各个领域中均有极其重要的应用价值．

楞次定律：闭合回路中的感应电流方向，总是企图使感应电流本身所产生的通过回路面积的磁通量，去阻碍引起感应电流的原磁通量的变化．或者说感应电流产生的磁场总是阻碍原来的磁场的变化．

法拉第电磁感应定律：不论何种原因使通过回路面积的磁通量发生变化时，回路中产生的感应电动势与此通量对时间的变化率成正比， 即

$$\varepsilon_i = -k\frac{\mathrm{d}\Phi}{\mathrm{d}t} \tag{4.13-1}$$

式中，负号表明了感应电动势的方向；k 为比例系数，其值决定于式中各物理量所用的单位．如果使用国际单位制，则 k=1．如果感应回路是 N 匝串联，那么在磁通量的变化时，每匝线圈都将产生感应电动势，若每匝中通过的磁通量相同，则有

$$\varepsilon_i = -N\frac{\mathrm{d}\Phi}{\mathrm{d}t} = -\frac{\mathrm{d}(N\Phi)}{\mathrm{d}t} = -\frac{\mathrm{d}\Psi}{\mathrm{d}t} \tag{4.13-2}$$

习惯上把 $\Psi=N\Phi$ 称为线圈的磁通匝数或磁链．

对本实验装置，在金属铝盘与永磁体做相对运动时，产生的"磁悬浮力"和"磁牵引力"可以理解为与通过铝盘单位面积内磁通量的大小有关．请查阅相关资料和文献写出实验原理和实验方案．

【实验内容和步骤】

将水平仪放置在铝盘上，调节磁悬浮测试架底座的螺丝使铝盘水平．

根据实验装置的结构，先思考铝盘在永磁体产生的空间磁场中运动时，电磁相互作用力的大小和方向，若要测量磁悬浮力，力传感器和永磁体应如何装配？在粗略分析永磁体在空间的磁力线分布之后，再将力传感器和永磁体安装到立柱

上，并锁紧螺丝. 注意永磁体与铝盘的位置和距离要合适，在不碰到铝盘的前提下，尽可能使两者的距离最小，请思考为什么?

为提高测量精度和避免意外伤害，请想清楚后再进行下一步实验程序!

(1) 装配光电传感器，使与铝盘同轴的辐轮刚好通过光电门，但要避免碰撞和摩擦.

(2) 将力传感器和光电传感器的信号线接到电磁感应与磁悬浮综合实验仪的相应接口.

(3) 组装好仪器后，先用手转动铝盘，认真倾听是否有摩擦声，仔细观察永磁体与铝盘之间的距离是否适中，将光电门传感器扭到其磁铁远离转盘的位置以免影响测试磁力值，再将电机与实验仪连接，打开电源的开关，启动步进电机，调节步进电机转速，认真观察磁悬浮力随铝盘转速改变的现象和规律.

(4) 定量测量铝盘不同转速对应磁悬浮力的大小，寻找对应关系，用数学公式进行拟合，确定其函数形式和相关系数(表 4.13-1).

表 4.13-1　实验数据记录表一

位移/mm 磁力/N 铝盘转速/rpm	25	20	15	10	5	0
…						
300						
…						
450						
…						

(5) 参考上述基本实验程序，重新装配力传感器和永磁体，改变其位置和方向，测量铝盘不同转速对应磁牵引力的大小，寻找对应关系，用数学公式进行拟合，确定其函数形式和相关系数(表 4.13-2).

表 4.13-2　实验数据记录表二

位移/mm 磁力/N 铝盘转速/rpm	25	20	15	10	5	0
…						
300						
…						
450						
…						

(6) 利用给定的一个附件：带有小辐轮和永磁体的轴承，参考上述基本实验程序，设计磁悬浮传动系统，将附件装配在立柱合适的位置上，要注意避免意外伤害！

(7) 将力传感器扭到其磁铁远离转盘的位置，定量测量铝盘不同转速对轴承转速的影响，寻找对应关系，用数学公式进行拟合，确定其函数形式和相关系数，计算其传动比(表 4.13-3).

表 4.13-3　实验数据记录表三

位移/mm 当前转速/rpm 铝盘转速/rpm				
…				
300				
…				
450				
…				

(8) 学生可以利用该装置设计自选内容.

【结果的分析讨论】

(1) 定量测量铝盘不同转速对应磁悬浮力的大小，寻找对应关系，用数学公式进行拟合，确定其函数形式和相关系数.

(2) 测量铝盘不同转速对应磁牵引力的大小，寻找对应关系，用数学公式进行拟合，确定其函数形式和相关系数.

(3) 定量测量铝盘不同转速对轴承转速的影响，寻找对应关系，用数学公式进行拟合，确定其函数形式和相关系数，计算其传动比.

【注意事项】

(1) 在安装力传感器和永磁体时，要注意永磁体与铝盘的距离，若距离太远，电磁感应太弱，测量灵敏度太低；若距离太近，有可能导致磁体与铝盘的摩擦，在铝盘高速旋转时还可能导致永磁体飞出，造成伤人事故. 因此，永磁体与铝盘的距离一定要适中！

(2) 为了防止在铝盘高速转动时的震动导致传感器和永磁体随支持杆下滑，导致永磁体飞出，立柱上的固定螺丝一定要拧紧！

(3) 测量磁悬浮力或者磁牵引力时请将光电门传感器扭开，使它上面的磁铁远离转盘，以免影响实验；测量铝盘转速对轴承转速的影响时，请将力传感器扭开，使它上面的磁铁远离转盘，以免影响实验.

(4) 由于铝盘存在一定的加工误差，磁力值的测量存在轻微浮动现象，属正常现象.

(5) 电机高速运转时的稳定性相对更佳.

【拓展问题】

(1) 定量研究永磁体与运动导体之间距离的改变，对电磁相互作用力(包括磁悬浮力和磁牵引力)的影响，找出其规律性，给出经验公式.

(2) 请根据磁悬浮原理，设计一种简易的磁悬浮轴承或磁悬浮转向架或磁悬浮隔振系统，给出详细的设计方案和技术分析，并进行实验研究.

(3) 利用磁牵引力效应，设计一种简易的电磁制动器或感应电动机或转速计或磁力搅拌器等，给出详细的设计方案和技术分析，并进行实验研究.

(4) 自选相关研究课题，给出研究方案，进行实验探索.

第5章 光学实验

实验5.1 薄透镜焦距的测定

几何光学是光学学科中以光线为基础，研究光的传播和成像规律的一个重要的实用性分支学科. 在几何光学中，把组成物体的物点看作是几何点，把它所发出的光束看作是无数几何光线的集合，光线的方向代表光能的传播方向. 在此假设下，光线的传播规律在研究物体被透镜或其他光学元件成像的过程，以及设计光学仪器的光学系统等方面都显得十分方便和实用.

透镜是古老的光学元件，是构成显微镜、望远镜和照相机等多种光学仪器的最基本光学元件. 焦距是透镜的主要特性参量. 测定焦距是最基本的光学实验.

【实验目的】

(1) 掌握光学系统的共轴、等高调节，并了解视差原理的实际应用；

(2) 了解物距、像距、透镜成像定律等概念；

(3) 掌握测定透镜焦距的几种常用方法.

【实验仪器】

导轨，白炽灯(亮度可调)，薄凸透镜，薄凹透镜，物屏，像屏，“品”字屏(或尖头棒)，平面反射镜，指针.

实验装置如图5.1-1所示，由导轨、光源、光学器件架、光学器件组成.

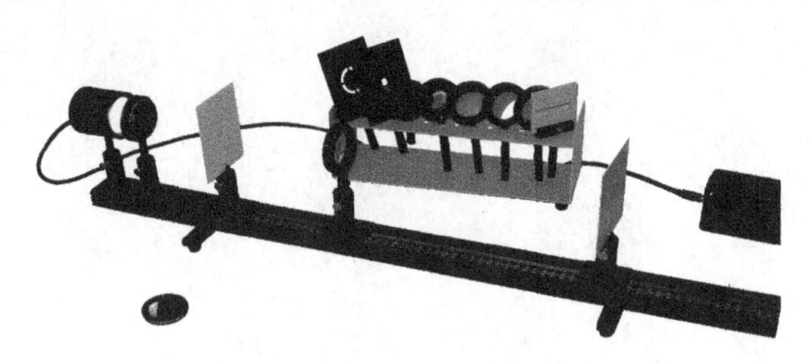

图5.1-1 实验装置图

【实验原理】

1. 薄透镜成像公式

通过透镜中心并垂直于镜面的几何直线称为透镜的主光轴. 平行于主光轴的平行光经凸透镜折射后会聚于主光轴上的一点 F, 这点就是该凸透镜的焦点, 如图 5.1-2 所示. 一束平行于凹透镜主光轴的平行光, 经凹透镜折射后成为发散光, 将发散光反向延长交于主光轴上的一点 F, 称为凹透镜的焦点, 如图 5.1-3 所示. 从焦点到透镜光心 O 的距离就是该透镜的焦距 f.

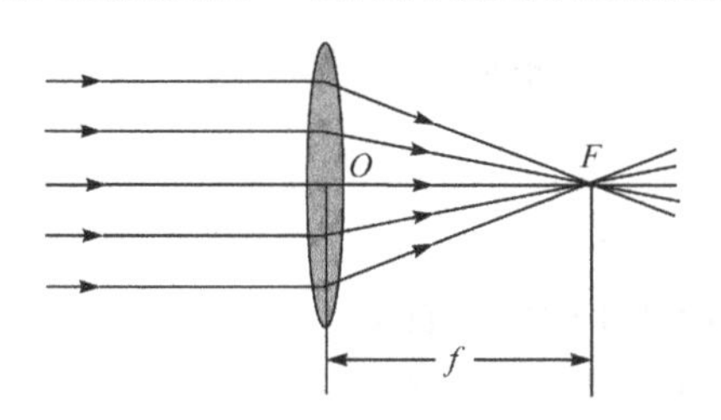

图 5.1-2 凸透镜的焦点和焦距

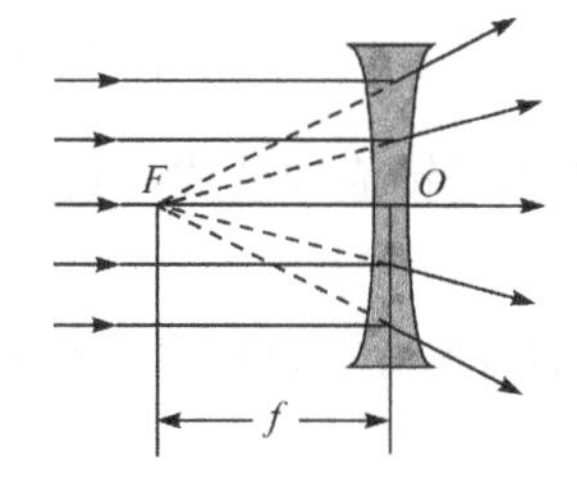

图 5.1-3 凹透镜的焦点和焦距

当透镜的厚度与其焦距相比可忽略时, 这类透镜称为薄透镜. 在近轴光线的条件下, 薄透镜成像的规律可表示为

$$\frac{1}{u}+\frac{1}{v}=\frac{1}{f} \tag{5.1-1}$$

故

$$f=\frac{uv}{u+v} \tag{5.1-2}$$

式中, u 表示物距; v 表示像距; f 为透镜的焦距; u、v 和 f 均从透镜的光心 O 点算起, 并且规定 u 恒取正值. 当物和像在透镜异侧时, v 为正值; 在透镜同侧时, v 为负值. 对凸透镜, f 为正值; 对凹透镜, f 为负值.

2. 测量凸透镜焦距的方法

1) 物距像距法($u>f$)

物体发出的光线经凸透镜会聚后, 将在另一侧成一实像, 只要在导轨上分别测出物体、透镜及像的位置, 就可得到物距和像距, 把物距和像距代入式(5.1-2)即可算出 f (根据误差传递公式可知, 当 $u=v=2f$ 时, f 的相对不确定度最小).

2) 共轭法(二次成像法或贝塞尔法)

如图 5.1-4 所示, 设物和像屏之间的距离为 L (要求 $L>4f$), 并保持不变. 移动透镜, 当在位置 I 处时, 屏上将出现一个放大的倒立的实像; 当透镜在位置 II

处时，在屏上又得到一个缩小的倒立的实像，这就是物像共轭.

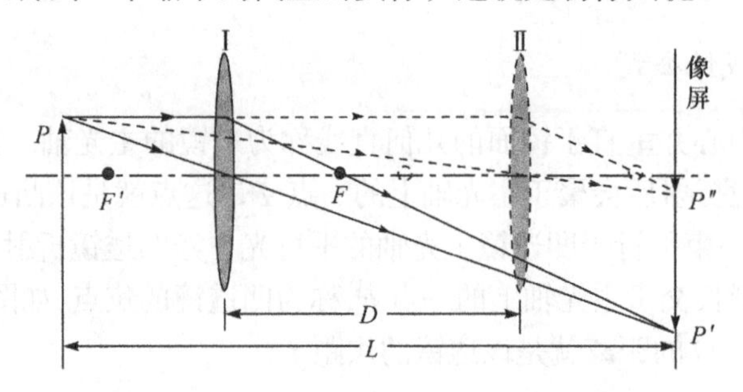

图 5.1-4　共轭法测量凸透镜焦距光路图

根据透镜成像公式得知

$$u_1 = v_2,\quad u_2 = v_1$$

若透镜在两次成像间的位移为 D，则从图 5.1-4 中可以看出

$$L - D = u_1 + v_2 = 2u_1$$

所以

$$u_1 = \frac{L-D}{2}$$

又

$$v_1 = L - u_1 = L - \frac{L-D}{2} = \frac{L+D}{2}$$

可得

$$f = \frac{u_1 v_1}{u_1 + v_1} = \frac{\frac{L-D}{2}\cdot\frac{L+D}{2}}{L} = \frac{L^2 - D^2}{4L} \tag{5.1-3}$$

由式(5.1-3)可知，只要测出 L、D，即可计算出 f.

共轭法的优点是把焦距的测量归结为对可以精确测量的 D 和 L 的测量，避免了测量 u 和 v 时，由估计透镜光心位置不准带来的偏差.

3) 自准直法

它是光学仪器调节中的一个重要方法，也是一些光学仪器进行测量的依据. 光路如图 5.1-5 所示. 当尖头棒 P 在凸透镜的焦平面时，尖头棒 P 上各点发出的光束，经透镜 L 后成为平行光. 若用一与主光轴垂直的平面镜 M 将平行光反射回去，则反射光再经透镜后仍会聚焦于透镜的焦平面上成像于 P'，这就是自准直原理. 自准直法所成的像

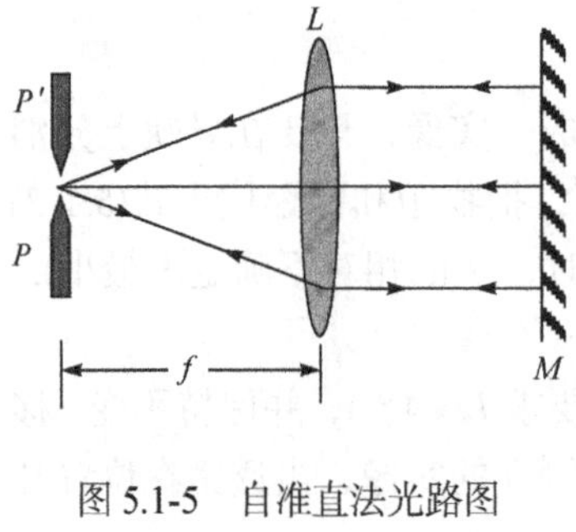

图 5.1-5　自准直法光路图

是一个与原物等大的倒立实像P'，所以自准直法的特点是：物、像在同一焦平面上.自准直法除了用于测量透镜焦距外，还是光学仪器调节中常用的重要方法.

3. 测量凹透镜焦距的方法

凹透镜是发散透镜，所成像为虚像，不能用像屏接收. 为了测量凹透镜的焦距，常用辅助凸透镜与之组成透镜组，使其得到可以用像屏接收的实像.

1) 物距像距法

如图 5.1-6 所示，从物体P发出的光线经过凸透镜L_1后成像于P'处. 如果在凸透镜L_1和像点P'之间放上一个待测凹透镜L，经凹透镜L发散后成实像于P''处，则P'和P''相对于L来说是虚物体和实像，分别测出L到P'和P''的距离，根据式(5.1-2)即可计算出凹透镜L的焦距(注意：P'是虚物，u应取负值).

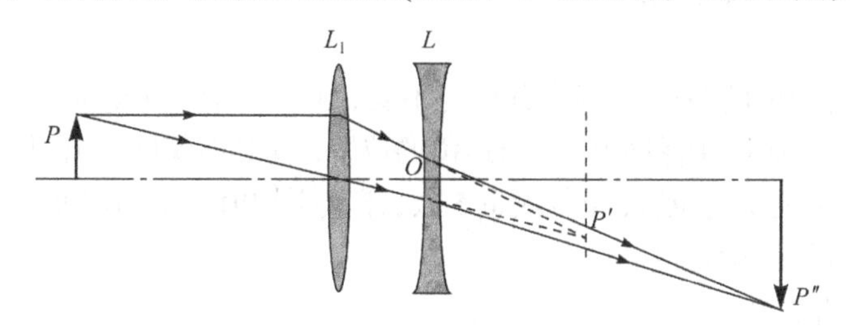

图 5.1-6 物距像距法测量凹透镜焦距光路图

2) 由平面镜辅助确定虚像位置求焦距

如图 5.1-7 所示，物P(尖头棒)经待测凹透镜L成正立的虚像P'，若在L前放置指针Q和平面镜M,则观察者在B处可同时看到P'与在平面镜中的反射像Q'，移动Q用视差法使P'和Q'重合，从而通过平面镜成像的对称性求出虚像的像距，再由式(5.1-2)计算出凹透镜的焦距.

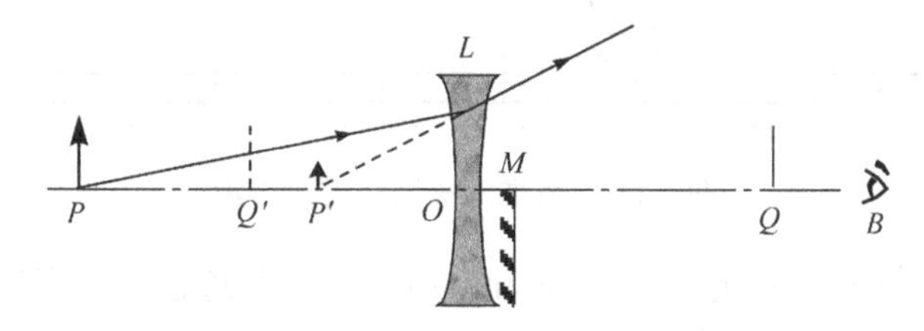

图 5.1-7 平面镜辅助确定虚像位置求焦距光路图

【实验内容和步骤】

1. 导轨上各元件共轴、等高的调节

(1) 粗调：先将物、透镜、像屏等用光具夹夹好，再将它们靠拢，用眼睛观察调节高低、左右，使它们的中心大致在一条和导轨平行的直线上，并使它们本身的平面互相平行且与光轴垂直.

(2) 细调：如物不在透镜的光轴上，而发生偏离，那么其像的中心在屏上的位置将会随屏的移动而变化，这时可以根据偏离的方向判断物中心究竟是偏左还是偏右、是偏上还是偏下，然后加以调整，直到像的中心在屏上的位置不随屏的移动而变化时即可.

2. 测量凸透镜的焦距

1) 物距像距法

按照原理部分所述，取物距 $u\approx 2f$，保持 u 不变，移动像屏，仔细寻找像的清晰位置，测出像距 v，重复 5 次，求出 v 的平均值和不确定度，再用式(5.1-2)计算 f，并计算不确定度.

2) 共轭法

将物屏与像屏的距离 L 固定并保持不变，且 $L>4f$，在物屏与像屏之间移动凸透镜，可两次成像于像屏上. 调节透镜的位置，使其在像屏上出现放大像和缩小像，并记下透镜两次的位置，重复测量 5 次，求其平均值和不确定度，再用式(5.1-3)计算 f，并计算不确定度.

3) 自准直法

按照图 5.1-8 所示，将白光源、"品"字屏(尖头棒)、被测凸透镜、反射镜依次排列.

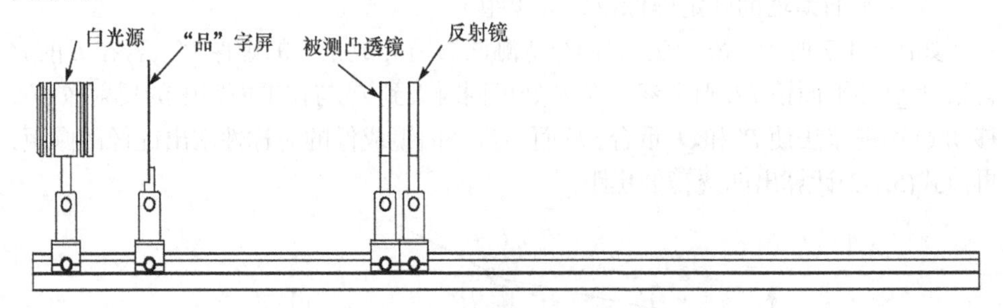

图 5.1-8　自准直法测凸透镜焦距

将"品"字屏置于白光源前约 50 mm 处，被测凸透镜和反射镜尽量靠近，然后移动透镜，改变凸透镜到物的距离，直到"品"字屏上出现清晰、倒置的"品"字像为止. 这时"品"字屏与透镜之间的距离即为透镜焦距，测出此时的物距(注意区分物的光经凸透镜表面反射所成的像和平面镜反射所成的像. 方法是：在凸透镜与平面镜间用一张纸挡一下光线，若像消失，该"品"字像即为所找之像；若像仍在，显然此像不是平面镜反射而成的，即非所找之像).

在实际测量时，由于眼睛对成像的清晰程度的判断总不免有些误差，故常采用左右逼近法读数：先使凸透镜自左向右移动，当像刚清晰时停止，记下透镜位置的读数；再使透镜自右向左移动，在像刚清晰时又可读得一数，取两次读数的平均值作为成像清晰时凸透镜的位置. 重复测量 5 次.

3. 测量凹透镜的焦距

1) 用物距像距法测凹透镜的焦距

按图 5.1-6 所示的原理，将白光源、“品”字屏、凸透镜、被测凹透镜、白屏依次摆放在导轨上. 先将被测凹透镜取下，用辅助透镜 L_1，把物 P 成像在 P' 屏上(让凸透镜在白屏上成一缩小的实像)，记录 P' 的位置，然后将待测凹透镜置于 L_1 和 P' 之间的适当位置(尽量靠近凸透镜放置)，并将物屏向外移，使屏上重新得到清晰的像 P''，分别测出 P'、P'' 及凹透镜 L 的位置，求出物距 u 和像距 v(注意 u、v 应取的符号)，代入式(5.1-2)计算 f. 改变凹透镜的位置，重复测量 5 次，求其平均值和不确定度.

2) 由平面镜辅助确定虚像位置求焦距(选做)

4. 比较和评价

对每类透镜的不同测量方法的测量结果作比较和评价.

【注意事项】

(1) 使用仪器时要轻拿、轻放，勿使仪器受到振动和磨损.

(2) 调整仪器时，应严格按各种仪器的使用规则进行，仔细地调节观察，冷静地分析思考，切勿急躁.

(3) 任何时候都不能用手去接触玻璃仪器的光学面，以免在光学面上留下痕迹，使成像模糊或无法成像. 如必须用手拿玻璃仪器部件时，只准拿毛面，如透镜四周，棱镜的上、下底面，平面镜的边缘等.

(4) 当光学表面有污痕或手迹时，对于非镀膜表面可用清洁的擦镜纸轻轻擦拭，或用脱脂棉蘸擦镜水擦拭. 对于镀膜面上的污痕则必须请专职教师处理.

【思考题】

(1) 在什么条件下，物点发出的光线通过由会聚透镜和发散透镜组成的光学系统将得到一实像?

(2) 试说明用位移法测凸透镜焦距 f 时，为什么要选取物和像的距离 L 大于 4 倍焦距.

(3) 下列几种物体，哪种适于做接收像的屏？为什么?

① 白纸；②黑纸；③玻璃；④毛玻璃.

实验 5.2　透镜组基点测量

【实验目的】

(1) 加深对光具组基点的理性认识与感性认识；

(2) 学会测定光具组基点与焦距的方法.

【实验仪器】

导轨，测节器，光源，物屏，平面镜，薄透镜(2 片)，平面镜.

【实验原理】

在实验中使用的有些透镜的厚度是不可忽略的. 另外，为了纠正像差，光学仪器中常用多个透镜组合成共轴的透镜组(也称光具组). 此时最后成像的位置及像的大小可以利用作图法逐步求出，也可用单球面及薄透镜成像的高斯公式逐步计算出，更为简捷的做法是把透镜组等效为一个整体的光学元件，只要经一次作图或一次计算即可得到最后的像. 这样的光学元件共有六个特征点，分为主点、节点和焦点三种，各有物方与像方之别，总称为基点，如图 5.2-1 所示.

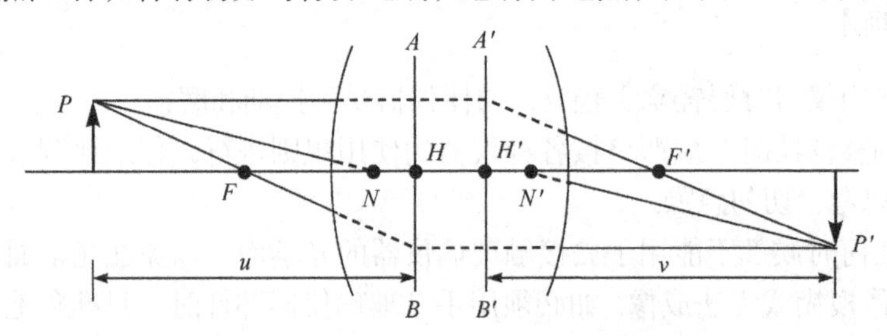

图 5.2-1　透镜组基点测量光路图

(1) **焦点**：由位于光具组主轴某点发出的同心光束经过光具组折射后成为平行于主轴出射的平行光束，则该点称为物方焦点(F)；而平行于主轴入射的平行光束经过光具组折射后会聚于主轴上某点，此点称为像方焦点(F'). 以上是对具有会聚功能的光具组而言，对于起发散作用的光具组，可类似地定义虚焦点 F 与 F'.

(2) **主点**：把垂直于主轴的平面物体(实物或虚物)立在主轴某点上，经过光具组折射在另一处成为等大的正立像(实像或虚像)，即横向放大率等于 1，主轴上这两点分别称为物方主点(H)与像方主点(H').

(3) **节点**：让光线斜入射向主轴上某点 N，如经过光具组折射后以原方向出射，也就是说出射光线平行于入射光线，出射光线(或延长线)和主轴的交点为 N'，即角向放大率等于 1，这两点分别称为物方节点(N)与像方节点(N').

H 到 F 的距离为物方焦距(f)，H'到 F'的距离为像方焦距(f'). 如出射光线与入射光线所处的介质折射率相同，则物方主点与节点重合，像方主点与节点也重合，且$-f=f'$，通过主点、焦点与节点作与主轴垂直的平面，分别称为主面、焦面与节面，且各有物方、像方之分.

实际使用的共轴球面系统——透镜组，多数情况下透镜组两边的介质都是空气，根据几何光学的理论，当物空间和像空间介质折射率相同时，透镜组的两个节点分别与两个主点重合，在这种情况下，主点兼有节点的性质，透镜组的成像规律只用两对基点(焦点、主点)和基面(焦面、主面)就可以完全确定了.

这里以两个薄透镜组合的光具组为例，设两个薄透镜的像方焦距分别为 f_1' 和 f_2'，两透镜之间的距离为 d，则光具组的焦距可由下式计算：

$$f=-f'=\frac{f_1'f_2'}{(f_1'+f_2')-d} \tag{5.2-1}$$

第一透镜光心到物方主点及第二透镜光心到像方主点的距离分别为

$$l=\frac{-f_2d}{(f_1+f_2)-d},\quad l'=\frac{f_1d}{(f_1+f_2)-d} \tag{5.2-2}$$

用计算方法，物、像关系可由高斯公式或牛顿成像公式确定

$$\frac{1}{u}+\frac{1}{v}=\frac{1}{f} \tag{5.2-3}$$

$$xx'=ff' \tag{5.2-4}$$

式中，物距 u、像距 v 分别从 H、H' 量起；x 为从物方焦点(F)量起的物方焦点到物的距离；x'为从像方焦点(F')量起的像方焦点到像的距离；物方焦距 f 和像方焦距 f'分别是从第一主面到物方焦点和第二主面到像方焦点的距离.

测节器测定光具组的基点的原理如下.

设有一束平行光入射于由两片薄透镜组成的光具组，光具组与平行光共轴，光线通过光具组后，会聚于白屏上的 P_0 点(即像方焦点 F')，如图 5.2-2 所示. 若以垂直于平行光的某一方向为轴，将光具组转动一小角度，可有如下两种情况.

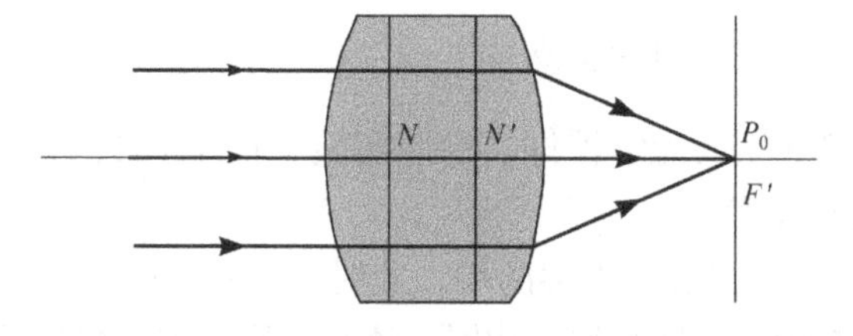

图 5.2-2　测定光具组的基点原理图

(1) 回转轴 O 恰好通过光具组第二节点 N'. 因为入射第一节点 N 的光线必从第二节点 N'射出，而且出射光平行于入射光. 现在 N'未动，入射光束方向未变，所以通过光具组的光束，仍然会聚于焦平面的 P_0 点，如图 5.2-3 所示. 但是，这时光具组的像方焦点 F'已离开 P_0 点，严格地讲，回转后像的清晰度稍微差些.

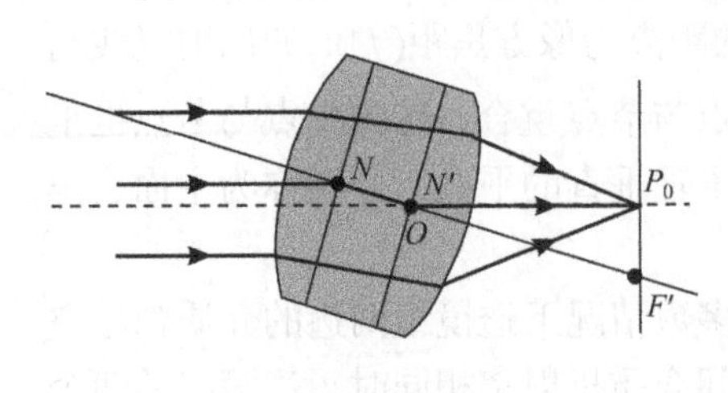

图 5.2-3　情况一

(2) 回转轴 O 未通过光具组第二节点 N'. 由于第二节点 N'未在回转轴上，所以光具组转动后，N'出现移动，但由 N'出射的光线仍然平行于入射光，所以由 N'出射的光线和前一情况相比将出现平移，光束的会聚点将从 P_0 移动到 P_1，如图 5.2-4 所示. P_1 平移的方向与第二节点平移方向一致，且移动的距离相等. 转动测节器可以根据像点的移动方向判断第二节点在转轴 O 的位置. 例如，如图 5.2-4 所示，转动测节器，如果像点 P_1 向上偏移，则节点 N'在转轴 O 的左侧，如果像点 P_1 向下偏移，则节点 N'在转轴 O 的右侧.

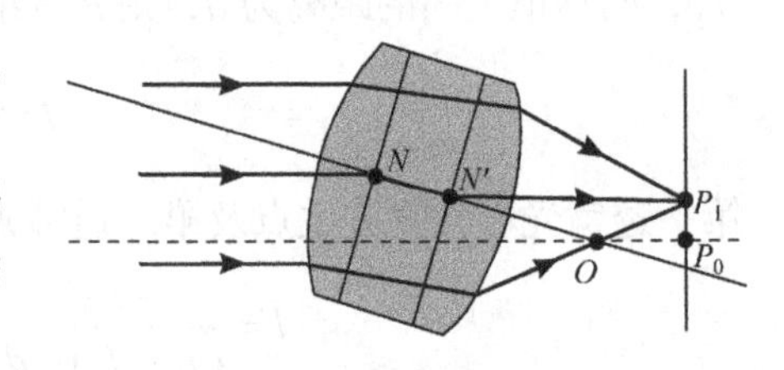

图 5.2-4　情况二

使用一个能够转动的导轨，导轨侧面装有刻度尺，这个装置就是测节器. 把透镜组装在可以旋转的测节器导轨上，测节器前是一束平行光，平行光射向透镜组. 接着将透镜组在测节器上前后移动，同时使测节器做微小的转动. 两个动作配合进行，直到能得到清晰的像，且不发生横移为止. 这时转动轴必通过透镜组的像方节点 N'，它的位置就被确定了. 并且当 N'与 H'重合时，从转动轴到屏的距离为 $N'F'$，即为透镜组的像方焦距 f'. 把透镜组转 180°，利用同样的方法可测出物方节点 N 的位置.

【实验内容和步骤】

1. 用测节器测定光具组的基点

(1) 按照图 5.2-5 摆放光学器件，参照实验 5.1 的方法，测量用来组成光具组的薄凸透镜 L_1 与 L_2 的焦距.

(2) 把 L_1、L_2 装入测节器支架两端，此时 $d < f_1' + f_2'$.

(3) 按图 5.2-5 所示，把光源、物屏、透镜、测节器及像屏置于光具座的导轨上，调节共轴.

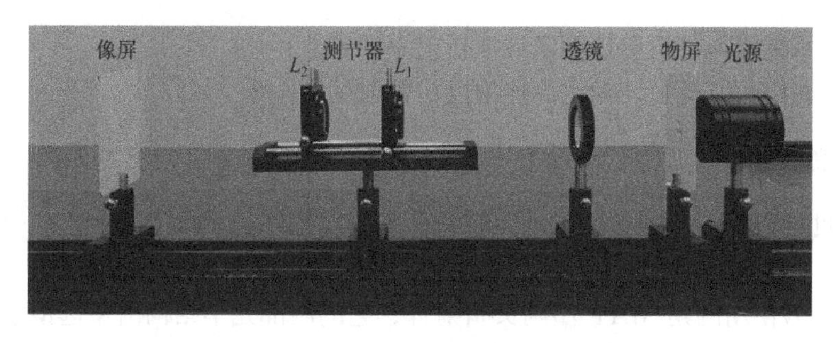

图 5.2-5　光具组基点测量装置图

(4) 用自准直法调节物屏，使其位于准直透镜的物方焦面上，调好后物屏、透镜均不得移动.

(5) 把测节器放在导轨上，移动像屏，以获得清晰的像. 轻轻地稍微转动测节器，从像的移动情况判断 N'的位置，逐渐移动光具组(L_1-L_2)，并让像屏随之前后移动，再转动测节器，直到像屏上 P'不动为止，此时 N'即在 O 轴上(测节器支撑杆轴). 记录下 O 轴、P'、L_1 与 L_2 的位置. 重复几次.

(6) 把测节器转 180°，用同样的方法测定其物方节点 N 的位置.

(7) 绘简图表示光具组，在其主轴上标出各基点位置，算出焦距 f、f'，并与按式(5.2-1)计算的结果作比较，d 即为两透镜 L_1、L_2 的距离.

(8) 把 L_1 与 L_2 从测节器支架取下，将一个凸透镜和一个凹透镜装入支架两端，重复上述(5)～(7)的实验内容，此时 $d > f_1' + f_2'$.

2. 用牛顿成像公式测定光具组基点

(1) 把 L_1、L_2 装入测节器支架两端，此时 d 比 f_1' 、 f_2' 短，调节共轴.

(2) 用平面镜，依自准直法确定光具组的物方焦点位置 F，把光具组转动 180°，确定像方焦点 F'的位置.

(3) 在光具组的物方焦点 F 外侧设物屏 P，在像方焦点外侧设像屏 P'，得到清晰的像. x 为 F 与物屏 P 的距离，x'为 F'与像屏 P'的距离，代入牛顿成像公式(5.2-4)，注意此时 $f = -f'$，计算得到光具组的焦距. 重复几次，求平均值.

(4) 绘简图，标出焦点、主点在光轴上的位置. 把测量结果与测节器法实验结果及计算结果作比较.

实验 5.3　用阿贝折射计测液体的折射率

【实验目的】

(1) 熟悉阿贝折射计的工作原理；

(2) 掌握用阿贝折射计测定液体折射率的方法；

(3) 利用阿贝折射计确定液体浓度与折射率的关系.

【实验仪器】

阿贝折射计，蒸馏水，无水酒精，几种不同浓度的 NaCl 溶液，滴管和脱脂棉等.

本实验使用的是 WAY 型阿贝折射计，它的内部光学结构由望远镜系统和读数系统两部分组成，如图 5.3-1 所示.

望远镜系统光学结构由元件 1～8 组成. 进光棱镜 1 与折射棱镜 2 之间有一微小均匀的间隙，用于放置待测液体. 当光线射入进光棱镜 1 时，会在其磨砂面上产生漫反射，在待测液体层内产生各种不同角度的入射光，再经折射棱镜 2 产生一束折射角均小于临界角的光线. 摆动反射镜 3 将此光线射入消色散棱镜组 4，使光的色散为零，望远镜物镜 5 则将已消色散的明暗分界线成像于望远镜分划板 7 上，观察者通过目镜 8 便可以观察到图 5.3-2 上半部分所示的图像.

读数系统由光学元件 9～12 组成. 光线经聚光镜 12 照明刻度板 11. 通过反射镜 10、读数物镜 9 及平行棱镜 6 将刻度板上的折射率和浓度示值成像于分划板 7 上，如图 5.3-2 下半部分所示的图像.

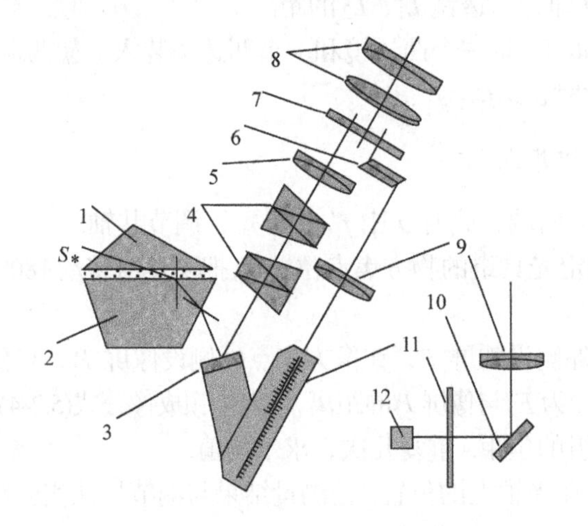

图 5.3-1　WAY 型阿贝折射计

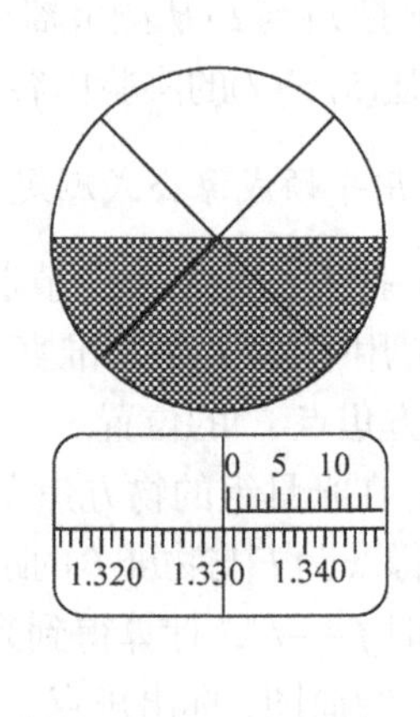

图 5.3-2　视场图像

实际上，阿贝折射计是经过校正的，刻度板 11 与摆动反射镜 3 连成一体，同时绕刻度中心做回转运动，即在调节视野中明暗分界线的同时，折射率刻度板同时运动，所以可从仪器刻度板上直接读出待测液体的折射率. 应用阿贝折射计来进行定性和定量分析的方法称为折光分析法. 通常在测量溶液浓度时，可用已知质量浓度的若干标准溶液在阿贝折射计上测出其折射率，从而求得该溶液的折射率-质量浓度关系曲线，然后测出待测浓度溶液的折射率n_x，再根据此标准曲线求出未知浓度的溶液的质量浓度ρ_x(单位为$g \cdot ml^{-1}$).

阿贝折射计是能测定透明、半透明液体或固体的折射率和平均色散的仪器(以测透明液体为主). 折射率和平均色散是物质的重要光学常数之一，能借以了解物质的光学性能、纯度、色散大小等.

【实验原理】

当光束在两种折射率不同的介质界面发生折射时，遵守折射定律. 如图 5.3-3 所示，n_1、n_2分别表示两种介质的折射率，i表示入射角，γ表示折射角，则由折射定律有$n_1 \sin i = n_2 \sin\gamma$，若$n_1 < n_2$，即光由光疏介质斜射向光密介质时，有$i > \gamma$，当入射角$i$增大到90°时，折射角$\gamma$将增大到某一值$\gamma_0$，根据光传播的可逆性，当光线以$\gamma_0$角度从$n_2$的介质入射到$n_1$的介质时，折射光线变为90°，此即为光的全反射现象，所以γ_0为全反射的临界角，当i在0°～90°范围内均有光线入射时，在光密介质中只有小于γ_0的角内有折射光线，而大于γ_0范围内无光线，从而在视场中形成明暗分界线，如图 5.3-4 所示. 阿贝折射仪就是根据上述原理(即全反射原理)制成的，其主要部件由两块棱镜组成，如图 5.3-5 所示，上方棱镜称为进光棱镜，它的$A'B'$面是磨砂的，其作用是形成均匀的扩展面光源. 下方棱镜称为折射棱镜，在进光棱镜与折射棱镜间有一微小均匀的间隙，待测液体就放在此间隙内. 当光线射入进光棱镜时，便在磨砂面上产生漫反射，使待测液体内有各种不同角度的入射光，经过折射棱镜和反光镜后，再由望远镜将明暗分界线成像在视野中.

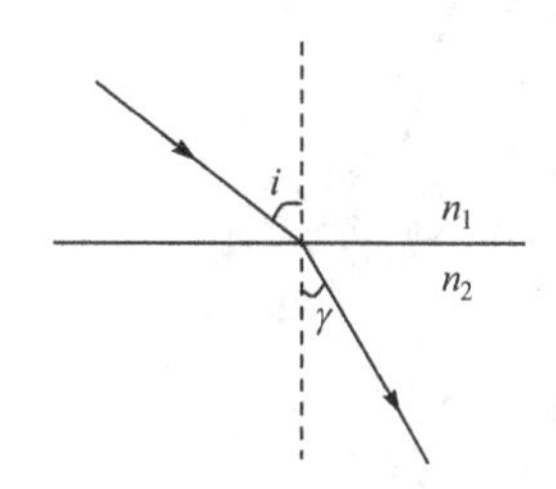

图 5.3-3　折射光路图

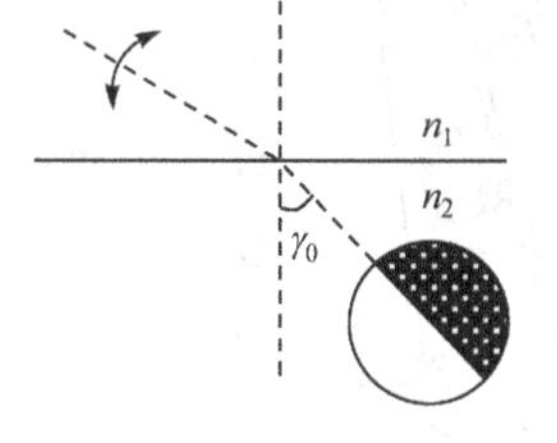

图 5.3-4　全反射现象

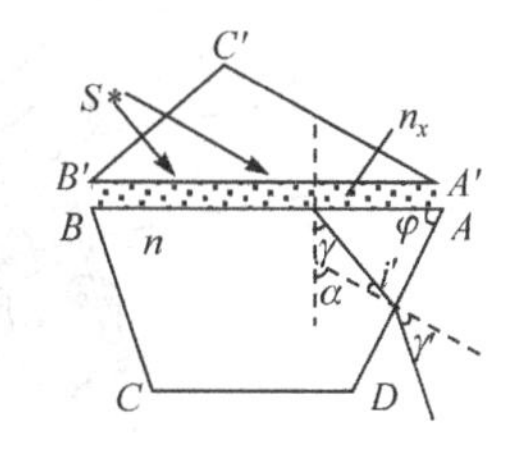

图 5.3-5　阿贝折射仪

设折射棱镜$ABCD$的折射率为n，AB面上是待测液体，设其折射率为n_x，由图 5.3-5 可知$\alpha = \gamma + i'$，又因为$\varphi = \alpha$，所以

$$\varphi = \gamma + i' \tag{5.3-1}$$

由折射定律有

$$n_x \sin 90° = n \sin\gamma \tag{5.3-2}$$

$$n\sin i' = n_0 \sin\gamma' \tag{5.3-3}$$

其中，n_0为空气折射率，$n_0 = 1$. 由式(5.3-1)得$\gamma = \varphi - i'$，代入式(5.3-2)得

$$n_x = n\sin(\varphi - i') = n(\sin\varphi\cos i' - \sin i'\cos\varphi) \tag{5.3-4}$$

由式(5.3-3)得

$$\sin i' = \frac{\sin\gamma'}{n} \tag{5.3-5}$$

$$\cos i' = \sqrt{1-\sin^2 i'} = \frac{1}{n}\sqrt{n^2 - \sin^2\gamma'} \tag{5.3-6}$$

将式(5.3-5)、式(5.3-6)代入式(5.3-4)得

$$n_x = \sqrt{n^2 - \sin^2\gamma'}\sin\varphi - \sin\gamma'\cos\varphi \tag{5.3-7}$$

式中，折射棱镜的棱角φ和折射率n均为定值，从折射仪测得角γ'即可确定液体的折射率n_x.

阿贝折射计既可测液体的折射率，又可测固体的折射率. 应用阿贝折射计测量固体的折射率时，不用光照明进光棱镜. 用一折射率大于样品的液体将加工有两个互成90°抛光面的固体样品的抛光面与折射棱镜粘贴在一起进行测量.

【实验内容和步骤】

1. 认识阿贝折射计的装置和原理，其外形如图 5.3-6 所示

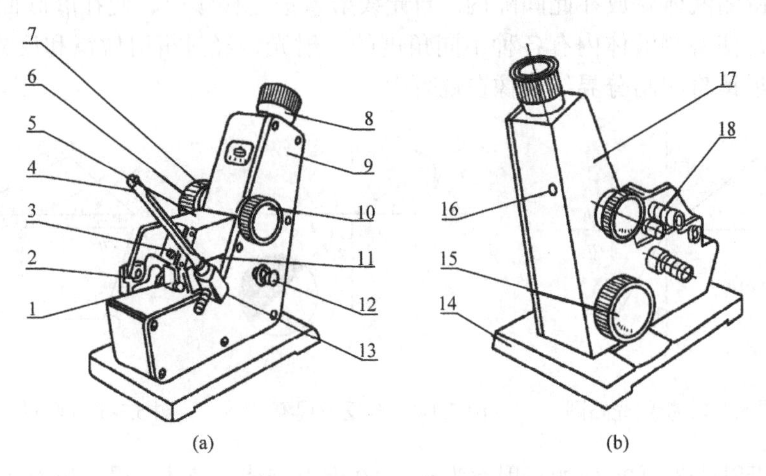

图 5.3-6 阿贝折射计外形图

1—反光镜；2—转轴；3—遮光板；4—温度计；5—进光棱镜座；6—色散调节手轮；7—色散值刻度圈；8—目镜；9—盖板；10—锁紧手轮；11—折射棱镜座；12—照明刻度盘聚光镜；13—温度计座；14—支承座；15—折射率刻度调节手轮；16—校正螺钉孔；17—壳；18—恒温器接头

2. 测量蒸馏水和酒精的折射率

(1) 打开照明台灯，打开反射镜 1，使目镜镜筒内视场明亮. 旋转目镜，使视野中的十字叉线成像清晰，然后合上反射镜.

(2) 转动锁紧手轮 10，打开棱镜，用脱脂棉沾一些无水酒精将棱镜面轻轻地擦干净. 再用滴管将蒸馏水加在折射棱镜表面，合上棱镜并锁紧，打开遮光板 3，观察视场，要求液层无气泡.

(3) 旋转折射率刻度调节手轮 15，在目镜视场中找到明暗分界线的位置，再旋转色散调节手轮 6，使分界线不带任何色彩，再微调折射率刻度调节手轮 15，使分界线位于十字线中心，如图 5.3-5 上半部分的图像所示. 适当调节照明刻度盘聚光镜 12，使视场下方折射率读数区域明亮. 此时目镜视场下方显示出的与竖线对齐的刻度值即为该液体的折射率，记下 n_x . (说明：读数视场中有上下两个刻度，下面的刻度为折射率读数，上面的刻度为浓度读数.)

(4) 将棱镜表面用脱脂棉擦干净，重复(2)、(3)步. 将蒸馏水重复测量 5 次，求平均值和不确定度.

(5) 测出无水酒精的折射率，重复(2)～(4)步，求出酒精折射率的平均值和不确定度.

3. 研究 NaCl 溶液的折射率与浓度的关系，并用此关系测出待测 NaCl 溶液的质量浓度

(1) 按照实验内容 2 的方法分别测量不同标准浓度的 NaCl 溶液的折射率，作出折射率-质量浓度曲线.

(2) 测出未知浓度的 NaCl 溶液的折射率，由折射率-质量浓度曲线求出未知 NaCl 溶液的浓度.

(3) 将测出的 NaCl 溶液的浓度与实验室给出的浓度值进行比较，计算出相对误差.

4. 自行设计实验步骤，测定固体的折射率(选做)

【数据记录和数据处理】

(1) 测量液体折射率(表 5.3-1).

表 5.3-1　蒸馏水和酒精的折射率数据表

测量次数	1	2	3	4	5	平均值	标准偏差
蒸馏水							
酒精							

$n_{蒸馏水}$ = (________±________)

$n_{酒精}$ = (________±________)

(2) 研究 NaCl 溶液的折射率与浓度的关系，并用此关系测出待测 NaCl 溶液的质量浓度(表 5.3-2).

表 5.3-2　NaCl 溶液的浓度与折射率数据表

标准溶液的浓度/(g · ml^{-1})								
标准溶液的折射率								
未知溶液的折射率								

【注意事项】

(1) 测量前或更换液体时，认真做好棱镜面的清洁工作，以免在工作面上残留其他物质而影响测量精度.

(2) 本实验根据全反射原理，用极限法(测临界角的方法)测定物质的折射率.所以待测物体(液体或固体)的折射率只限于 1.3～1.7 之间.

(3) 对阿贝折射计进行校准，还可用简单的办法，即用蒸馏水来进行校准. 因水在 20 ℃下对钠光的折射率是已知的标准值，即 $n_D = 1.3330$，所以可用水作为校准液体来校准仪器. 当然必须在标准温度下用纯净的蒸馏水，否则将偏离标准值.

(4) 任何物质的折射率都与测量时使用的光波波长和温度有关，本仪器在消除色散的情况下测得的折射率对应光波的波长 $\lambda = 589.3\,\text{nm}$；如需要测量不同温度时的折射率，可将阿贝折射计与恒温、测温装置连用，待测棱镜组和待测物质达到所需温度后，方可进行测量. 一般均在室温下进行.

(5) 实验结束后，要用清洗液反复清洗、擦净棱镜，晾干后方可合上进光棱镜.

【思考题】

(1) 极限法测物质的折射率的理论依据是什么？有何限制？

(2) 测量液体折射率时，为什么要求液层无气泡？

(3) 试分析望远镜中观察的明暗视场的分界线是如何形成的.

(4) 阿贝折射仪中的进光棱镜起什么作用？

实验 5.4　分光计的调整与使用

【教学要求】

(1) 了解分光计的结构及各组成部件的作用；

(2) 熟悉分光计的调整要求，掌握其调整技术.

【实验目的】

(1) 了解分光计的构造，掌握分光计的调节和使用方法；

(2) 掌握测定棱镜顶角的方法；

(3) 用最小偏向角法测定棱镜材料的折射率.

【实验仪器】

分光计，双面平面反射镜，三棱镜，钠光灯(或汞灯)等.

光线在传播过程中，遇到不同介质的分界面时，会发生反射和折射，光线将改变传播的方向，结果在入射光与反射光或折射光之间就存在一定的夹角. 通过对某些角度的测量，可以测定折射率、光栅常量、光波波长、色散率等许多物理量. 因而精确测量这些角度，在光学实验中显得十分重要.

分光计是一种能精确测量上述要求角度的典型光学仪器，经常用来测量材料的折射率、色散率、光波波长和进行光谱观测等. 由于该装置比较精密，控制部件较多而且操作复杂，所以使用时必须严格按照一定的规则和程序进行调整，方能获得较高精度的测量结果. 图 5.4-1 为 JJY 型分光计的结构外形图.

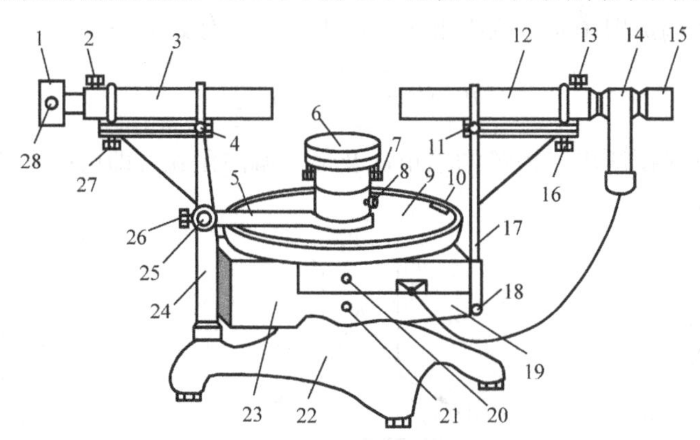

图 5.4-1 JJY 型分光计的结构外形图

1—狭缝装置；2—狭缝装置锁紧螺丝；3—准直管；4—准直管光轴水平调节螺丝；5—制动架(二)；6—载物台；7—载物台水平调节螺丝；8—载物台锁紧螺丝；9—度盘；10—游标盘；11—望远镜光轴水平调节螺丝；12—望远镜；13—望远镜锁紧螺丝；14—阿贝式自准直目镜；15—目镜视度调节手轮；16—望远镜光轴高低调节螺丝；17—支臂；18—望远镜微调螺丝；19—制动架(一)；20—转轴与度盘制动螺丝；21—望远镜制动螺丝；22—底座；23—转座；24—立柱；25—游标盘微调螺丝；26—游标盘制动螺丝；27—准直管光轴高低调节螺丝；28—狭缝宽度调节手轮

分光计的调整思想、方法与技巧，在光学仪器中有一定的代表性，学会对它的调节以及使用方法，有助于掌握操作更为复杂的光学仪器的方法. 对于初次使用者来说，往往会遇到一些困难. 但只要在实验调整观察中，弄清调整要求，注意观察出现的现象，并努力运用已有的理论知识去分析、指导操作，在反复练习之后才开始正式实验，一般也能掌握分光计的使用方法，并顺利地完成实验任务.

【实验原理】

三棱镜如图 5.4-2 所示，AB 和 AC 是透光的光学表面，又称折射面，其夹角 α 称为三棱镜的顶角；BC 为毛玻璃面，称为三棱镜的底面.

1. 反射法测三棱镜顶角 α

如图 5.4-3 所示，一束平行光入射于三棱镜，经过 AB 面和 AC 面反射的光线分别沿 P_4 和 P_3 方位射出，P_3 和 P_4 方向的夹角记为 θ，由几何学关系可知

$$\alpha = \frac{\theta}{2} = \frac{1}{2}\left|P_3 - P_4\right|$$

2. 最小偏向角法测三棱镜玻璃的折射率

棱镜玻璃的折射率，可以用测定最小偏向角的方法求得. 如图 5.4-4 所示，光线 PO 经待测棱镜的两次折射后，沿 $O'P'$ 方向射出时产生的偏向角为 δ. 在入射光线和出射光线处于光路对称的情况下，即 $i_1 = i_2'$，偏向角为最小，记为 δ_{m}. 可以证明棱镜玻璃折射率 n 与棱镜角 α、最小偏向角有如下关系：

$$n = \sin\frac{\alpha + \delta_{\mathrm{m}}}{2} \Big/ \sin\frac{\alpha}{2}$$

实验中利用分光镜测出三棱镜的顶角 α 及最小偏向角 δ_{m}，即可由上式算出棱镜材料的折射率 n.

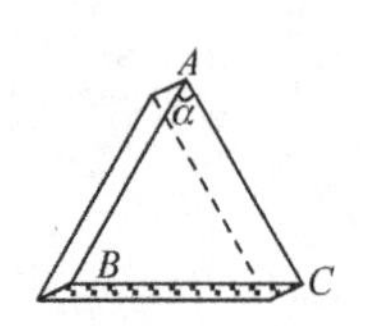

图 5.4-2　三棱镜示意图

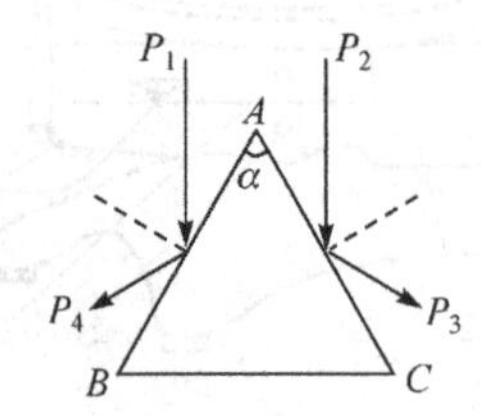

图 5.4-3　反射法测顶角

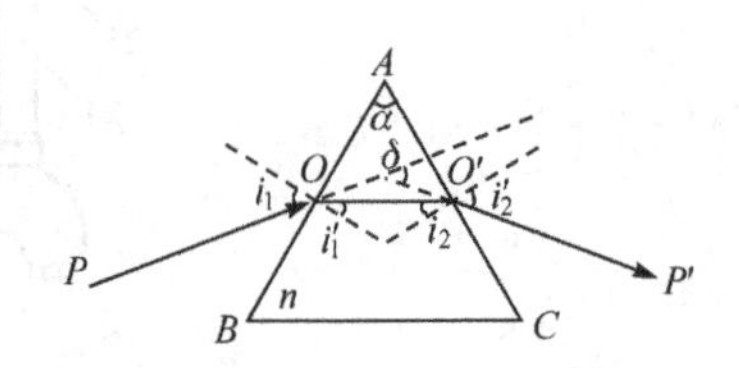

图 5.4-4　最小偏向角的测定

由于透明材料的折射率是光波波长的函数，同一棱镜对不同波长的光具有不同的折射率，所以当复色光经棱镜折射后，不同波长的光将产生不同的偏向而被分散开来.

【实验内容和步骤】

1. 分光计的调整

在进行调整前，应先熟悉所使用的分光计中螺丝的位置：①目镜视度调节(看清分划板准线)手轮；②望远镜调焦(看清物体)调节手轮(或螺丝)；③调节望远镜光轴高低倾斜度的螺丝；④控制望远镜(连同刻度盘)转动的制动螺丝；⑤调整载物台水平状态的螺丝；⑥控制载物台转动的制动螺丝；⑦调整准直管上狭缝宽度的螺丝；⑧调整准直管高低倾斜度的螺丝；⑨准直管调焦的狭缝套筒制动螺丝.

1) 目测粗调

将望远镜、载物台、准直管用目测粗调成水平，并与中心轴垂直(粗调是后面进行细调的前提和细调成功的保证).

2) 用自准法调整望远镜，使其聚焦于无穷远

(1) 调节目镜视度调节手轮,直到能够清楚地看到分划板“准线”为止.

(2) 接上照明小灯电源,打开开关,可在目镜视场中看到如图 5.4-5 所示的“准线”和带有绿色小十字的窗口.

(3) 将平面镜按图 5.4-6 所示方位放置在载物台上，这样放置是考虑：若要调节平面镜的俯仰，只需要调节载物台下的螺丝 a_1 或 a_2 即可，而螺丝 a_3 的调节与平面镜的俯仰无关.

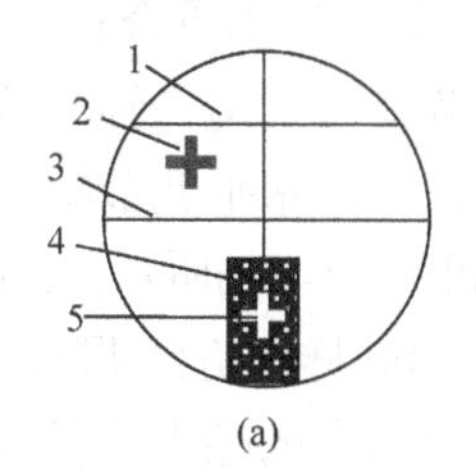

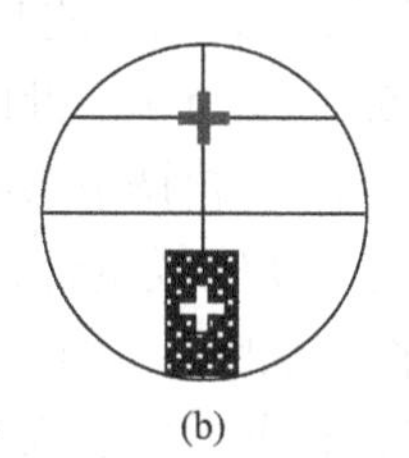

图 5.4-5 目镜视场

1—调整用叉丝；2—十字叉丝反射像；
3—测量用叉丝；4—棱镜的阴影；5—十字叉丝

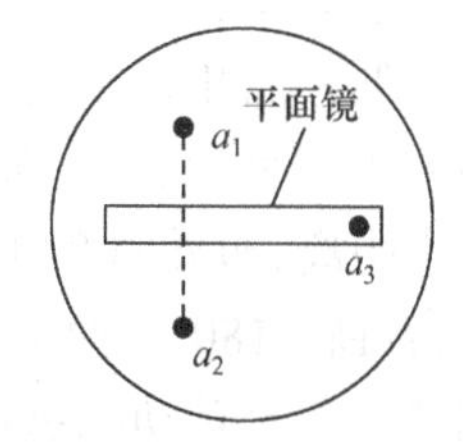

图 5.4-6 平面镜的放置

(4) 沿望远镜外侧观察可看到平面镜内有一亮十字，轻缓地转动载物台，亮十字也随之转动. 但若用望远镜对着平面镜看，往往看不到此亮十字，这说明从望远镜射出的光没有被平面镜反射到望远镜中.

我们仍将望远镜对准载物台上的平面镜，调节镜面的俯仰，并转动载物台让反射光返回望远镜中，使由透明十字发出的光经过物镜后(此时从物镜出来的光还不一定是平行光)，再经平面镜反射，由物镜再次聚焦，于是在分划板上形成模糊的像斑(注意：调节是否顺利，以上步骤是关键). 然后先调物镜与分划板间的距离，再调分划板与目镜的距离使从目镜中既能看清准线，又能看清亮十字的反射像.

注意使准线与亮十字的反射像之间无视差，如有视差，则需反复调节，予以消除. 如果没有视差，说明望远镜已聚焦于无穷远.

3) 调整望远镜光轴，使之与分光计的中心轴垂直

准直管与望远镜的光轴各代表入射光和出射光的方向. 为了测准角度，必须分别使它们的光轴与刻度盘平行. 刻度盘在制造时已垂直于分光计的中心轴. 因此，当望远镜与分光计的中心轴垂直时，就达到了与刻度盘平行的要求.

具体调整方法为：平面镜仍竖直置于载物台上，使望远镜分别对准平面镜前后两镜面，利用自准法可以分别观察到两个亮十字的反射像. 如果望远镜的光轴与分光计的中心轴相垂直，而且平面镜反射面又与中心轴平行，则转动载物台时(注意：转动载物台时，要求载物平台、中心轴和度盘一起转动)，从望远镜中可以两次观察到由平面镜前后两个面反射回来的亮十字像与分划板准线的上部十字线完全重合，如图 5.4-7(c)所示. 若望远镜光轴与分光计中心轴不垂直，平面镜反射面也不与中心轴相平行，则转动载物台时，从望远镜中观察到的两个亮十字反射像必然不会同时与分划板准线的上部十字线重合，而是一个偏低，一个偏高，甚至只能看到一个. 这时需要认真分析，确定调节措施，切不可盲目乱调. 重要的是必须先粗调，即先从望远镜外面目测，调节到从望远镜外侧能观察到两个亮十字像；然后再细调，从望远镜视场中观察，当无论以平面镜的哪一个反射面对准望远镜，均能观察到亮十字时(如从望远镜中看到准线与亮十字像不重合)，它们的交点在高低方面相差一段距离，如图 5.4-7(a)所示. 此时调整望远镜光轴高低调节螺丝使差距减小为 $h/2$，如图 5.4-7(b)所示. 再调节载物台下的水平调节螺丝，消除另一半距离，使准线的上部十字线与亮十字线重合，如图 5.4-7(c)所示. 之后，再将载物台旋转 180°，使望远镜对着平面镜的另一面，采用同样的方法调节. 如此反复调整，直至转动载物台时，从平面镜前后两表面反射回来的亮十字像都能与分划板准线的上部十字线重合为止. 这时望远镜光轴和分光计的中心轴相垂直，常称这种方法为逐次逼近各半调整法.

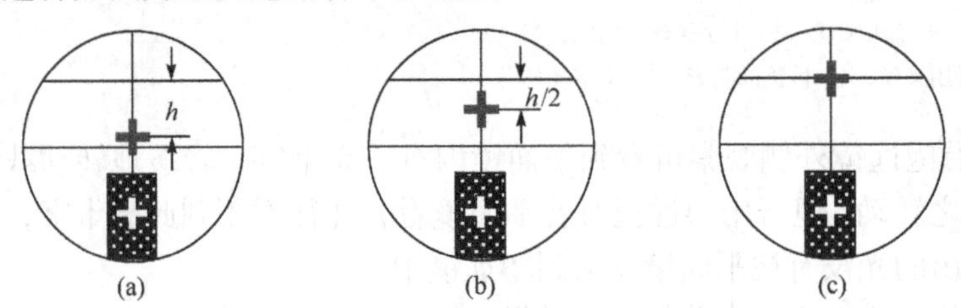

图 5.4-7　亮十字像与分划板准线的位置关系

4) 调整准直管

用前面已经调整好的望远镜调节准直管. 当准直管射出平行光时，则狭缝成像

于望远镜物镜的焦平面上，在望远镜中就能清楚地看到狭缝像，并与准线无视差.

(1) 调整准直管产生平行光. 取下载物台上的平面镜，关掉望远镜中的照明小灯，用钠灯照亮狭缝，从望远镜中观察来自准直管的狭缝像，同时调节准直管狭缝与透镜间的距离，直至能在望远镜中看到清晰的狭缝像为止，然后调节缝宽使望远镜视场中的缝宽约为 1 mm.

(2) 调节准直管的光轴与分光计中心轴相垂直. 望远镜中看到清晰的狭缝像后，转动狭缝(但不能前后移动)至水平状态，调节准直管光轴水平调节螺丝，使狭缝水平像被分划板的中央十字线上、下平分，如图 5.4-8(a)所示. 这时准直管的光轴已与分光计中心轴相垂直. 再把狭缝转至铅直位置，并需保持狭缝像最清晰而且无视差，位置如图 5.4-8(b)所示.

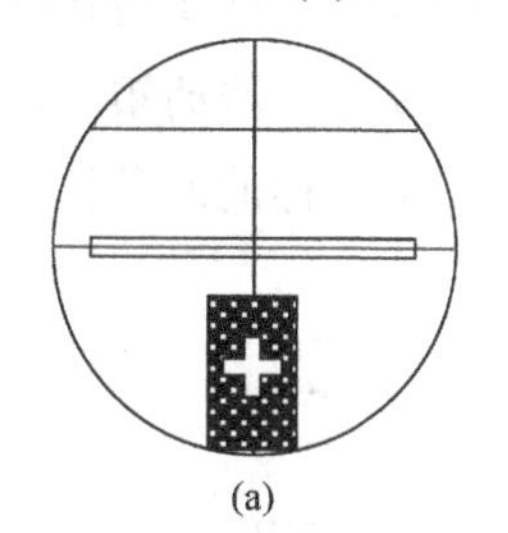

(a)

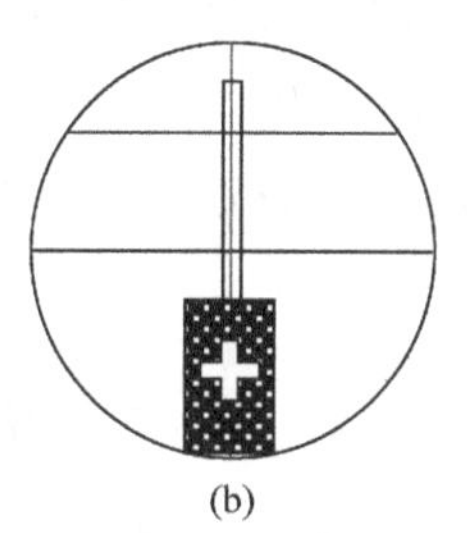

(b)

图 5.4-8　狭缝像与分划板位置

至此分光计已全部调整好，使用时必须注意分光计上除刻度圆盘制动螺丝及其微调螺丝外，其他螺丝不能任意转动，否则将破坏分光计的工作条件，需要重新调节.

2. 测量

在正式测量之前，请先弄清你所使用的分光计中下列各螺丝的位置：①控制望远镜(连同刻度盘)转动的制动螺丝；②控制望远镜微动的螺丝.

1) 用反射法测三棱镜的顶角 α

如图 5.4-3 所示，使三棱镜的顶角对准准直管，开启钠光灯，使平行光照射在三棱镜的 AC、AB 面上，旋紧游标盘制动螺丝，固定游标盘位置，放松望远镜制动螺丝，转动望远镜(连同刻度盘)寻找 AB 面反射的狭缝像，使分划板上竖直线与狭缝像基本对准后，旋紧望远镜螺丝，用望远镜微调螺丝使竖直线与狭缝完全重合，记下此时两对称游标上指示的读数 P_4、P_4'. 转动望远镜至 AC 面进行同样的测量得 P_3、P_3'. 可得

$$\theta_1 = \left|P_3 - P_3'\right|,\quad \theta_1' = \left|P_4 - P_4'\right|$$

三棱镜的顶角α为

$$\alpha = \frac{1}{2}\left[\frac{1}{2}\left(\theta_1 + \theta_1'\right)\right]$$

重复测量 3 次取平均.

2) 最小偏向角法测量三棱镜玻璃的折射率

分别放松游标盘和望远镜的制动螺丝，转动游标盘(连同三棱镜)使平行光射入三棱镜的 AB 面，如图 5.4-4 所示. 转动望远镜在 AC 面处寻找准直管中狭缝的像. 然后向一个方向缓慢地转动游标盘(连同三棱镜)，在望远镜中观察狭缝像的移动情况，当随着游标盘转动而向某个方向移动的狭缝像正要开始向相反方向移动时，固定游标盘. 轻轻地转动望远镜，使分划板上竖直线与狭缝像对准，记下两游标指示的读数，记为P_5、P_5'；然后取下三棱镜，转动望远镜使它直接对准准直管，并使分划板上竖直线与狭缝像对准，记下对称的两游标指示的读数，记为P_6、P_6'，可得

$$\delta_{\rm m} = \frac{1}{2}\left(\left|P_6 - P_5\right| + \left|P_6' - P_5'\right|\right)$$

重复测量 3 次求平均. 计算三棱镜的折射率和不确定度.

列表记录所有的数据，表格自拟.

【注意事项】

(1) 望远镜、准直管上的镜头，三棱镜、平面镜的镜面不能用手摸、揩. 如发现有尘埃时，应该用镜头纸轻轻揩擦. 三棱镜、平面镜不准磕碰或跌落，以免损坏.

(2) 分光计是较精密的光学仪器，要加倍爱护，不应在制动螺丝锁紧时强行转动望远镜，也不要随意拧动狭缝.

(3) 在测量数据前必须检查分光计的几个制动螺丝是否锁紧，若未锁紧，取得的数据会不可靠.

(4) 测量中应正确使用望远镜转动的微调螺丝，以便提高工作效率和测量准确度.

(5) 在游标读数过程中，由于望远镜可能位于任何方位，故应注意望远镜转动过程中是否过了刻度的零点. 如越过刻度零点，则必须按式($360° - \left|\theta' - \theta\right|$)来计算望远镜的转角. 例如，当望远镜由位置 A 转到位置 B 时，双游标的读数分别如表 5.4-1 所示.

表 5.4-1　双游标的读数

望远镜位置	A	B
左游标读数	175°45′	295°43′
右游标读数	355°45′	115°43′

由左游标读数可得望远镜转角为 $\varphi_{左}=\left|\theta_B-\theta_A\right|=119°58'$.

由右游标读数可得望远镜转角为 $\varphi_{右}=360°-\left|\theta'_B-\theta'_A\right|=119°58'$.

(6) 一定要认清每个螺丝的作用再调整分光计，不能随便乱拧. 掌握各个螺丝的作用可使分光计的调节与使用事半功倍.

(7) 调整时应调整好一个方向，这时已调好部分的螺丝不能再随便拧动，否则会前功尽弃.

(8) 望远镜的调整是一个重点. 首先转动目镜手轮看清分划板上的十字线，而后伸缩目镜筒看清亮十字.

【思考题】

(1) 分光计调整的要求是什么?

(2) 转动载物台上的平面镜时，望远镜中看不到由镜面反射的绿十字像，应如何调节?

(3) 分析分光计的设计原理.

(4) 分光计为什么要调整为望远镜光轴与分光计中心轴相垂直? 如果两者不垂直对测量结果有何影响?

(5) 若平面镜两面的绿十字像，一个偏高，在水平线上方距离为 a; 另一个偏下，与水平线距离为 $5a$，应如何调节?

(6) 用反射法测量三棱镜顶角时，为什么必须将三棱镜的顶角置于载物台中心附近? 试作图说明.

实验 5.5　用透射光栅测定光波波长

【实验目的】

(1) 进一步熟练掌握分光计的调节和使用方法;

(2) 观察光线通过光栅后的衍射现象;

(3) 测定衍射光栅的光栅常量和光波波长.

【实验仪器】

分光计，透射光栅，三棱镜，汞灯等.

【实验原理】

光栅是由大量等宽等距的平行狭缝所构成的光学元件，根据多缝衍射原理制成，按结构分为平面光栅、阶梯光栅和凹面光栅等几种，按透射光与反射光衍射又分为透射光栅和反射光栅两类. 本实验选用的是透射式平面光栅.

透射式平面光栅是在光学玻璃上刻划大量相互平行、宽度和间隔相等的刻痕制成的. 一般地，光栅上每毫米刻划几百至几千条刻痕. 当光照射在光栅上时，刻痕处由于散射不易透光，而未经刻划的部分就成了透光的狭缝. 由于光刻光栅制造困难，价格昂贵，常用的是复制光栅和全息光栅. 本实验中使用的是全息光栅.

若以单色平行光垂直照射在光栅面上(图 5.5-1)，则光束经光栅各缝衍射后将在透镜的焦平面上叠加，形成一系列被相当宽的暗区隔开的、间距不同的明条纹(称光谱线). 根据夫琅禾费衍射理论，衍射光谱中明条纹所对应的衍射角应满足下列条件:

$$d\sin\varphi_k = \pm k\lambda \quad (k=0,1,2,3,\cdots) \tag{5.5-1}$$

式中，$d=a+b$ 称为光栅常量(a 为狭缝宽度，b 为刻痕宽度，参见图 5.5-2)；k 为光谱线的级数；φ_k 为 k 级明条纹的衍射角；λ是入射光波长. 该式称为光栅方程.

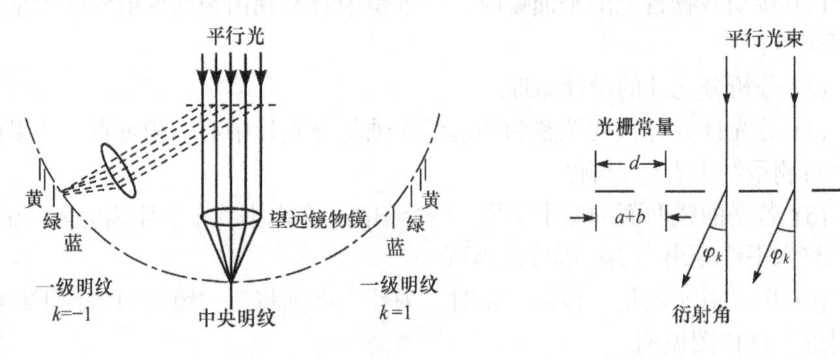

图 5.5-1 以单色平行光垂直照射在光栅面上　　图 5.5-2 光栅常量示意图

如果入射光为复色光，则由式(5.5-1)可以看出，光的波长不同，其衍射角也各不相同，于是复色光被分解，在中央 $k=0$，$\varphi_k=0$ 处，各色光仍重叠在一起，组成中央明条纹，称为零级谱线，在零级谱线的两侧对称分布着一级、二级、三级……级谱线，且同一级谱线按不同波长，依次从短波向长波散开，即衍射角逐渐增大，形成光栅光谱.

由光栅方程可看出，若已知光栅常量 d，测出 k 级衍射明条纹的衍射角 φ_k，即可求出光波波长λ；反之，若已知λ，亦可求出光栅常量 d.

将光栅方程(5.5-1)对λ微分，可得光栅的角色散为

$$D=\frac{\mathrm{d}\varphi_k}{\mathrm{d}\lambda}=\frac{k}{d\cos\varphi_k} \tag{5.5-2}$$

角色散是光栅、棱镜等分光元件的重要参数，它表示单位波长间隔内两单色谱线之间的角距离，由式(5.5-2)可知，光栅常量 d 愈小，角色散愈大；此外，光谱的级次愈高，角色散也愈大，而且光栅衍射时，如果衍射角不大，则 $\cos\varphi_k$ 近于不变，光谱的角色散几乎与波长无关，即光谱随波长的分布比较均匀，这和棱镜的不均匀色散有明显的不同.

分辨本领是光栅的又一重要参数，它表征光栅分辨光谱线的能力. 设波长为λ和$\lambda+\mathrm{d}\lambda$的不同光波，经光栅衍射形成的两条谱线刚刚能被分开，则光栅分辨本领 R 为

$$R=\frac{\lambda}{\mathrm{d}\lambda} \tag{5.5-3}$$

根据瑞利判据，当一条谱线强度的极大值和另一条谱线强度的第一极小值重合时，则可认为该两条谱线刚能被分辨. 由此可以推出

$$R=kN \tag{5.5-4}$$

其中，k 为光谱级数；N 为光栅刻线的总数.

【实验内容和步骤】

1. 分光计及光栅的调节

(1) 按实验 5.4 中所述的要求调节好分光计，即望远镜聚焦于无穷远；准直管发出平行光；望远镜和准直管共轴且与分光计转轴正交.

(2) 调节光栅平面与分光计转轴平行，且光栅面垂直于准直管. 调节的方法是：先把望远镜叉丝对准狭缝，再将平面光栅按图 5.5-3 置于载物台上，调节螺丝 a 或 b，并将光栅面旋转 180°直到望远镜中从光栅面反射回来的绿十字像与目镜中的调整叉丝重合，至此光栅平面与分光计转轴平行，且垂直于准直管，固定载物台.

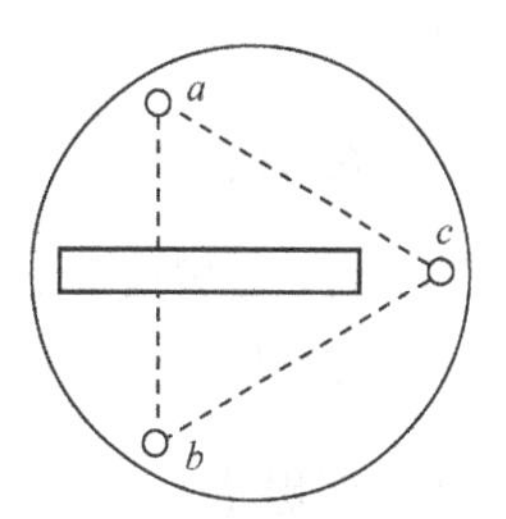

图 5.5-3　平面光栅的放置

(3) 调节光栅刻痕与转轴平行. 调节的方法是：转动望远镜，观察光栅光谱线，调节载物台螺丝，使从望远镜中看到的叉丝交点始终处在各谱线的同一高度. 调好后，再检查光栅平面是否仍保持与转轴平行，如果有了改变，就要反复多调几次，直到两个要求都满足为止.

2. 测定光栅常量 d

用望远镜观察各条谱线，然后测量相应于 $k=\pm1$ 级的汞灯光谱中的绿线($\lambda=546.1$ nm)的衍射角，重复测 3 次后取平均值，代入式(5.5-1)求出光栅常量 d.

3. 测定光波波长

选择汞灯光谱中的蓝色及其他颜色的谱线进行测量，测出相应于 $k=\pm1$ 级谱线的衍射角，重复测 3 次. 将测出的光栅常量 d 代入式(5.5-1)，就可计算出相应的光波波长，算出波长平均值并与标称值进行比较.

4. 测量光栅的角色散

用钠灯或汞灯为光源，测量其 1 级和 2 级光谱中双黄线的衍射角. 双黄线的波长差为$\Delta\lambda$，钠光谱为 0.597 nm，汞光谱为 2.06 nm，结合测得的衍射角之差 $\Delta\varphi$，求角色散 D.

5. 考察光栅的分辨本领

用钠灯为光源，观察它的 1 级光谱的双黄线，在此是考察所用光栅当双黄线刚被分辨出时，光栅的刻线数应限制在多少条.

转动望远镜看到钠光谱的双黄线，在准直管和光栅之间放置一宽度可调的单缝，使单缝的方向和准直管狭缝一致，由大到小改变单缝的宽度，直至双黄线刚刚被分辨开，反复试几次，取下单缝，用移测显微镜测出缝宽 b，则在单缝掩盖下，光栅的露出部分的刻线数 N 为 $N=b/d$.

由此求出光栅露出部分的分辨本领 $R(=kN)$，并和由式(5.5-3)求出的理论值相比较.

6. 注意事项

(1) 放置或移动光栅时，不要用手接触光栅表面，以免损坏镀膜.

(2) 从光栅平面反射回来的绿十字像亮度较微弱，应细心观察.

【思考题】

(1) 本实验对光的放置与调节有何要求?

(2) 如何调节光栅平面与分光计转轴平行?

(3) 根据光栅方程测量 λ 时，要满足什么条件? 实验过程中根据哪些现象来检查这些条件是否具备?

(4) 若用钠光垂直入射到 1 cm 内有 5000 条刻痕的平面透射光栅上时，试问最多能看到几级谱线?

(5) 试比较用光栅分光和用三棱镜分光得出的光谱各自的特点.

实验 5.6 等厚干涉现象与应用

当频率相同、振动方向相同、相位差恒定的两束光波相遇时，在光波重叠区域，某些位置光强总是加强，某些位置光强总是减弱，叠加部分的光强在空间形成强弱相间的稳定分布，这种现象称为光的干涉. 光的干涉是光的波动性的一种重要表现. 日常生活中见到的诸如肥皂泡呈现的五颜六色，雨后路面上的油膜的多彩图样等，都是光的干涉现象，都可以用光的波动性来解释. 要产生光的干涉，两束光必须满足频率相同、振动方向相同、相位差恒定的相干条件. 实验中获得相干光的方法一般有两种——分波阵面法和分振幅法. 等厚干涉属于分振幅法产生的干涉现象.

【实验目的】

(1) 掌握用牛顿环测定透镜曲率半径的方法;

(2) 掌握用劈尖干涉测定细丝直径(或薄片厚度)的方法;

(3) 通过实验熟悉移测显微镜的使用方法;

(4) 通过实验加深对等厚干涉原理的理解.

【实验仪器】

移测显微镜，牛顿环仪，钠光灯，玻璃片(连支架)，光学平玻璃板和待测细丝(或薄片)等.

【实验原理】

当一束单色光入射到透明薄膜上时，通过薄膜上、下表面依次反射而产生两束相干光. 如果这两束反射光相遇时的光程差仅取决于薄膜厚度，则同一级干涉条纹对应的薄膜厚度相等，这就是所谓的等厚干涉.

本实验研究牛顿环和劈尖所产生的等厚干涉.

1. 等厚干涉

如图 5.6-1 所示，薄膜的折射率为 n，周围介质的折射率为 $n_1(n>n_1)$. 设单色平行光垂直入射到厚度为 d 的薄膜上. 入射光线在薄膜上下表面分别产生反射光线 1 和 2，二者在薄膜上方相遇，由于两束光线都是由同一单色平行光分出来的(分

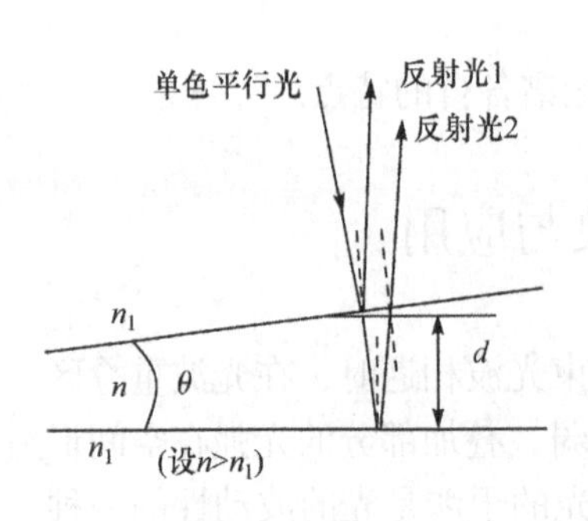

图 5.6-1　等厚干涉

振幅法)，故频率相同、相位差恒定(与该处薄膜厚度有关)、振动方向相同，因而会产生干涉. 现在考虑反射光1和反射光2的光程差与薄膜厚度的关系. 显然，反射光2比反射光1多传播了一段距离$2d$. 此外，由于反射光1是由光疏介质(n_1)入射到光密介质(n)，反射光会产生半波损失. 故总的光程差还应加上半个波长$\lambda/2$，即反射光1和反射光2的光程差为$\delta=2nd+\lambda/2$.

根据干涉条件，当光程差为半波长的偶数倍时相互加强，出现亮纹；当光程差为半波长的奇数倍时相互减弱，出现暗纹. 因此有

$$\delta=2nd+\frac{\lambda}{2}=\begin{cases}2k\cdot\dfrac{\lambda}{2} & (k=1,2,3,\cdots,\ \text{出现亮纹})\\(2k+1)\cdot\dfrac{\lambda}{2} & (k=0,1,2,\cdots,\ \text{出现暗纹})\end{cases}$$

光程差δ取决于产生反射光的薄膜厚度. 同一条干涉条纹所对应的薄膜厚度相同，故称为等厚干涉.

2. 牛顿环

牛顿环是由一块曲率半径很大的平凸透镜L的凸面放在一块光学平板玻璃P上叠合安装在金属框架F中构成的(图 5.6-2). 框架边上有三个螺丝H，用于调节L和P之间的接触，以改变干涉环纹的形状和位置. 调节H时，不可调节过紧，以免接触压力过大引起透镜弹性变形，甚至损坏透镜.

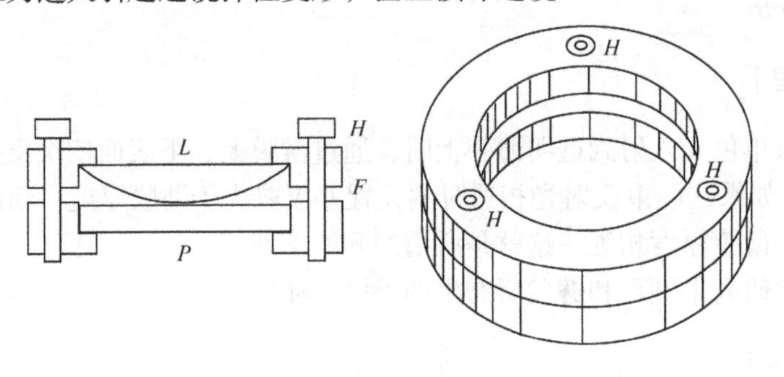

图 5.6-2　牛顿环

当一块曲率半径很大的平凸透镜的凸面与平板玻璃接触时，在透镜的凸面和平板玻璃间形成一个表面是球面，下表面是平面的空气薄膜，其厚度从中心接触点到边缘逐渐增加. 与接触点等距离的地方，厚度相同，等厚膜的轨迹是以接触

点为中心的圆.

如图 5.6-3 所示，当透镜凸面的曲率半径 R 很大时，在 P 点处相遇的两反射光线的几何程差为该处空气间隙厚度 d 的两倍，即 $2d$ (空气的折射率 $n=1$). 又因这两条相干光线中的一条光线是从光密介质入射到光疏介质的反射，另一条光线是从光疏介质入射到光密介质的反射，它们之间有一附加的半波损失，所以在 P 点处的两相干光的总光程差为

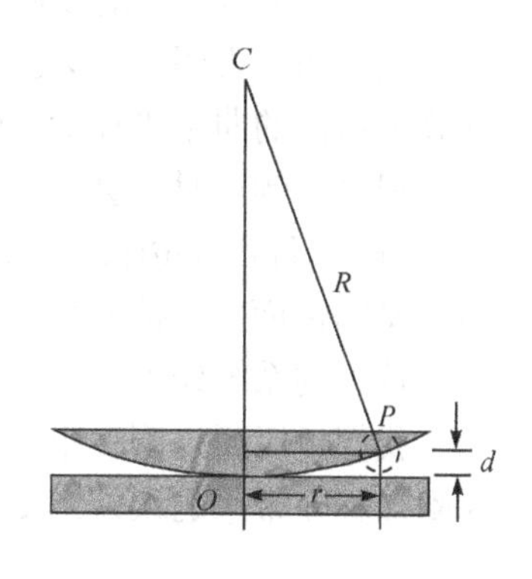

图 5.6-3　牛顿环原理图

$$\delta = 2d + \frac{\lambda}{2} \tag{5.6-1}$$

形成暗纹和明纹的条件为

$$\delta = (2m+1)\cdot\frac{\lambda}{2} \quad (m=0,1,2,\cdots，为暗纹)$$

$$\delta = 2m\cdot\frac{\lambda}{2} \quad (m=1,2,3,\cdots，为明纹)$$

设透镜 L 的曲率半径为 R，r 为环形干涉条纹的半径，且半径为 r 的环形条纹下面的空气厚度为 d，则由图 5.6-3 中的几何关系可知

$$R^2 = (R-d)^2 + r^2 = R^2 - 2Rd + d^2 + r^2$$

因为 $R \gg d$，故可略去 d^2 项，则可得

$$d = \frac{r^2}{2R} \tag{5.6-2}$$

这一结果表明，离中心越远，光程差增加越快，所看到的牛顿环变得越来越密. 将式(5.6-2)代入式(5.6-1)中，有

$$\delta = \frac{r^2}{R} + \frac{\lambda}{2}$$

则根据牛顿环的明、暗纹条件

$$\delta = \frac{r^2}{R} + \frac{\lambda}{2} = 2m\cdot\frac{\lambda}{2} \quad (m=1,2,3,\cdots，为明纹)$$

$$\delta = \frac{r^2}{R} + \frac{\lambda}{2} = (2m+1)\cdot\frac{\lambda}{2} \quad (m=0,1,2,\cdots，为暗纹)$$

可得牛顿环的明、暗纹半径分别为

$$r_m = \sqrt{mR\lambda} \quad (暗纹)$$

$$r'_m = \sqrt{(2m-1)R\cdot\frac{\lambda}{2}} \quad (明纹)$$

式中，m 为干涉条纹的级数；r_m 为第 m 级暗纹的半径；r'_m 为第 m 级明纹的半径.

以上两式表明，当 λ 已知时，只要测出第 m 级明纹(或暗纹)的半径，就可以计算出透镜的曲率半径 R；相反，当 R 已知时，即可算出 λ.

观察牛顿环时将会发现，牛顿环中心不是一点，而是一个不甚清晰的暗或亮的圆斑. 其原因是透镜和平玻璃板接触时，接触压力引起形变，使接触处为一圆面；又因镜面上可能有微小灰尘等存在，从而引起附加的光程差. 这都会给测量带来较大的系统误差.

我们可以通过测量距中心较远的、比较清晰的两个暗纹的半径的平方差来消除附加程差带来的误差. 假定附加厚度为 a，则光程差为

$$\delta = 2(d \pm a) + \frac{\lambda}{2} = (2m+1)\frac{\lambda}{2}$$

由 $d = m \cdot \frac{\lambda}{2} \pm a$，将其代入式(5.6-1)中，可得

$$r^2 = mR\lambda \pm 2Ra$$

取第 m、n 级暗纹，则对应的暗环半径为

$$r_m^2 = mR\lambda \pm 2Ra$$

$$r_n^2 = nR\lambda \pm 2Ra$$

将两式相减，得

$$r_m^2 - r_n^2 = (m-n)R\lambda$$

由此可见，$r_m^2 - r_n^2 = (m-n)R\lambda$ 与附加厚度 a 无关.

由于暗环圆心不易确定,故取暗环的直径替换(图 5.6-4). 因而，透镜的曲率半径为

$$R = \frac{D_m^2 - D_n^2}{4(m-n)\lambda} \tag{5.6-3}$$

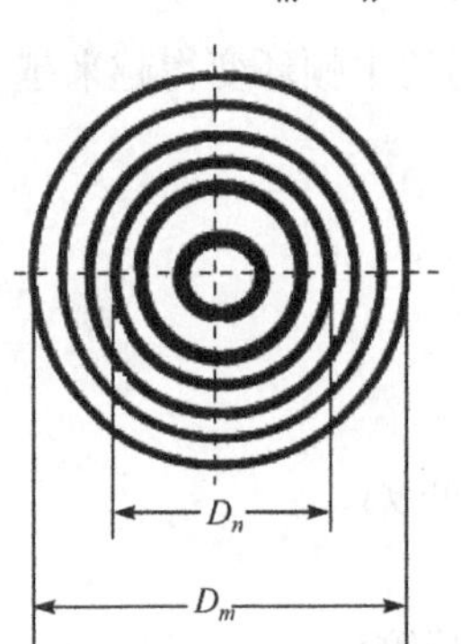

图 5.6-4　牛顿环干涉图

由此式可以看出，半径 R 与附加厚度无关，且有以下特点：

(1) R 与环数差 $m-n$ 有关.

(2) 对于 $D_m^2 - D_n^2$，由几何关系可以证明，两同心圆直径平方差等于对应弦的平方差，因此，测量时无须确定环心的位置，只要测出同心暗环对应的弦长即可.

本实验中，入射光波长已知 ($\lambda = 589.3\,\text{nm}$)，只要测出 D_m、D_n 就可求得透镜的曲率半径.

3. 劈尖干涉

将两块平板玻璃叠放在一起，一端用细丝(或薄片)将其隔开，则形成一劈尖空气薄层(图 5.6-5). 当一束平行单色光垂直入射时，在劈尖薄膜上下两表面反射的两束光将发生干涉，形成干涉条纹. 其光程差为

$$\delta = 2d + \frac{\lambda}{2} \quad (d\text{ 为空气膜的厚度})$$

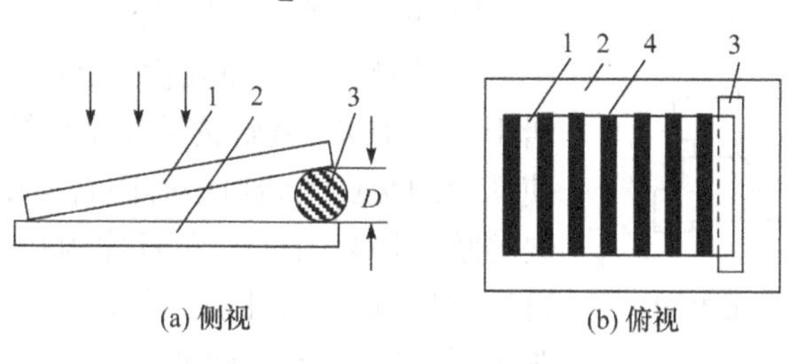

图 5.6-5 劈尖干涉

1—上玻璃板；2—下玻璃板；3—细丝；4—干涉条纹

劈尖产生的干涉条纹是一簇与两玻璃板接触处(即棱边)平行且间隔相等的平行条纹，如图 5.6-5 所示.

根据干涉明、暗纹条件有

$$\delta = 2d + \frac{\lambda}{2} = (2m+1)\frac{\lambda}{2} \quad (m=0,1,2,\cdots,\text{ 为干涉暗纹})$$

$$\delta = 2d + \frac{\lambda}{2} = 2m \cdot \frac{\lambda}{2} \quad (m=1,2,3,\cdots,\text{ 为干涉明纹})$$

由于 m 值一般较大，为了避免数错，在实验中可先测出某长度 L_x 内的干涉暗条纹的间隔数 x，则单位长度内的干涉条纹数为 $n = x / L_x$. 若棱边与细丝的距离为 L，则细丝处出现的暗条纹的级数为 $m = nL$，可得细丝的直径为

$$D = nL\frac{\lambda}{2} \tag{5.6-4}$$

由上式可知，如果测出单位长度的条纹数 n 和棱边到细丝的距离 L，就可以由已知光源的波长 λ 测定细丝直径 D(或薄片厚度).

【实验内容和步骤】

1. 用牛顿环测量透镜的曲率半径

如图 5.6-6 所示为牛顿环实验装置.

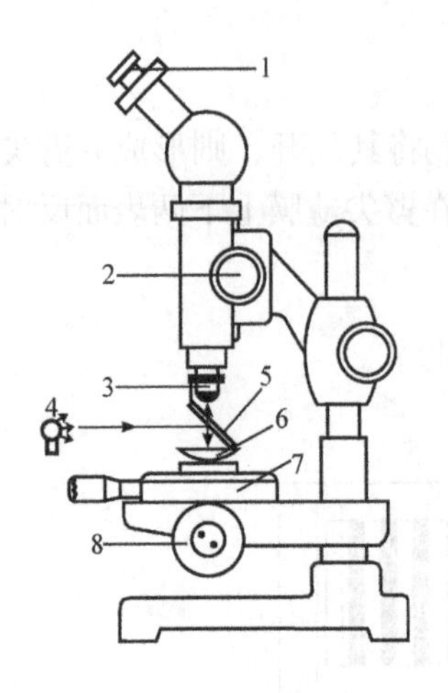

图 5.6-6　牛顿环实验装置

1—目镜；2—调焦手轮；3—物镜；4—钠灯；5—半反射镜；6—牛顿环；7—载物台；8—测微鼓轮

1) 调节读数显微镜

先调节目镜使其能清楚地看到叉丝，且分别与 x 轴、y 轴大致平行，然后将目镜固定紧. 调节显微镜的镜筒使其下降(注意，应该从显微镜外面看，而不是从目镜中看). 靠近牛顿环时，再自下而上缓慢地上升，直到看清楚干涉条纹，且与叉丝无视差.

2) 测量牛顿环的直径

转动测微鼓轮使载物台移动，使主尺读数准线居于主尺中央. 旋转读数显微镜控制丝杆的螺旋，使叉丝的交点由暗斑中心向右移动，同时数出移过去的暗环环数(中心圆斑环序为 0)，当数到 25 环时，再反向转动鼓轮(注意，使用读数显微镜时，为了避免引起螺距差，移测时必须向同一方向旋转，中途不可倒退，至于是采用自右向左，还是自左向右测量都可以)，使竖直叉丝依次对准牛顿环右半部 24～5 各条暗环(图 5.6-7)，分别记下相应要测暗环的位置：x_{24}，x_{23}，x_{22}，…，x_5(下标为暗环环序). 当竖直叉丝移到环心另一侧后，继续测出左半部相应暗环的位置读数：x'_5，x'_6，x'_7，…，x'_{24}.

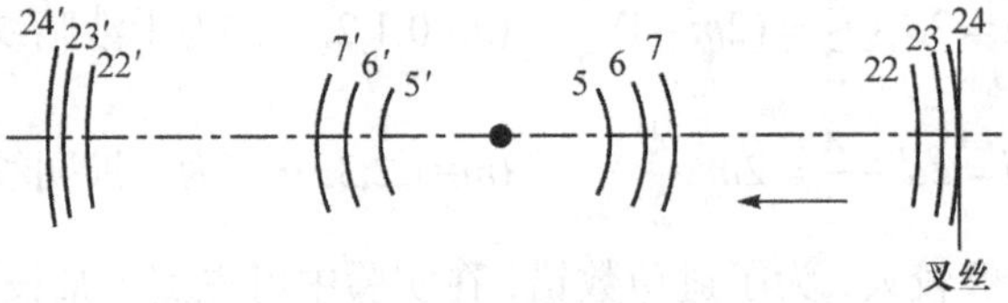

图 5.6-7　牛顿环直径测量示意图

将测量数据记录在表 5.6-1 中，并作相应原数据处理.

表 5.6-1　牛顿环测量透镜曲率半径数据表

钠光波长 λ = ______nm，　　环数差 $m-n$ = ______

级数 m	暗环位置/mm		D_m /mm	级数 n	暗环位置/mm		D_n /mm	$(D_m^2-D_n^2)$ /mm^2
	左	右			左	右		
24				14				
23				13				
22				12				
21				11				
20				10				
19				9				

续表

级数 m	暗环位置/mm		D_m /mm	级数 n	暗环位置/mm		D_n /mm	$(D_m^2-D_n^2)$ /mm²
	左	右			左	右		
18				8				
17				7				
16				6				
15				5				

计算出牛顿环的曲率半径 R，并正确表示测量结果.

2. 用劈尖干涉法测细丝直径(或薄片厚度)(选做)

利用空气劈尖干涉测量细丝的直径(或薄片的厚度)，将劈尖置于干涉测量平台上，照明调节同牛顿环，要求清晰地看到干涉条纹且与叉丝间无视差. 调整劈尖,使干涉条纹相互平行且与棱边平行. 测出式(5.6-4)中要求的各量及细丝的直径 D(或薄片的厚度)，数据表格自拟.

【注意事项】

(1) 牛顿环的干涉环两侧的环序数不要数错.

(2) 防止实验装置受振动引起干涉环的变化.

(3) 防止测移显微镜的“回程误差”，移测时必须向同一方向旋转显微镜驱动丝杆的转盘，不许倒转.

(4) 由于牛顿环的干涉条纹有一定的粗细度，为了准确测量干涉环的直径，可采用目镜瞄准，用直线与圆心两侧的干涉环圆弧分别内切、外切的方法以消除干涉环的粗细度的影响.

【思考题】

(1) 理论上牛顿环中心是个暗点，而实际看到的往往是个忽明忽暗的斑，造成这种现象的原因是什么？对透镜曲率半径 R 的测量有无影响？为什么？

(2) 牛顿环的干涉条纹各环间的间距是否相等？为什么？

(3) 劈尖装置若置于水中，按式(5.6-4)计算得到的 D 偏大还是偏小？应如何修正？

(4) 本实验有哪些系统误差？怎样减小？

(5) 如果被测透镜是平凹透镜，能否应用本实验方法测定其凹面的曲率半径？试说明理由并推导相应的计算公式.

实验 5.7　双棱镜干涉实验

【实验目的】

(1) 观察双棱镜产生的干涉现象，进一步理解产生干涉的条件；

(2) 熟悉干涉装置的光路调节技术，进一步掌握在导轨上多元件的等高共轴调节方法；

(3) 学会用双棱镜测定光波波长.

【实验仪器】

光源，透镜，双棱镜，狭缝，激光功率计，导轨.

【实验原理】

双棱镜是由两个折射角很小(小于 1°)的直角棱镜组成的，且两个棱镜的底边连在一起(实际上是在一块玻璃上，将其上表面加工成两块楔形板而成)，用它可实现分波前干涉. 通过对其产生的干涉条纹间距等长度(毫米量级)的测量，可推算出光波波长.

如图 5.7-1 所示，双棱镜 AB 的棱脊(即两直角棱镜底边的交线)与狭缝 S 平行，H 为观察屏，且三者都与导轨垂直放置. 由半导体激光器发出的光，经透镜 L_1 会聚于 S 点，由 S 出射的光束投射到双棱镜上，经过折射后形成两束光，等效于从两虚光源 s_1 和 s_2 发出的. 由于这两束光满足相干条件，故在两束光相互重叠的区域内产生干涉，可在观察屏 H 上看到明暗交替的、等间距的直线条纹. 中心 O 处因两束光的光程差为零而形成中央亮纹，其余的各级条纹则分别排列在零级的两侧.

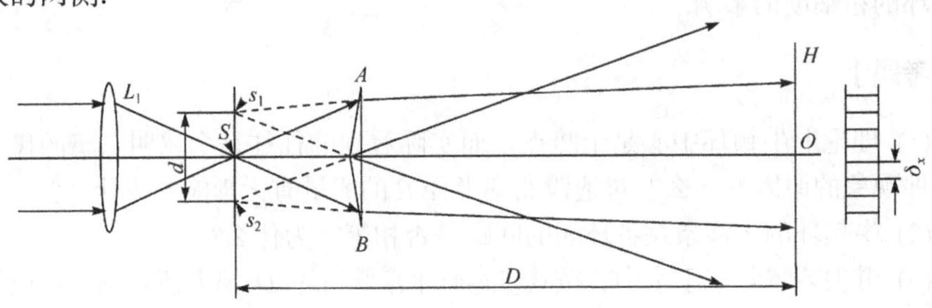

图 5.7-1　双棱镜干涉实验装置示意图一

设两虚光源 s_1 和 s_2 间的距离为 d，虚光源平面中心到屏的中心之间的距离为 D；又设 H 屏上第 k(k 为整数)级亮纹与中心 O 相距为 X_k，因 $X_k < D$，$d \ll D$，故明条纹的位置 X_k 由下式决定：

$$X_k = \frac{D}{d}k\lambda$$

任何两相邻的亮纹(或暗纹)之间的距离为

$$\delta_x = X_{k+1} - X_k = \frac{D}{d}\lambda$$

故

$$\lambda = \frac{d}{D}\delta_x \qquad (5.7\text{-}1)$$

式(5.7-1)表明，只要测出 d、D 和δ_x，即可算出光波波长λ.

本实验在导轨上进行. δ_x 的大小由十二挡光电探头+大一维位移架测得；d、D 的值可用凸透镜成像法及三角形相似公式求得.

如图 5.7-2 所示，在双棱镜和白屏之间插入一焦距为 f_2 的凸透镜 L_2，当 $D > 4f_2$ 时，移动 L_2 使虚光源 s_1 和 s_2 在 H 屏处成放大的实像 s_1' 、s_2' ，间距为 d' ，用十二挡光电探头和大一维位移架测出 d' ；根据 $\frac{1}{f} = \frac{1}{p} + \frac{1}{p'}$ 可以得出物距

$$p = \frac{f_2 p'}{p' - f_2} \qquad (5.7\text{-}2)$$

p' 可在实验导轨上读出，则可以求出物距 p，用下式就可算出 d、D 值：

$$\frac{d}{d'} = \frac{p}{p'} \quad 即 \quad d = \frac{p}{p'}d' \qquad (5.7\text{-}3)$$

$$D = p + p' \qquad (5.7\text{-}4)$$

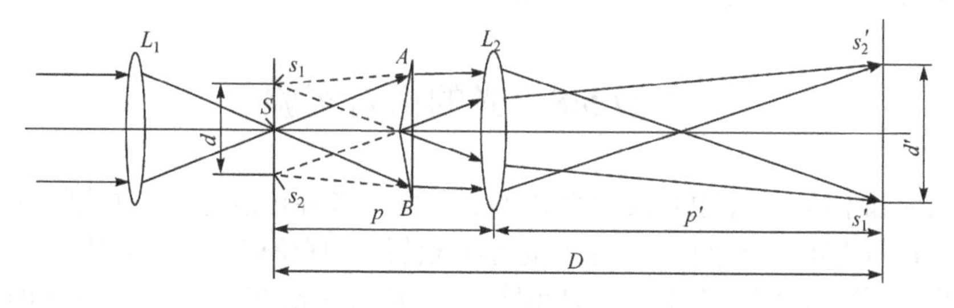

图 5.7-2 双棱镜干涉实验装置示意图二

【实验内容和步骤】

本实验需要读取器件在导轨上的位置，实验时将滑块带刻线一端朝外以便读数.

(1) 将半导体激光器置于导轨一端，将十二挡光探头和大一维位移架放置于导轨上靠近激光器. 将十二挡光探头置于Φ 0.2 挡，调节探头高度与左右位置，使激光光斑射入小孔. 将探头移至导轨另一端，调激光器俯仰扭摆，再次使光斑进入小孔，如此反复直至探头在近端和远端激光均射入探头小孔.

(2) 将探头移至导轨最远端，在激光器附近依次放入 $f = 60$ mm 的透镜、双棱镜(双棱镜用一维位移滑块)，摆放如图 5.7-1 所示，调整透镜高度，使其与激光束同轴. 用白屏替代光探头，调整双棱镜横向位置和透镜与双棱镜的间距，使在白屏正中出现清晰、粗细合适的干涉条纹，干涉条纹数为 5～7 条(至此，在以下的测量过程中，二维位移滑块、双棱镜和白屏(或十二挡光电探头)的滑块位置不再变化).

(3) 用十二挡光电探头换下白屏，选择十二挡光电探头适当的光阑(如 0.2 mm 的细缝)，与光功率计连接，将量程选至可调挡. 调节大一维位移架，移动探头，使细缝对准干涉条纹图样边缘处的某一条纹(即功率计达到某一极大值作为条纹中心). 记下此时大一维位移架上的横向位置读数 $\varDelta_1$. 移动探头，使狭缝扫过整个干涉条纹组，功率计每到一次极大值即为扫过一条条纹(起始位置计为第 0 条). 直至扫到图样另一侧边缘，停留在某个极大值处，记录下此时大一维位移架横向位置读数 $\varDelta_2$ 和总条纹数目 $n, \delta_x = \left|\varDelta_1 - \varDelta_2\right| / n$. 重复测量多次，取平均值.

(4) 将导轨上各滑块及各元件全部固定，保持稳定.

(5) 在双棱镜和光探头之间(靠近双棱镜)放置透镜 L_2 ($f = 100$ mm，见图 5.7-2)，调节 L_2，使之与系统共轴.

(6) 移动 L_2，在光探头前表面得到清晰的放大的像(两个清晰的光斑)，对光斑间距进行测量，得到 d'. 重复测量多次，取平均值.

(7) 记下此时光探头前表面位置 P_1(滑块位置减 13 mm)和 L_2 位置 P_2，相减得到像距 $p' = P_1 - P_2$. 利用式(5.7-2)、式(5.7-3)、式(5.7-4)即可计算出 D 和 d，最后代入式(5.7-1)得到波长.

实验 5.8　光的衍射实验

衍射和干涉一样，也是波动的重要特征之一. 波在传播过程中遇到障碍物时，能够绕过障碍物的边缘前进，这种偏离直线传播的现象称为波的衍射现象. 波的衍射现象可以用惠更斯原理作定性说明，但不能解释光的衍射图样中光强的分布. 菲涅耳发展了惠更斯原理，为衍射理论奠定了基础. 菲涅耳假定：波在传播过程中，从同一波阵面上各点发出的子波，经传播而在空间相遇时，产生相干叠加，这个发展了的惠更斯原理称为惠更斯-菲涅耳原理.

【实验目的】

(1) 研究单缝夫琅禾费衍射的光强分布；

(2) 观察双缝衍射和单缝衍射之间的异同，并测定其光强分布，加深对衍射理论的了解；

(3) 学习使用光电元件进行光强相对测量的方法.

【实验仪器】

缝元件，光学实验导轨，半导体激光器，激光功率指示计，白屏，大一维位移架，十二挡光探头.

【实验原理】

1. 产生夫琅禾费衍射的各种光路

夫琅禾费衍射的定义是：当光源 S 和接收屏 Σ 都距离衍射屏 D 无限远(或相当于无限远)时，在接收屏处由光源及衍射屏产生的衍射为夫琅禾费衍射. 但是把 S 和 Σ 放在无限远，实验上是办不到的. 在实验中常常借助于正透镜来实现，实际接收夫琅禾费衍射的装置有下列两种.

(1) 焦面接收装置(以单缝衍射为例来说明，下同)：把点光源 S 放在凸透镜 L_1 的前焦点上，在凸透镜 L_2 的后焦面上接收衍射场(图 5.8-1).

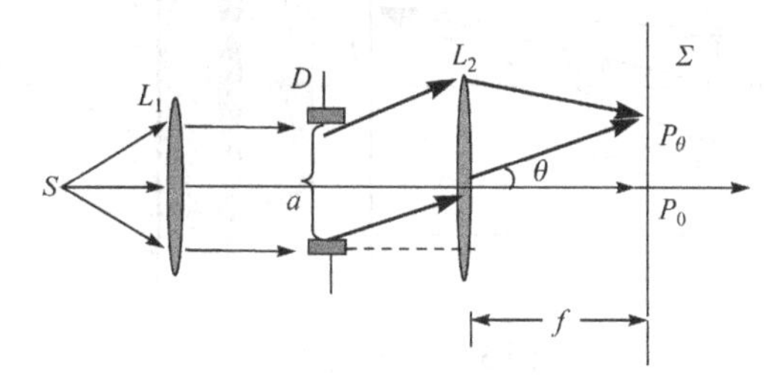

图 5.8-1　焦面接收光路

(2) 远场接收装置：在满足远场条件下，狭缝前后也可以不用透镜，而获得夫琅禾费衍射图样. 远场条件是：①光源离狭缝很远，即 $R > a^2/(4\lambda^2)$，其中 R 为光源到狭缝的距离，a 为狭缝的宽度；②接收屏离狭缝足够远，即 $Z > a^2/(4\lambda^2)$，Z 为狭缝与接收屏的距离(至于观察点 P_θ，在 $Z > a^2/(4\lambda^2)$ 的条件下，只要要求 P_θ 满足傍轴条件). 图 5.8-2 为远场接收的光路，其中假定一束平行光垂直投射在衍射屏上.

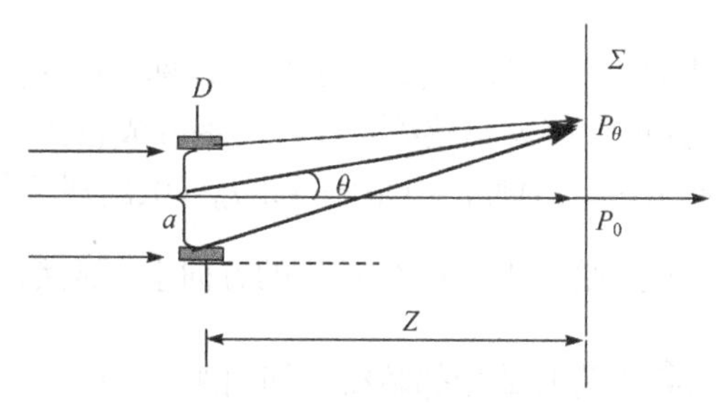

图 5.8-2　远场接收光路

如图 5.8-1 所示，从光源 S 出发经透镜 L_1 形成的平行光束垂直照射到缝宽为 a 的狭缝 D 上，根据惠更斯-菲涅耳原理，狭缝上各点都可看成是发射子波的新波源，子波在 L_2 的后焦面上叠加形成一组明暗相间的条纹，中央条纹最亮亦最宽.

2. 夫琅禾费衍射图样的规律

1) 单缝的夫琅禾费衍射

实验中以半导体激光器作光源. 由于激光束具有良好的方向性，平行度很高，因而可省去准直透镜 L_1. 并且若使观察屏远离狭缝，缝的宽度远小于缝到屏的距离(即满足远场条件)，则透镜 L_2 也可省略. 简化后的光路如图 5.8-3 所示. 实验证明，当 $Z \approx 100$ cm，$a \approx 8\times10^{-3}$ cm 时，便可以得到比较满意的衍射图样.

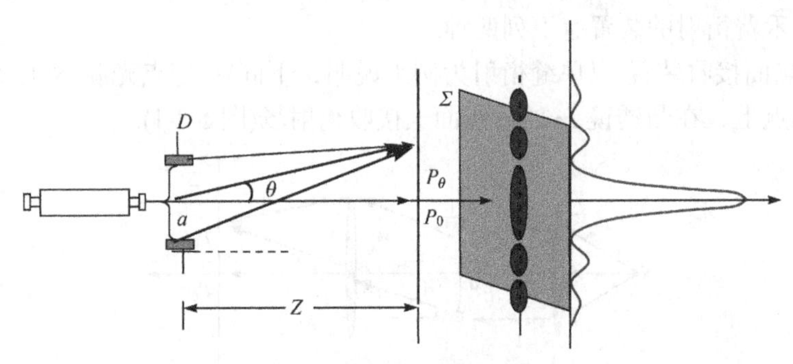

图 5.8-3　单缝衍射

图 5.8-3 中，设屏幕上 P_0(P_0 位于光轴上)处是中央亮条纹的中心，其光强为 I_0，屏幕上与光轴成 θ 角(在光轴上方为正，下方为负)的 P_θ 处的光强为 I_θ，则理论计算得出

$$I_\theta = I_0 \frac{\sin^2 \beta}{\beta^2} \tag{5.8-1}$$

其中，$\beta = \pi a \sin\theta / \lambda$ (式中，θ为衍射角，λ为单色光的波长，a 为狭缝宽度). 由式(5.8-1)可以得到

(1) 当 $\beta = 0$ 时(即 $\theta = 0$)，$I_\theta = I_0$，光强最大，称为中央主极大. 在其他条件不变的情况下，此光强最大值 I_0 与狭缝宽度 a 的平方成正比.

(2) 当 $\beta = k\pi$ (k=±1, ±2, ±3)时，$a\sin\theta = k\lambda, I_\theta = 0$,出现暗条纹. 在$\theta$很小时，可以用$\theta$代替 $\sin\theta$. 因此，暗纹出现在 $\theta = \dfrac{k\lambda}{a}$ 的方向上. 显然，主极大两侧两暗纹之间的角距离 $\Delta\theta_0 = 2\dfrac{\lambda}{a}$，为其他相邻暗纹之间角距离 $\Delta\theta = \dfrac{\lambda}{a}$ 的两倍.

(3) 除了中央主极大以外，两相邻暗纹之间都有一次极大出现在 $\frac{\mathrm{d}}{\mathrm{d}\beta}\left(\frac{\sin^2\beta}{\beta}\right)=0$ 位置上，要求β值为±1.43π，±2.46π，±3.47π,…，对应的 $\sin\theta$值分别为 $\pm1.43\frac{\lambda}{a}$，$\pm2.46\frac{\lambda}{a}$，$\pm3.47\frac{\lambda}{a}$，…，各次极大的强度依次为 $0.047I_0$，$0.017\,I_0$，$0.008I_0$，….

以上是单缝夫琅禾费衍射的理论结果，其光强分布曲线如图 5.8-4 所示.

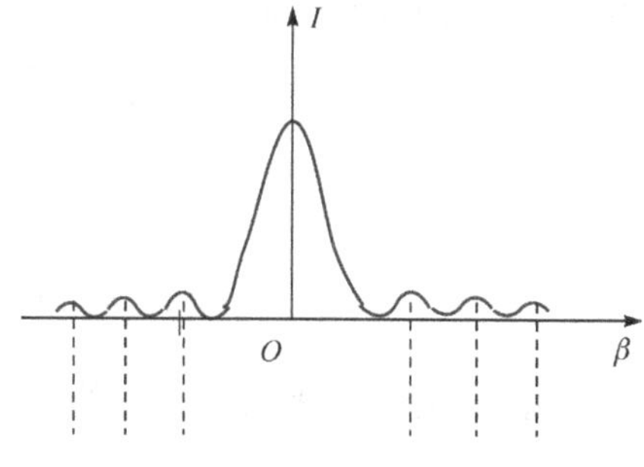

图 5.8-4　单缝衍射光强分布

2) 双缝衍射

双缝衍射是指被单缝衍射调制的双缝干涉现象. 将图 5.8-1 中的单缝 D 换成双缝，每条缝的宽度仍为 a，中间隔着宽度为 b 的不透明部分，则两缝的中心间距为 $d=a+b$，如图 5.8-5 所示. 理论计算得出，屏幕上 P_θ 处的光强分布为

$$I_\theta = 4I_0\frac{\sin^2\beta}{\beta^2}\cos^2\nu \tag{5.8-2}$$

其中，$\beta=\frac{\pi a\sin\theta}{\lambda}$;$\nu=\frac{\pi d\sin\theta}{\lambda}$.

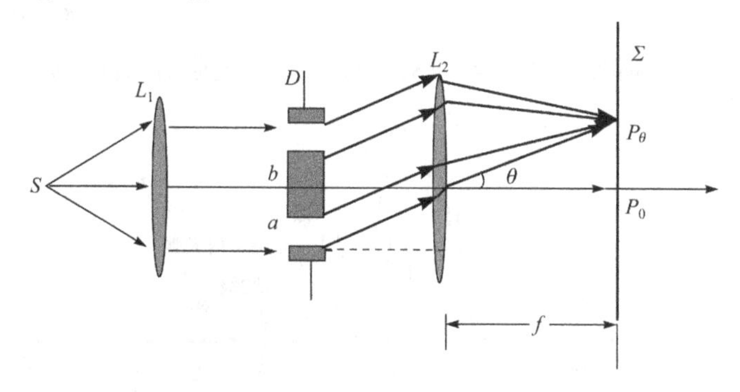

图 5.8-5　双缝衍射

式(5.8-2)表明，双缝衍射图样的光强分布由两个因子决定：其一是 $\sin^2\beta/\beta^2$，即单缝夫琅禾费衍射图样的光强分布；其二是 $4I_0\cos^2\nu$，它表示光强同为 I_0 而相位差为 ν 的两束光所产生的干涉图样的光强分布. 因此双缝夫琅禾费衍射图样是单缝衍射和双缝干涉这两个因素联合作用的结果.

由式(5.8-2)可以得出：只要这两个因子中有一个为零，则光强为零. 就第一个

因子 $\sin^2\beta/\beta^2$ 而言，光强为零的条件是

$$\beta=\frac{\pi a\sin\theta}{\lambda}=k\pi \tag{5.8-3}$$

即

$$a\sin\theta=k\lambda \quad (k=\pm1,\ \pm2,\ \pm3,\ \cdots)$$

就第二个因子 $\cos^2\nu$ 而言，光强为零的条件是

$$\nu=\frac{\pi d\sin\theta}{\lambda}=\pm\left(m-\frac{1}{2}\right)\pi$$

即

$$d\sin\theta=\pm\left(m-\frac{1}{2}\right)\lambda \quad (m=1,\ 2,\ 3,\ \cdots) \tag{5.8-4}$$

出现双缝干涉光强极大值的条件是

$$\nu=\frac{\pi d\sin\theta}{\lambda}=n\pi$$

即

$$d\sin\theta=n\lambda \quad (n=0,\pm1,\ \pm2,\ \pm3,\ \cdots)$$

当由 $d\sin\theta=n\lambda$ 确定的干涉极大正好与由 $a\sin\theta=k\lambda$ 确定的衍射极小的位置重合时，那么第 n 级干涉极大将不会出现，这称为缺级. 即当 $\frac{n}{k}=\frac{d}{a}$ 时，发生缺级. 例如，$\frac{d}{a}=2$，则缺少±2，±4，±8，…各级，其光强分布曲线如图 5.8-6 所示.

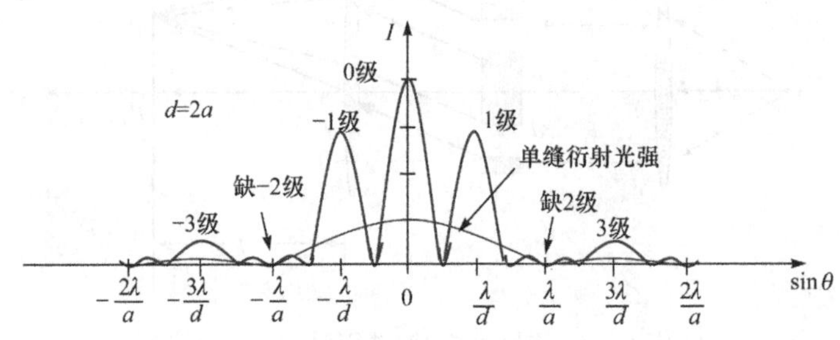

图 5.8-6　光强分布曲线

3. 测量光强的元件——光电池

光电池是利用半导体的光电效应制成的元件，常用的光电池有硒光电池和硅光电池两种. 如果把功率指示计连接到光电池的两极，同时用光照射光电池表面，电路中就会有光电流. 在照度不太大时，光电流与入射光通量成正比，叫做线性

响应. 线性响应范围与负载电阻的阻值 R_g 有关，当 $R_g=0$ 时，可得到最大的线性响应范围. 因此，在实际应用中，要选用低内阻的灵敏电流计.

【实验内容和步骤】

(1) 按照图 5.8-7 所示搭建演示实验.

(2) 激光器发出的单色光通过狭缝 2 后，在显示白屏 3 上会观察到衍射光斑.

(3) 换白屏为光功率计，测试光强分布.

(4) 换单缝元件为双缝元件，重复上述步骤.

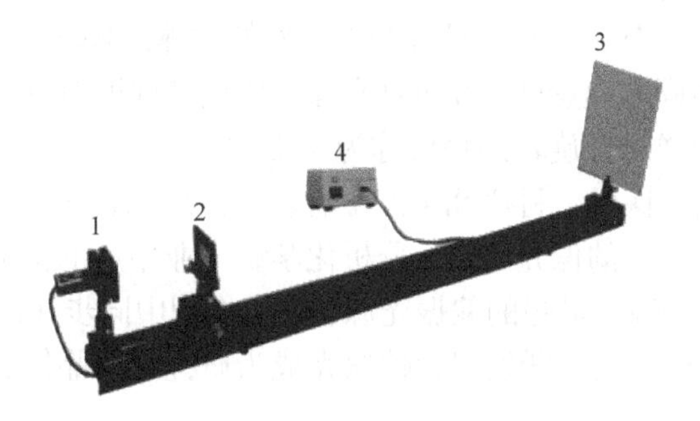

图 5.8-7　实验光路图

1—半导体激光器；2—狭缝；3—显示白屏；4—激光器的电源

实验 5.9　旋光仪与物质的旋光性

【实验目的】

(1) 观察线偏振光通过旋光物质所发生的旋光现象；

(2) 熟悉旋光仪的结构、原理和使用方法；

(3) 用旋光仪测定旋光溶液的旋光率和浓度.

【实验仪器】

WXG-4 小型旋光仪，盛液玻璃管，温度计，已知和未知的蔗糖溶液.

【实验原理】

1. 物质的旋光性

光是电磁波，它的电场和磁场矢量互相垂直，且又垂直于光的传播方向. 通常用电矢量(即电场强度 E)代表光矢量，并将光矢量与光的传播方向所构成的平面称为振动面. 在与传播方向垂直的平面内，光矢量可能有各种各样的振动状态，被称为光的偏振态. 若光的矢量方向是任意的，且各方向上光矢量大小的时间平均值是相等的，这种光称为自然光. 若光矢量可以采取任何方向，但不同的方向其振幅不同，某一方向振动的振幅最强，而与该方向垂直的方向振动最弱，则称为部分偏振光. 若光矢量的方向始终不变，只是它的振幅随相位改变，光在传播的过程中，光矢量始终在同一振动面上，则称为平面偏振光(或线偏振光).

当线偏振光通过某些透明物质(如蔗糖溶液)后，偏振光的振动面将以光的传播方向为轴线旋转一定角度，这种现象称为旋光现象，旋转的角度 φ 称为旋光度. 能使其振动面旋转的物质称为旋光性物质，旋光性物质不仅限于像糖溶液、松节油等液体，还包括石英、朱砂等具有旋光性质的固体. 不同的旋光性物质可使偏振光的振动面向不同方向旋转. 若面对光源，使振动面顺时针旋转的物质称为右旋物质，使振动面逆时针旋转的物质称为左旋物质.

偏振光在国防、医学、科研和生产中有着广泛应用，例如，海防前线用的偏光望远镜，立体电影中的偏光眼镜，分析化学和工业中用的偏振计和量糖计都与偏振光有关. 激光光源是最强的偏振光源，高能物理中同步加速器是最好的 X 射线偏振源. 随着新概念的飞跃发展，偏振光成为研究光学晶体、表面物理的重要手段.

实验证明，对某一旋光溶液，当入射光的波长给定时，旋光度 φ 与偏振光通过溶液的长度 l 和溶液的浓度 c 成正比，即

$$\varphi=[\alpha]_{\lambda}^{t}cl \tag{5.9-1}$$

式中，旋光度 φ 的单位为度(°)；偏振光通过溶液的长度 l 的单位为分米(dm)；溶液浓度 c 的单位为克每毫升或克每立方分米($\mathrm{g\cdot ml^{-1}}$ 或 $\mathrm{g\cdot dm^{-3}}$)；$[\alpha]_{\lambda}^{t}$ 为该物质的旋光率，它在数值上等于偏振光通过单位长度(dm)、单位浓度($\mathrm{g\cdot ml^{-1}}$)的溶液后引起的振动面的旋转角度，其单位为$(°)\cdot\mathrm{ml\cdot dm^{-1}\cdot g^{-1}}$. 由于测量时的温度及所用波长对物质的旋光率都有影响，因而应当标明测量旋光率时所用波长及测量时的温度. 如 $[\alpha]_{5893Å}^{50℃}=66.50(°)\cdot\mathrm{ml\cdot dm^{-1}\cdot g^{-1}}$，它表明在测量温度为 50℃，所用光源的波长为 5893Å 时，该旋光物质的旋光率为 $66.50(°)\cdot\mathrm{ml\cdot dm^{-1}\cdot g^{-1}}$.

若已知某溶液的旋光率，且测出偏振光通过溶液的长度 l 和旋光度 φ，可根据式(5.9-1)求出待测溶液的浓度，即

$$c=\frac{\varphi}{l[\alpha]_{\lambda}^{t}} \tag{5.9-2}$$

通常溶液的浓度用 100 ml 溶液中溶质的克数来表示，此时上式改写成

$$c=\frac{\varphi}{l[\alpha]_{\lambda}^{t}}\times 100 \tag{5.9-3}$$

在糖溶液浓度已知的情况下，测出溶液试管的长度 l 和旋光度 φ，就可以计算出该溶液的旋光率，即

$$[\alpha]_{\lambda}^{t}=\frac{\varphi}{cl}\times 100 \tag{5.9-4}$$

2. 仪器原理

WXG-4 小型旋光仪的外形如图 5.9-1 所示.

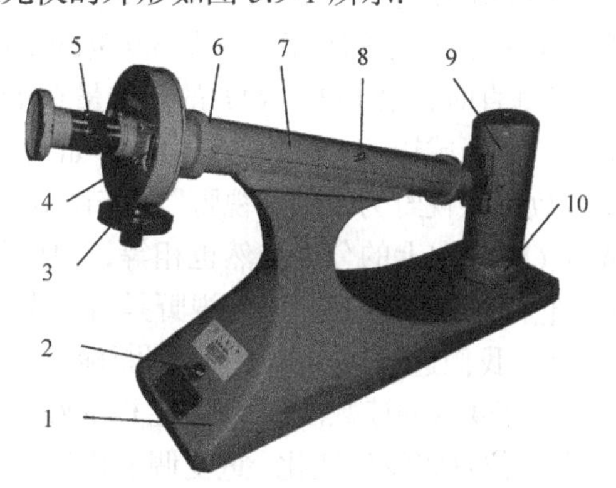

图 5.9-1 WXG-4 小型旋光仪

1—底座；2—电源开关；3—度盘转动手轮；4—度盘及游标；5—调焦手轮；6—镜筒；7—镜筒盖；8—镜筒盖手柄；9—钠光灯灯罩；10—灯座

旋光仪的工作原理如图 5.9-2 所示.

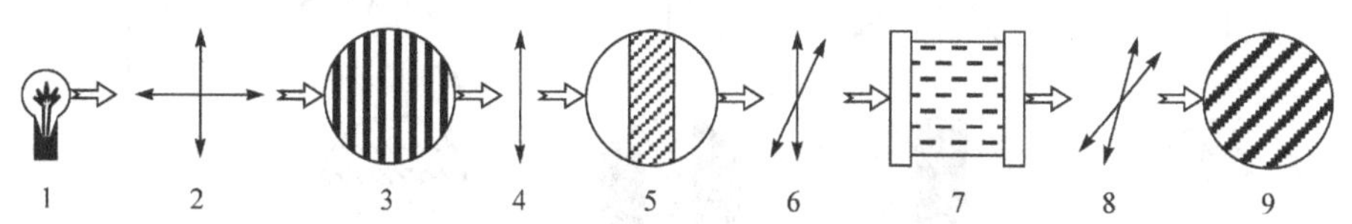

图 5.9-2 旋光仪的工作原理

1—单色光源；2—非偏振光；3—起偏器；4—平面偏振光；5—三荫板；6—两部分偏振光；7—旋光物质；8—偏振面旋转；9—检偏器

从单色光源射出的非偏振光经起偏器后变成平面偏振光，当后面放置的检偏器的偏振化方向和起偏器的偏振化方向正交时，我们观察到视场最暗. 然后装上装有待测旋光溶液的试管，因旋光溶液的振动面的旋转，视场变亮，为此调节检偏器，再次使视场调至最暗，这时检偏器所转过的角度，即为待测溶液的旋光度.

由于人们的眼睛很难准确地判断视场是否全暗，因而会引起测量误差. 为此该旋光仪采用了三分视场(三荫板)的方法来测量旋光溶液的旋光度. 它是把石英

晶片制成条状，位于三荫板的中间，两侧是透光的玻璃片. 如图 5.9-3 所示，当从起偏器得到的平面偏振光，沿 OA 方向振动通过三荫板(即图中半波片(石英片))时，透过玻璃片的光矢量的振动方向保持不变；因为石英有旋光作用，透过三荫板中间的光矢量将旋转某个角度 φ 而沿 OA' 方向振动，即平面偏振光经过三荫板后分成 OA 和 OA' 两部分偏振光. OB 表示检偏器允许偏振光透过的振动方向. 当 OB 与 OA 方向重合时，从目镜中看到的三荫板是两边最亮、中间稍暗的视野，如图 5.9-3(a)所示. 旋转检偏器使 OB 与 OA' 垂直，这时沿 OA' 方向振动的偏振光不能通过检偏器，三荫板中将出现中间最暗、两边稍亮的现象，这是因为透过两侧玻璃片的偏振光矢量沿 OB 方向有分量 ON，如图 5.9-3(b)所示. 同理，调节 OB 与 OA 垂直，则视野中两边最暗、中间稍亮，如图 5.9-3(c)所示. 继续调节检偏器，OB 与 φ 角的平分线 PP' 垂直时，沿 OA 与 OA' 的光矢量在 OB 方向上的分量 ON 和 ON' 相等，视野中的三个区域较暗，三分视野消失，如图 5.9-3(d)所示. 由于视觉对此判断最为灵敏，故称该视野为“零度视野”. 若调节 OB 与角平分线重合，透过三荫板的偏振光在 OB 方向上的分量虽然也相等，但该分量太强，整个视野很明亮，称为亮视野. 它不利于用来判断三分视野是否消失，不能选做旋光仪的零点，如图 5.9-3(e)所示. 我们选图 5.9-3(d)作为判断标准. 未放入试管时，将检偏器调到这个位置. 记录分度盘的读数(如果仪器已校准好，这个读数应是零). 放入测试管后，“零度视野”位置将发生变化. 重复调节检偏器，再由分度盘上测出“零度视野”的新位置，两次读数之差便是旋光物质的旋光角.

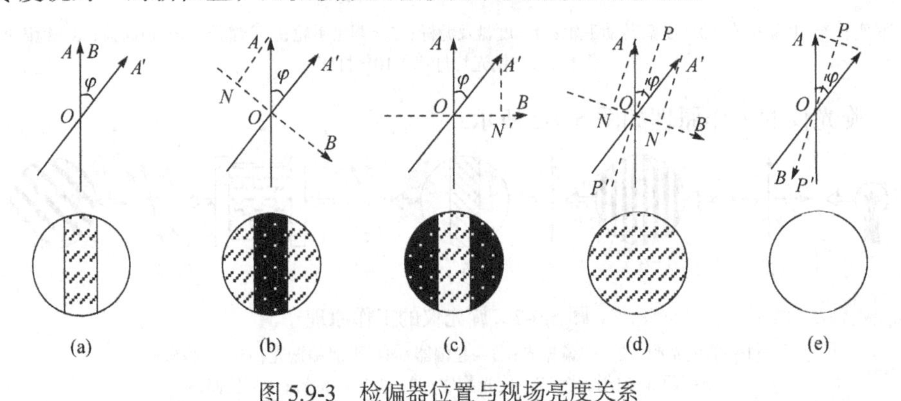

图 5.9-3　检偏器位置与视场亮度关系

【实验内容和步骤】

1. 调整旋光仪

(1) 接通电源，开启电源开关，约 5 min 后，钠光灯发光正常，便可使用.

(2) 调节旋光仪调焦手轮，使其能观察到清晰的三分视场.

(3) 转动检偏器，观察并熟悉视场明暗变化的规律，掌握零度视场的特点是测量旋光度的关键. 零度视场即三分视界线消失，三部分亮度相等，且视场较暗.

(4) 检查仪器零位是否正确. 在试管未放入仪器前，掌握双游标的读法，观察零度视场的位置与零位是否一致. 若不一致，说明仪器有零点误差，记下此时读数(注意：零点误差有正负之分，如果游标零刻度与主尺零刻度下的某一刻度对齐，其读数应为：主尺刻度+(1−游标读数)，取负号). 重复测定零点读数三次，记录并求其平均值 $\overline{\varphi}_0$，计算 A 类不确定度.

2. 测定旋光溶液的旋光率

(1) 实验室事先将制备好的标准溶液注满试管.

(2) 将试管放入旋光仪的槽中，转动度盘，再次观察到零度视场时，读取 φ_1，重复三次求出平均值 $\overline{\varphi}_1$ 和 A 类不确定度. 算出旋光度 $\varphi' = \overline{\varphi}_1 - \overline{\varphi}_0$ 和 A 类不确定度.

(3) 将 φ、l、c 代入式(5.9-4)，计算出标准溶液的旋光率和不确定度(仪器不确定度 $u_{仪\varphi} = 0.05°$)，并正确表示测量结果且标明测量时所用的波长和测量时的温度.

3. 测量糖溶液的浓度

将长度已知，性质和标准溶液相同，而溶液浓度未知的溶液试管，放入旋光仪中，测量其旋光度 φ. 将测得的旋光度 φ、溶液试管长度 l 和前面测出的旋光率 $[\alpha]_\lambda^t$ 代入式(5.9-3)，求出该溶液的浓度 c 和不确定度，并正确表示测量结果.

【数据记录和数据处理】

1) 测定零点读数

表 5.9-1　旋光仪零点读数数据表

仪器误差限 Δ = __________(°)

测量次数	1		2		3		平均值 $\overline{\varphi}_0$ /(°)	标准偏差 $s(\overline{\varphi}_0)$ /(°)
读数部位	左	右	左	右	左	右		
φ_0 /(°)								

标准不确定度计算：

A 类不确定度　$u_A(\varphi_0) = s(\overline{\varphi}_0) =$ __________(°)

B 类不确定度　$u_B(\varphi_0) = \Delta/\sqrt{3} =$ __________(°)

合成不确定度 $u_C(\varphi_0)=\sqrt{u_A^2(\varphi_0)+u_B^2(\varphi_0)}=$ __________ (°)

2) 测定旋光溶液的比旋光度

表 5.9-2 旋光溶液旋光率测量数据表

试管长度 l_1=________ dm 溶液浓度 c_1 =________g/ml

测量次数	1		2		3		平均值 $\bar{\varphi}_1$/(°)	标准偏差 $s(\bar{\varphi}_1)$/(°)
读数部位	左	右	左	右	左	右		
φ_1/(°)								

标准不确定度计算

A 类不确定度 $u_A(\varphi_1)=s(\bar{\varphi}_1)=$ __________ (°)

B 类不确定度 $u_B(\varphi_1)=\Delta/\sqrt{3}=$ __________ (°)

合成不确定度 $u_C(\varphi_1)=\sqrt{u_A^2(\varphi_1)+u_B^2(\varphi_1)}=$ __________ (°)

$$\alpha=\frac{\varphi_1-\varphi_0}{c_1l_1}=\_\_\_\_\_\_\_\_(°\cdot \mathrm{ml}\cdot \mathrm{dm}^{-1}\cdot \mathrm{g}^{-1}),$$

α 的合成不确定度

α 取对数 $\ln\alpha=\ln(\varphi_1-\varphi_0)-\ln c_1-\ln l_1$

$$u(\alpha)=\alpha\sqrt{\left(\frac{\partial\ln\alpha}{\partial\varphi_1}\right)^2u^2(\varphi_1)+\left(\frac{\partial\ln\alpha}{\partial\varphi_0}\right)^2u^2(\varphi_0)+\left(\frac{\partial\ln\alpha}{\partial c_1}\right)^2u^2(c_1)+\left(\frac{\partial\ln\alpha}{\partial l_1}\right)^2u^2(l_1)}$$

$$u(\alpha)=\alpha\sqrt{\frac{u_C^2(\varphi_1)}{(\varphi_1-\varphi_0)^2}+\frac{u_C^2(\varphi_0)}{(\varphi_1-\varphi_0)^2}+\frac{u^2(c_1)}{c_1^2}+\frac{u^2(l_1)}{l_1^2}}=\_\_\_\_\_\_\_\_(°\cdot \mathrm{ml}\cdot \mathrm{dm}^{-1}\cdot \mathrm{g}^{-1})$$

比旋光度的测量结果：即 $\alpha=$ ________ ± ________ $(°\cdot \mathrm{ml}\cdot \mathrm{dm}^{-1}\cdot \mathrm{g}^{-1})$.

3) 测量糖溶液的浓度

表 5.9-3 旋光溶液浓度测量数据表

试管长度 l_2=__________ dm

测量次数	1		2		3		平均值 $\bar{\varphi}_2$/(°)	标准偏差 $s(\bar{\varphi}_2)$/(°)
读数部位	左	右	左	右	左	右		
φ_2/(°)								

标准不确定度计算

A 类不确定度 $u_A(\varphi_2)=s(\bar{\varphi}_2)=$ __________ (°)

B 类不确定度 $u_B(\varphi_2)=\Delta/\sqrt{3}=$ __________ (°)

合成不确定度　$u_C(\varphi_2)=\sqrt{u_A^2(\varphi_2)+u_B^2(\varphi_2)}=$ __________(°)

$$c=\frac{\varphi_2-\varphi_0}{\partial l_2}=\text{\_\_\_\_\_\_\_\_\_\_}(\mathrm{g\cdot ml^{-1}})$$

c 的合成不确定度

c 取对数　　$\ln c=\ln(\varphi_2-\varphi_0)-\ln\alpha-\ln l_2$

$$u(c)=c\sqrt{\left(\frac{\partial\ln c}{\partial\varphi_2}\right)^2u^2(\varphi_1)+\left(\frac{\partial\ln c}{\partial\varphi_0}\right)^2u^2(\varphi_0)+\left(\frac{\partial\ln c}{\partial\alpha}\right)^2u^2(\alpha)+\left(\frac{\partial\ln c}{\partial l_2}\right)^2u^2(l_2)}$$

$$u(c)=c\sqrt{\frac{u_C^2(\varphi_2)}{(\varphi_2-\varphi_0)^2}+\frac{u_C^2(\varphi_0)}{(\varphi_2-\varphi_0)^2}+\frac{u^2(\alpha)}{\alpha^2}+\frac{u^2(l_2)}{l_2^2}}=\text{\_\_\_\_\_\_\_\_\_\_}(\mathrm{g\cdot ml^{-1}})$$

糖溶液浓度的测量结果：即 $c=$ ________ ± ________ $(\mathrm{g\cdot ml^{-1}})$.

【注意事项】

(1) 溶液注满试管，旋上螺帽，两端不能有气泡，螺帽不宜太紧，以免玻璃窗受力而发生双折射，引起误差.

(2) 试管两端均应擦干净方可放入旋光仪.

(3) 在测量中应维持溶液温度不变.

(4) 试管中溶液不应有沉淀，否则应更换溶液.

【思考题】

(1) 测量糖溶液浓度的基本原理?

(2) 什么叫左旋物质和右旋物质?如何判断?

(3) 剪不同厚度的塑料透明薄膜拼成一图形，放在偏振光中观察，分析能看到什么现象?

实验 5.10　光的偏振实验

光波是电磁波. 在电磁波中起光作用的主要是电场矢量，所以电场矢量又叫光矢量. 由于电磁波是横波，所以光波中光矢量的振动方向总和光的传播方向相垂直. 在垂直于光传播方向的平面内，光矢量可能有各种不同的振动状态，这种振动状态通常称为光的偏振态. 光波传播的这种特性在工业、科技和各种高新技术领域具有广泛的应用，例如，化学、制药等工业中利用物质的旋光性测浓度，液晶显示技术中双折射现象的应用等.

光的干涉和衍射现象表明光是一种波动,但这些现象还不能告诉我们光是纵波还是横波，光的偏振现象清楚的显示了光的横波性. 历史上，早在光的电磁理论建立以前，在杨氏双缝实验成功后不久，马吕斯(E.L.Malus)于1809年就在实验上发现了光的偏振现象.

【实验目的】

(1) 验证马吕斯定律；
(2) 产生和观察光的偏振状态；
(3) 了解产生与检验偏振光的元件和仪器；
(4) 掌握产生与检验偏振光的条件和方法.

【实验仪器】

光源(白炽灯或可见光激光器)，起偏器，检偏器，光屏或光功率指示器，1/4波片，旋光晶体.

【实验原理】

光波是一种电磁波，电磁波是横波，光波中的电矢量与波的传播方向垂直. 光的偏振现象清楚地显示了光的横波性. 光波的电矢量 E 和磁矢量 H 相互垂直，且都垂直于光的传播方向. 通常用电矢量 E 代表光的振动方向，并将电矢量 E 和光的传播方向 c 所构成的平面称为光振动面.

我们知道光有五种偏振状态，即线偏振光、椭圆偏振光、圆偏振光、自然光和部分偏振光. 在传播过程中，电矢量的振动方向始终在某一确定方向的光称为平面偏振光或线偏振光(图 5.10-1(a)). 光源发射的光是由大量分子或原子辐射构成的. 单个原子或分子辐射的光是偏振的，由于大量原子或分子的热运动和辐射的随机性，它们所发射的光的振动面出现在各个方向的概率是相同的.

一般说，在 10^{-6} 秒内各个方向电矢量的时间平均值相等，故这种光源发射的光对外不显现偏振的性质，称为自然光(图 5.10-1(b)). 在发光过程中，有些光的振动面在某个特定方向上出现的概率大于其他方向，即在较长时间内电矢量在某一方向上较强，这样的光称为部分偏振光(图 5.10-1(c)).

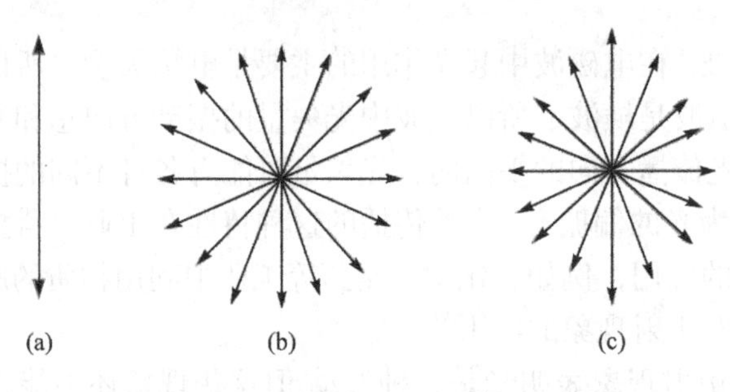

图 5.10-1　光的偏振态

还有一些光，其振动面的取向和电矢量的大小随时间作有规律的变化，电矢量末端在垂直于传播方向的平面上的轨迹是椭圆或圆，这种光称为椭圆偏振光或圆偏振光(图 5.10-2). 其中线偏振光和圆偏振光又可看作椭圆偏振光的特例.

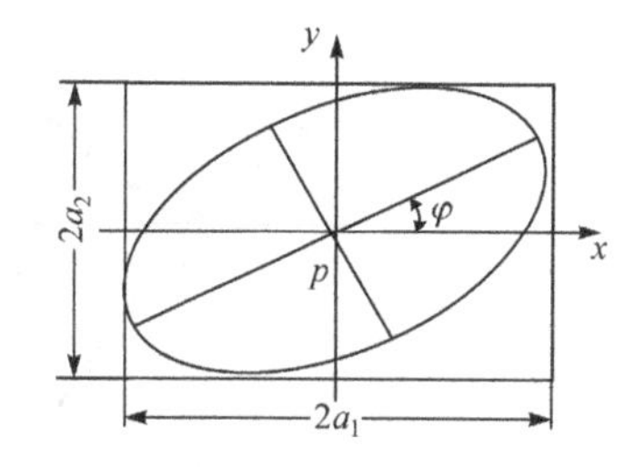

图 5.10-2　椭圆偏振光

椭圆偏振光可看作是两个沿同一方向 z 传播的振动方向相互垂直的线偏振光的合成，如图 5.10-2 所示.

$$E_x = A_x \cos(\omega t - kz) \tag{5.10-1}$$

$$E_y = A_y \cos(\omega t - kz + \varepsilon) \tag{5.10-2}$$

式中，A 为振幅；ω为两光波的圆频率；t 表示时间；k 为波矢量的数值；ε为两波的相对相位差. 合成矢量 E 的端点在波面内描绘的轨迹为一椭圆. 椭圆的形状、取向和旋转方向，由 A_x、A_y 和ε决定. 当 $A_x = A_y$ 及$\varepsilon = \pm\pi/2$ 时，椭圆偏振光变为圆偏振光；当 A_x(或 A_y) = 0 及$\varepsilon = 0$ 或$\pm\pi$时，椭圆偏振光变为线偏振光(图 5.10-3).

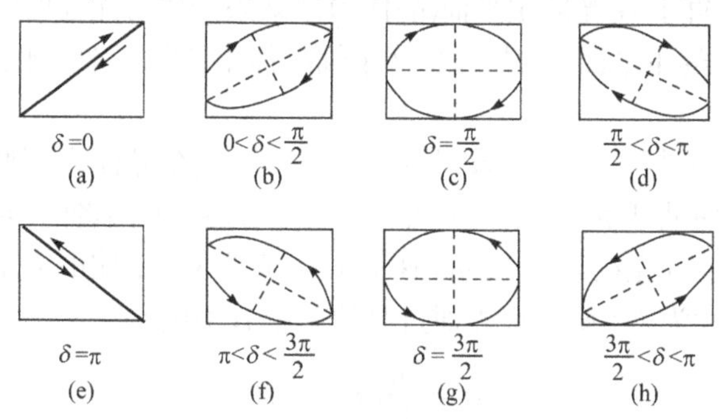

图 5.10-3　偏振光条件

本实验中主要考察的是光的各种偏振态的改变.

1. 自然光变为线偏振光

一束自然光入射到介质的表面，其反射光和折射光一般是部分偏振光. 在特定入射角即布儒斯特角 θ_b 下，反射光成为线偏振光，其电矢量垂直于入射面. 若光是由空气入射到折射率为玻璃平面上(图 5.10-4(a))，则 $\tan\theta_b = n_2 / n_1 = 57°$.

若入射光以布儒斯特角 θ_b 射到多层平行玻璃片上，经多次反射最后透射出来的光也就接近于线偏振光，其振动面平行于入射面. 由多层玻璃片组成的这种透射起偏器又称为玻璃片堆(图 5.10-4(b)).

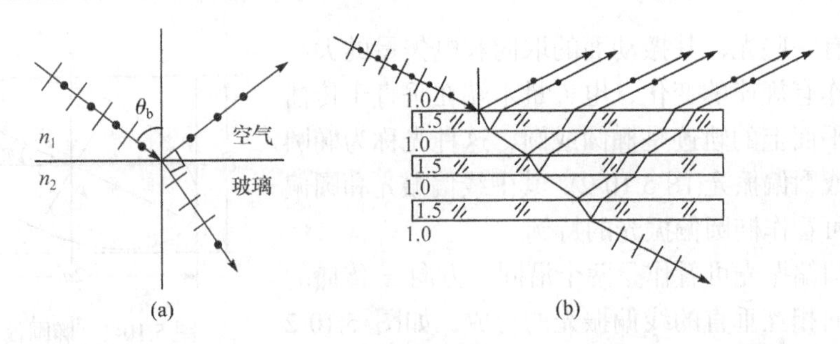

图 5.10-4　玻璃平面产生线偏振光(a)和用玻璃片堆产生线偏振光(b)

自然光经过偏振片，其透射光基本上变为线偏振光，这是由于偏振片具有选择吸收性的缘故，入射光波中，电矢量 E 垂直于偏振片透光方向的成分被强烈吸收，而 E 平行于透光方向的分量则吸收较少.

2. 波晶片

利用单轴晶体的双折射，所产生的寻常光(o 光)和非寻常光(e 光)都是线偏振光. 前者的 E 垂直于 o 光的主平面(晶体内部某条光线与光轴构成的平面)，后者的 E 平行于 e 光的主平面. 波晶片是从单轴晶体中切割下来的平面平行板，其表面平行于光轴.

当一束单色平行自然光正入射到波晶片上，光在晶体内部便分解为 o 光与 e 光. o 光电矢量垂直于光轴，e 光电矢量平行于光轴. 而两者的传播方向不变，仍都与界面垂直. 但 o 光在晶体内的波速为 v_o, e 光为 v_e，即相应的折射率 n_o、n_e 不同. 设晶片的厚度为 L，则两束光通过晶片后就有相位差

$$\delta = \frac{2\pi}{\lambda}(n_o - n_e)L \tag{5.10-3}$$

其中，λ为光波在真空中的波长 $\delta = 2k\pi$ 的晶片，称为全波片；$\delta = 2k\pi \pm \pi$ 时，为半波片；$\delta = 2k\pi \pm \pi/2$ 为 1/4 波片.

3. 偏振光的检测

鉴别光的偏振态的过程称为检偏，它所用的装置称为检偏器. 实际上，起偏器和检偏器是通用的. 用于起偏的偏振片称为起偏器，用于检偏的偏振片称为检偏器.

按照马吕斯定律，强度为 I_0 的线偏振光通过检偏器后，透射光的强度为

$$I = I_0 \cos^2\theta \tag{5.10-4}$$

式中，θ为入射光偏振方向与检偏器的偏振轴之间的夹角. 显然,当以光线传播方向为轴转动检偏器时，透射光强度 I 将发生周期性变化. 当$\theta = 0°$时，透射光强度为极大值；当$\theta = 90°$时，透射光强度为极小值，我们称之为消光状态，接近于全暗；当 $0° < \theta < 90°$时，透射光强度 I 介于最大值和最小值之间. 因此，根据透射

光强度变化的情况，可以区别线偏振光、自然光和部分偏振光. 图 5.10-5 表示自然光通过起偏器和检偏器的变化情况.

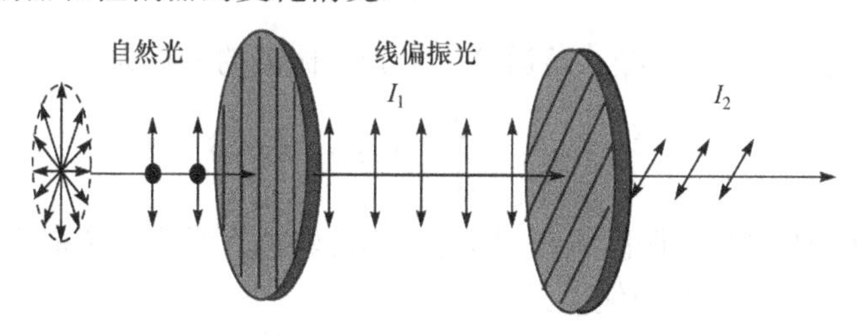

图 5.10-5　偏振态的变化

光的五种偏振态可以通过下述方法来辨别(表 5.10-1).

表 5.10-1　光的偏振态判别方法

第一步	令入射光通过偏振片Ⅰ，改变偏振片Ⅰ的透振方向 P_1，观察透射光强的变化				
观察到的现象	有消光	强度无变化		强度有变化但无消光	
结论	线偏振光	自然光或圆偏振光		部分偏振光或椭圆偏振光	
第二步		(a) 令入射光依次通过 1/4 波片和偏振片Ⅱ，改变偏振片Ⅱ的透振方向，观察透射光的强度变化		(b)同(a)，只是 1/4 波片的光轴方向需与第一步中偏振片Ⅰ产生强度极大或极小的透振方向重合	
观察到的现象		有消光	无消光	有消光	无消光
结论		圆偏振光	自然光	椭圆偏振光	部分偏振光

4. 通过波晶片后光的偏振态的变化

平行光垂直入射到波晶片内，分解为 o 分量和 e 分量. 透过波晶片，二者之间产生一附加相位差δ. 离开波晶片时合成光波的偏振性质. 决定于δ及入射光的性质.

自然光通过波晶片后仍为自然光. 因为自然光的两个正交分量之间的相位差是无规则的，通过波晶片，引入一恒定的相位差δ，其结果还是无规则的.

线偏振光通过波晶片，其电矢量 E 平行于 e 轴(或 o 轴)，则任何波晶片对它都不起作用，出射光仍然为原来的线偏振光. 因为这时只有一个分量，谈不上振动的合成与偏振态的改变.

除上述两种情况外，偏振光通过波晶片，一般其偏振态都要变化，我们可以通过其振动的合成来看其偏振态的变化情况.

我们知道，两个相互垂直、同频率且有固定相位差的简谐振动(如通过波晶片后的 e 光和 o 光的振动)可用下列方程表示：

$$x = A_x \cos \omega t \tag{5.10-5}$$

$$y = A_y \cos(\omega t + \delta) \tag{5.10-6}$$

从以上两式中消去时间 t，经三角运算后得到合振动的方程为

$$\frac{x^2}{A_e{}^2} + \frac{y^2}{A_o{}^2} - \frac{2xy}{A_o A_e}\cos\delta = \sin^2\delta \tag{5.10-7}$$

一般而言，式(5.10-7)为一椭圆方程，即合振动的轨迹在垂直于传播方向的平面内，且呈一椭圆形，它代表椭圆偏振光.

当$\delta=K\pi$ (K=0,1,2,3,…)时，式(5.10-7)变为直线方程，表示合振动是线偏振光；

当$\delta=(K+1/2)\pi$ (K=0,1,2,3,…)时，式(5.10-7)变为正椭圆方程，表示合振动是正椭圆偏振光；

当$\delta=(K+1/2)\pi$ (K=0,1,2,3,…)且有$A_o=A_e$时，式(5.10-7)变为圆方程，表示合振动是圆偏振光；

当δ不等于以上各值时，合振动为不同长短轴组合成的椭圆偏振光.

当振幅为 A 的线偏振光垂直射到 1/2 波片，在其表面上分解为

$$E_e = A_e \cos \omega t \tag{5.10-8}$$

$$E_o = A_o \cos(\omega t + \varepsilon) \quad (\varepsilon = 0或\pi) \tag{5.10-9}$$

出射光表示为

$$E_e = A_e \cos\left(\omega t - \frac{2\pi}{\lambda} n_e L\right) \tag{5.10-10}$$

$$E_o = A_o \cos\left(\omega t + \varepsilon - \frac{2\pi}{\lambda} n_o L\right) \tag{5.10-11}$$

上式可以写为

$$E_e = A_e \cos \omega t \tag{5.10-12}$$

$$E_o = A_o \cos\left(\omega t + \varepsilon - \frac{2\pi}{\lambda} n_o L + \frac{2\pi}{\lambda} n_e L\right) = A_o \cos(\omega t + \varepsilon - \delta) \quad (\delta = \pi) \tag{5.10-13}$$

出射光的两正交分量的相对应的相位差由$\varepsilon - \delta$决定，现有

$$\varepsilon - \delta = \begin{cases} 0 - \pi = -\pi \\ \pi - \pi = 0 \end{cases} \tag{5.10-14}$$

这说明出射光也是线偏振光，但振动方向与入射光的不同. 若入射光与波晶片光轴成θ角，则出射光与光轴成$-\theta$角. 即线偏振光经过 1/2 波片电矢量振动方向转过了 2θ角.

若入射光为椭圆偏振光，类似的分析可知，1/2 波片也改变椭圆偏振光长短

轴的取向. 此外，1/2 波片还改变椭圆偏振光或圆偏振光的旋转方向.

当偏振光正入射于1/4 波片，仿照上述分析可得出射光为

$$E_e = A_e \cos \omega t \tag{5.10-15}$$

$$E_o = A_o \cos(\omega t + \varepsilon - \delta) \quad \left(\delta = \pm\frac{\pi}{2}\right) \tag{5.10-16}$$

(1) 当振幅为 A 的线偏振光垂直射到1/4 波片，且振动方向与波片光轴成θ角时，由于 e 光和 o 光的振幅分别为 $A\cos\theta$ 和 $A\sin\theta$，是θ的函数，所以通过1/4 波片后合成的光的偏振态也将随角度θ的变化而不同.

① 当$\theta = 0$时，获得振动方向平行于光轴的线偏振光；

② 当$\theta = \pi/2$时，获得振动方向垂直于光轴的线偏振光；

③ 当$\theta = \pi/4$且$A_o=A_e$时，获得圆偏振光；

④ 当θ为其他值时，$\varepsilon= 0，\pi$，获得光为正椭圆偏振光；$\varepsilon - \delta = \pi/2$，对应右旋；$\varepsilon-\delta = -\pi/2$，对应左旋.

(2) 入射光为圆偏振光：$\varepsilon = \pm\pi/2$，此时 $A_o=A_e$，上式代表线偏振光. $\varepsilon-\delta = 0$，出射光电矢量沿一、三象限；$\varepsilon-\delta = \pi$，出射光电矢量沿二、四象限.

(3) 入射光为椭圆偏振光：ε在$-\pi$到$+\pi$间任意取值，出射光一般为椭圆偏振光. 特殊情况下，$\varepsilon = \pm\pi/2$，即入射光为正椭圆偏振光(相对于波晶片的快慢轴而言)，也就是波片的光轴与椭圆的长短轴相重合时，$\varepsilon-\delta = 0$ 或π，出射光为线偏振光.

【实验内容和步骤】

1. 起偏和检偏、鉴别自然光和偏振光、验证马吕斯定律

(1) 以半导体激光器为光源，使光束垂直射到偏振片 P 上，以 P 作为起偏器，旋转 P，观察并描述光屏 E 上光斑强度的变化情况.

(2) 在 P 后加入作为检偏器的偏振片 A，固定 P 的方位，转动 A，观察、描述光屏 E 上光斑强度的变化情况，与步骤(1)所得的结果比较，并作出解释.

(3) 以光功率指示器代替光屏接收 A 出射的光强.

具体操作如下.

(1) 调整激光器和光探头的高度使激光射入光探头Φ6.0 孔.

(2) 放上起偏器 P 找到它的实际零点(即光功率指示器数值最大的位置).

(3) 放上检偏器 A 同样找到它的实际零点(方法同上).

(4) 在实际零点的基础上每转过 10°记录一次相应的光电流值，完成图表.

(5) 数据处理：在极坐标纸上作出转动角θ与光电流 I 的曲线(或在直角坐标纸上作 I 和 $\cos2\theta$ 的关系曲线)，来验证马吕斯定律.

(6) 根据以上的观测结果，总结应当如何鉴别自然光和偏振光.

2. 观察圆偏振光和椭圆偏振光

(1) 以半导体激光器为光源垂直照射于一组相互正交的偏振片(P、A)上(即转动检偏器 A 直到功率指示器读数为零或者说使其处于消光状态)，在 P、A 间插入一1/4 波片 C，观察并对1/4 波片插入前后，透过 A 的光强变化.

(2) 保持正交偏振片 P 和 A 的取向不变，转动插入其间的1/4 波片 C，使 C 的光轴与 P(或 A)偏振轴的夹角从 0 转到 2π，观测并描述夹角改变时透过 A 的光强度的变化情况，并作出解释.

(3) 在步骤(2)中，再以使正交偏振片处于消光状态时1/4 波片的光轴位置作为0°线，转动1/4 波片，使其光轴与 0°线的夹角依次为 15°、30°、45°、60°、75°、90°等值，在取上述每一个角度时都将检偏器 A 转动一周(从 0 转到 2π)，观察并描述从 A 透出的光的强度变化情形，然后作出解释. 根据光的偏振性质将以上观测的结果记录在表 5.10-2 中，并解释上述实验结果.

表 5.10-2　实验数据记录表

1/4 波片转动的角度	观察到的现象(功率指示器示数变化范围)	结论(什么偏振光)
0°		
15°		
30°		
45°		
60°		
75°		
90°		

3. 测量旋光溶液浓度的设计

实验内容参照实验 5.9 旋光仪与物质的旋光性的步骤，这里利用激光光源的偏振性或马吕斯定律设计实验.

4. 旋光晶体

线偏振光通过某些物质时，其振动面将以光的传播方向为轴发生旋转，这称为旋光现象. 具有旋光现象的晶体称为旋光晶体.

本实验中使用的旋光晶体为石英晶体，石英晶体具有天然的旋光特性，它可以用来旋转线偏振光的偏振方向，并且不改变偏振光的特性. 旋转角度和晶体的厚度有关.

使用石英旋光晶体取代步骤 2 中的波片，重复步骤 2 的步骤，体会旋光晶体对偏振光的影响.

【注意事项】

(1) 实验中所说的偏振片转 0°、10°、20°等指的是实际零点和实际零点的基础上转动的角度并非刻度值.

(2) 实验要求光垂直射入偏振片、波片.

(3) 实验前要对功率指示器调零(即没有光进入光探头时示数应该为零，否则可转动调零旋钮使其为零).

【思考题】

(1) 自然光垂直照在一个 1/4 波片上，再用一个偏振片观察该波片的透射光，转动偏振片 360°，能看到什么现象？固定偏振片转动波片 360°，又能看到什么现象？为什么？

(2) 求在下列情形下理想起偏器和检偏器两个偏振轴之间的夹角为多少？

(a) 透射光是入射自然光强度的 1/3.

(b) 透射光是最大透射光强度的 1/3.

(3) 设计一个方案区别自然光、部分偏振光、圆偏振光、椭圆偏振光和线偏振光.

(4) 若在相互正交的偏振片 P、A 中间插入一 1/2 波片，使其光轴和起偏器的偏振轴平行，那么透过检偏器 A 的光斑是亮的还是暗的？为什么？检偏器 A 转动 90°后，光斑的亮暗是否变化？为什么？

(5) 将一振幅为 A 的线偏振光，入射到 1/4 波片上，偏振光的振动面与波片的光轴成 45°，取光轴为 y 轴，这时出射光是圆偏振光，如果波片使 o 光比 e 光超前相位π/2，则圆偏振光应为左旋还是右旋(光传播方向垂直于纸面向外，迎着光看，逆时针为左旋)？

实验 5.11　照相技术初步

【实验目的】

(1) 了解照相机的结构和使用方法；

(2) 了解放大机、印相机的基本结构及其使用方法；

(3) 学习冲洗负片的方法和印相及放大方法；

(4) 掌握暗室技术.

【实验仪器】

照相机，放大机，印相机，上光机，胶卷，印相纸，定影液，显影液，显影盘等.

【实验原理】

由几何光学可知，如果物体放在凸透镜的 2 倍焦距外，能在其另一侧的焦平面和 2 倍焦距之间，形成一个缩小的倒立的实像. 在成像处放置胶卷，经过曝光，物体的像就会被记录在胶卷上，形成潜像.

潜像是由于物光对胶卷的化学作用形成的. 因为在胶卷的片基上涂有感光物质溴化银，光强处析出的黑色金属银较多，光弱处析出的较少. 已有潜像的胶卷在化学试剂的作用下，即经过显影和定影后，就能在胶片上显出明暗、深浅、层次分明的物像，这样的胶片叫底片或负片，见光时不再起化学作用. 物体黑色部分在负片上是较透明的，物体的白色部分在负片上是黑色的，负片上的像正好与物体的明暗部分相反. 通过负片对涂有感光材料的印相纸或放大纸再次曝光、显影、定影后，就能得到与物体色调一致的正片(照片)，这个过程叫做印相或放大.

1. 照相机的结构与使用

照相机的种类繁多，主要组成部分有镜头、光圈、快门、聚焦调节器、取景器、暗箱等. 现以凤凰 135 型照相机为例(图 5.11-1)加以说明.

图 5.11-1　凤凰 135 型照相机

1—快门按钮；2—已照胶片数；3—卷片扳手；4—时间调节环；5—闪光灯接口；6—倒片钮；7—光圈调节环；8—景深环；9—聚焦调节器；10—自拍快门

(1) 镜头：一般由多片凹凸透镜组成复合透镜，以消除像差与色差. 透镜表面常镀有增透膜，以提高成像质量. 它的焦距有 35mm、50 mm 等，一般照相机均可配长焦和变焦镜头.

(2) 调节光圈调节环，可以改变光孔直径的大小. 设光孔直径为d，镜头焦距为f，则d/f称为相对孔径. 相对孔径的倒数f/d又称光圈指数(或称 F 数). 在照相机镜头外周的调节环上，常刻有 3.5、4.5、6、8、11、16、22 等系列数字，就是光圈指数. 显然，把光圈指数向小调节，相当于调大d值，即开大光圈. 把光圈指数向大调节，相当于d变小，就是收小光圈. 另外，光圈的大小还能起到控制景深的作用.

(3) 快门：是控制曝光时间的装置. 在快门调节环上，刻有 B、1、2、4、8、15、30、60、125、250 等系列字母和数值. 如把快门标记指在 60，曝光时间(快门开闭时间)为1/60 s. 其他依次类推. 按下快门按钮可使已上弦的快门开闭动作. 此外，还有一个手控制时间“B 门”，调至此挡，按下快门按钮就开始曝光，故在此挡可进行任意长时间的曝光. 曝光时间与光圈指数互相配合就可以确定一次曝光的光能量. 通常情况下，当曝光确定之后，曝光时间和光圈指数中一方变化，另一方必须相应的补偿. 例如，曝光时间延长，光圈应收小；曝光时间缩短，光圈应开大.

(4) 聚焦调节器：摄影时物体远近不同，为能使其清晰成像，像距应作相应调节，这就要利用焦距调节器，使镜头后移. 一般在镜筒上刻有 1，2，3，5，…，称为调距标尺，是指镜头与被摄物之间的距离，单位为 m.

(5) 取景器：是供摄影者观察景物和摄影景物范围，确定画面构图的装置. 有的相机是利用亮框直接取景，也有的是利用透镜和反光镜组成反光取景器. 一般照相机还可以通过取景器观察聚焦情况.

(6) 暗箱：照相机从镜头到成像屏之间的整个范围就是暗箱. 其作用是保证胶片除曝光时不受光线的作用.

2. 放大机

放大机主要由灯泡、光室、聚光镜、底片夹、皮腔、镜头、滤光片(红色)、放大纸压板和支架构成，如图 5.11-2 所示. 用放大机能把小面幅的底片转放成大面幅的照片，照片尺寸的大小可以通过移动放大机机身和调节皮箱来确定.

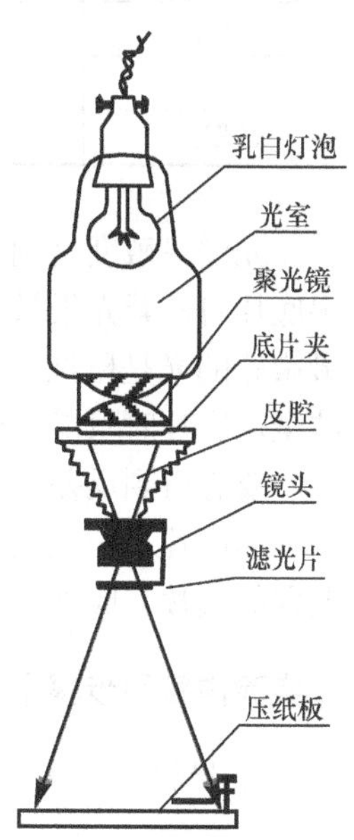

图 5.11-2　放大机结构示意图

3. 印相机

印相机是用来使相纸曝光的装置. 图 5.11-3 为印相机结构示意图. 它由机箱、安全灯T_R(红色)、曝光灯T_W(白炽灯)、毛玻璃片、曝光盖板等构成. 当接通电源时只有红

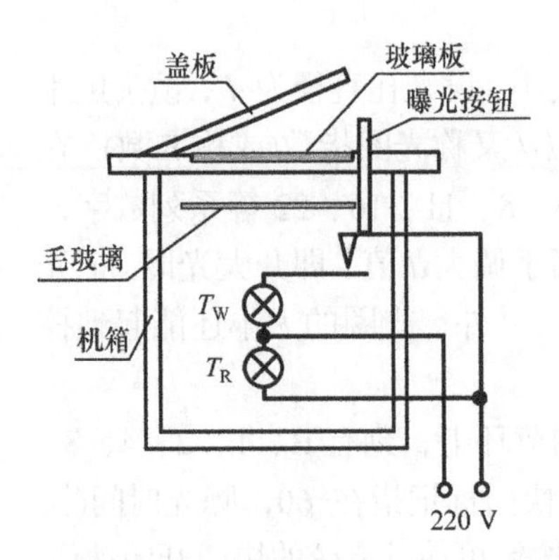

图 5.11-3　印相机结构示意图

灯亮，再把相纸、底片对好后按下盖板，曝光开关 K 接通，白炽灯发光，使印相纸曝光.

4. 感光材料

(1) 感光胶片：按大小可分为 120 和 135 两种，按性质可分为黑白片和彩色片两种. 黑白片又因片基上涂料不同分为无色片、正色片和全色片三种，分别适用与翻拍文件、图表、一般风景、人物和夜间灯光摄影等.

彩色片片基的乳剂中含有青、红、黄三种染料，经感光、冲洗后显示各种彩色.

(2) 相纸：分印相纸、放大相纸和印放两用纸三种. 印相纸药膜中只含氯化银离子，感光速度较慢. 放大纸药膜中只含溴化银离子，感光速度较快. 印放两用药膜中含有上述两种粒子，感光速度介于两者之间.

负片上以许多浓淡不同的层次来相应地表示被摄主体的明暗远近程度，这种不同层次明暗的对比叫反差. 为了适应各种反差负片的需要，相纸也有反差性能不同的型号. 相纸按感光速度和反差等级分为 4 个类型，它们的特性列于表 5.11-1 中.

表 5.11-1　相纸的特性

相纸号数	1	2	3	4
反差等级	软	中等	较硬	硬
感光速度	快	中等	稍慢	较慢

光谱灵敏度是用来描写底片对不同颜色的反应上的差别，增加感光剂的溴化银底片对蓝紫光最敏感而对红光几乎无反应；相反地，加入了有机染料的全色片，最敏感的光是橙红，对蓝绿光反应迟钝. 照相和放大时可以在红灯下工作，而冲洗全色底片时只能开极暗的绿灯.

要想得到反差适当、层次分明的照片，应根据底片的反差强度来选取相纸. 反差强的底片，应配反差弱的相纸；反差中等的底片，应配中等反差的相纸；而反差弱的底片，应配反差强的相纸.

【实验内容和步骤】

1. 摄影

(1) 拍摄人的整体像.

① 根据景物、光线预先选好光圈指数和曝光时间.

② 将相机镜头对准人，调整前后距离，使整个人可在取景器中观察到.

③ 调节聚焦环，使通过取景器看到人像与调焦验证装置所成的像重合或相一致.

④ 轻轻按下快门按钮，即拍完一张.

(2) 拍摄人的半身像，扳动卷片扳手，重复步骤(1).

2. 冲洗胶卷

各步骤均在暗室中进行，整个过程最好戴橡胶手套，以防手指甲划伤胶卷药膜.

熟悉暗室情况，将显影液、清水、定影液按顺序排好. 在黑暗中取出胶卷，按以下顺序进行操作.

(1) 水中浸润. 将已有潜像的胶卷放在水中浸润，使胶卷各部分均匀湿润，以便于与显影液均匀发生作用.

(2) 显影. 浸润完毕，将胶卷浸入显影液中，并不断左右晃动. 如果用 D-76 显影液，室温下显影 10～15 min. 显影后可在暗绿色灯光下迅速观察，看显影是否充分. 是否需要延长显影时间.

(3) 停显. 将胶卷从显影液中捞出，放在水中冲洗1～2 min . 把附在胶卷上的显影液洗去.

(4) 定影. 将上述停显的胶卷浸入定影液中，定影时间要充分. 如果用 F-5 定影液，室温下需要 10～15 min.

(5) 水洗与晾干. 可以在光亮处进行，从定影液中取出胶片，经水冲洗 30 min 后，挂起晾干即成底片(负片).

3. 印相

基本操作过程和冲洗胶卷及照相过程类似. 印相过程可以在红灯下进行.

(1) 曝光. 印相机接通电源、红灯发光. 取出已切好的相纸，将底片的药膜与相纸的光面膜相对，且底片在下，平放在印相机玻璃板上，调好决定照片面幅大小的黑纸框，压紧盖板，向下一按曝光按钮，白光灯亮，使相纸曝光. 曝光时间由实验确定.

(2) 显影. 将曝光后的相纸，放在清水中湿润，然后放入显影液中显影. 用 D-72 显影液，在18～20 ℃温度下，显影 1～4 min ，待影像在红灯下呈现略黑为止.

(3) 定影. 把显影后的相纸经清水冲洗后放入定影液中，室温下大约需要 15 min . 定影完毕后，要把相纸放在水中漂洗 30 min ，清除相纸上的定影液，否则照片日久易变黄.

(4) 上光. 将水洗后的相片从水中捞出后，光面贴附于上光机的光面进行上光. 上光后裁边，一张相片即完成.

4. 照片放大

照片放大的基本过程与印相相同，只是曝光过程有所不同.

在曝光前，将底片药膜向下，放于底片夹内，在压纸板上确定放大尺寸后，移动放大机机身或伸缩皮腔进行聚焦，在放大纸上成一清晰的像. 放大纸须在红色滤光片遮挡镜头光线的前提下放于压纸板下(药膜面向上)，然后拨开滤光片开始曝光. 聚集时间可将光圈开大，使光照足够强，以便容易观察成像是否清晰，待聚集完毕，再收小光圈，以保证光照均匀且足够的景深. 因曝光时间受诸多因素的制约，所以在正式对相纸曝光之前，最好采用纸条实验的办法确定曝光时间.

其余过程完全与印相相同，不再重复.

【数据记录和数据处理】

根据自己拍摄的底片和相片质量，分析成败原因.

【注意事项】

(1) 根据要显影的感光材料的类型和希望显影后影像要达到的效果(如反差大小、层次多少等)，选用合适的显影液，一般用市售的现成型号的药品，按使用说明配制定量、定温的药液. 一般负片采用 D-76 显影液，相纸显影采用 D-72 显影液.

(2) 根据感光材料的感色性，选用合适的安全灯. 冲洗负片时可用绿灯做短暂的观察，处理相纸可用红色安全灯.

(3) 显影液、定影液尽可能在 20 ℃左右的温度下使用.

(4) 处理负片和相纸时，需要对它适当翻动，以防止显影、定影不均匀、不充分.

(5) 各种药液盘中的竹夹不能混用，不得将显影液、停显液、定影液相互带入，暗室处理完后，把药液分别倒回原瓶中，切不可倒错，所用的盘、夹子等用具均应洗净.

第6章　医用物理学实验

实验6.1　显 微 摄 影

【实验目的】

(1) 学习显微镜的原理和使用方法;

(2) 熟悉显微摄影照相技术;

(3) 熟悉照片的冲洗技术.

【实验仪器】

生物显微镜，135照相机，135黑白胶卷1卷，放大相纸，显影液，定影液，上光机，标本薄片等.

生物显微镜的构造和外形如图6.1-1所示，由光学和机械两大部分组成.

光学部分的成像系统由目镜和物镜组成. 目镜由两块透镜装置在目镜镜筒中构成，目镜上标有放大率，常用的有5×、10×、15×、(或12.5×)等. 物镜由多块透镜复合构成，装置在物镜转换器上，转动转换器可调换使用不同的物镜. 通常配有物镜四个，放大率分别为5×、10×、40×、100×. 由物镜和目镜的相互组合，可得数十种不同的放大率.

光学部分的照明系统由聚光镜、聚光镜部件、可变光阑组成. 聚光镜部件可以对光进行聚焦照亮被观察物. 聚光镜与部件之间有可变光阑，调节光阑可以改变孔径调节照明亮度，以便使用不同数值孔径的物镜观察时获得清晰的像.

机械部分由镜筒、镜架、底座等部分组成. 物镜转换器装有四个物镜，可借助转动而调换. 载物台调节器分粗调手轮和微调手轮，横向、纵向调节手轮. 转动粗调手轮可使载物台明显升降，为粗调对光之用；转动微调手轮载物台升降甚微，用以精确的对物调焦；转动横向调节手轮可使载物台横向移动，转动纵向调节手轮可使载物台纵向移动，用于准确定位被观察物的位置.

显微镜系精密光学仪器，要注意保养维护，使用时应严格遵守操作规程和使用方法(参阅仪器使用说明书). 特别是使用高倍物镜时，由于物镜视场小而暗，工作距离短，调节较为困难，必须细心操作. 例如，100×物镜，工作距离只有0.2 mm左右，调焦稍不小心，物镜就可能与被观察物接触而受到挤压，造成损坏. 为此，规定调焦的操作规程如下：①需要使用高倍物镜时，先用低倍物镜进行观察调节；②先用粗调手轮把载物台向上调，并从旁边严密监视，使被观察物慢慢靠近物镜镜头而不接触；③然后，从目镜中观察，并慢慢转动粗调手轮使载物台下降(不许上升！)，使镜头与物间距逐渐增大，直至观察到物体的像；④这时转动转换器，换用高倍物镜观察(转换时物镜不能碰到被观察物)，稍加调节微调手轮，即可获得清晰的像，至此调焦完毕.

显微摄影是由显微镜和摄影装置两部分组成的. 如图 6.1-1 所示，目镜以上部分为摄影装置，是照相机通过接头镜筒与显微镜相连. 在安装时，将照相机的镜头卸下并安装在相机接头镜筒的上端，然后将相机接头镜筒的下端固定在显微镜的镜筒上. 此时，从照相机的视窗中直接就能看见显微镜目镜看到的标本的视野，即可进行照相.

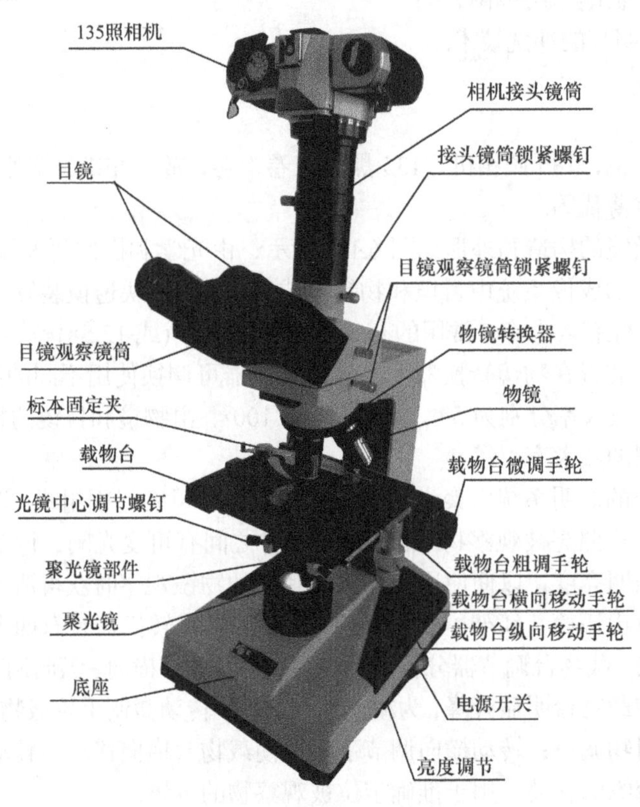

图 6.1-1　生物显微镜

【实验原理】

显微镜是用途极为广泛的助视光学仪器，主要用来帮助人眼观察近处的微小物体，它的作用在于增大被观察物体对人眼的张角，起着视角放大的作用.

显微镜的视角放大率 M 定义为

$$M = \frac{\text{用仪器时虚像所张的视角}\alpha_0}{\text{不用仪器时物体所张的视角}\alpha_e} \tag{6.1-1}$$

显微镜由物镜和目镜两部分组成，其构造一般可认为是由两个会聚透镜共轴组成，如图 6.1-2 所示，实物 PQ 经物镜 L_o 成倒立实像 $P'Q'$ 于目镜 L_e 的物方焦距的内侧，再经目镜 L_e 成放大的虚像 $P''Q''$ 于人眼的明视距离处(明视距离：正常眼在放松的情况下能看清远处物体，并长时间不感觉疲劳的距离. 正常眼的明视距离为 25 cm).

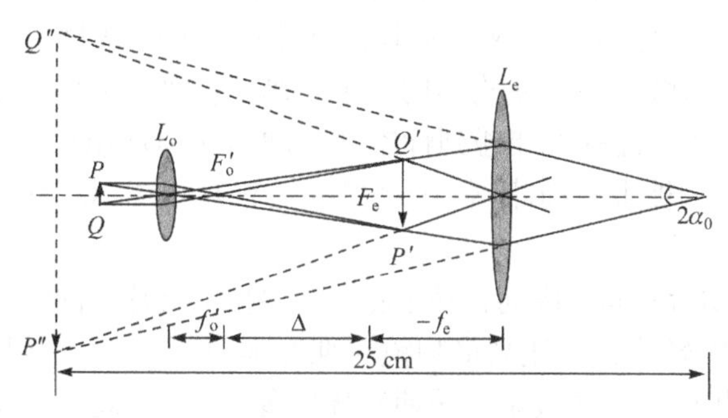

图 6.1-2　显微镜原理示意图

理论计算可得显微镜的放大率为

$$M = M_o \cdot M_e = -\frac{\Delta \cdot s_0}{f'_o \cdot f'_e} \tag{6.1-2}$$

式中，M_o 是物镜的放大率；M_e 是目镜的放大率；f'_o，f'_e 分别是物镜和目镜的像方焦距；Δ 是显微镜的光学间隔($=F'_oF_e$)；$s_0=-25$ cm，为正常人眼的明视距离. 由式(6.1-2)可知，显微镜的镜筒越长，物镜和目镜的焦距越短，放大率就越大. 一般 f'_o 取得很短(高倍的只有 1～2 mm)，而 f'_e 在几厘米左右. 在镜筒长度固定的情况下，如果物镜和目镜的焦距给定，则显微镜的放大率也就确定了，是物镜和目镜放大率的乘积. 通常物镜和目镜的放大率，是标在镜头上的.

如果升高目镜或者使标本稍远离物镜，则物镜所成的像在目镜焦点之外，目镜将此像再次放大，在另一侧得到放大的实像，如图 6.1-3 所示. 如在实像处放置感光胶片(或放大相纸)，就能使胶片(或相纸)感光.

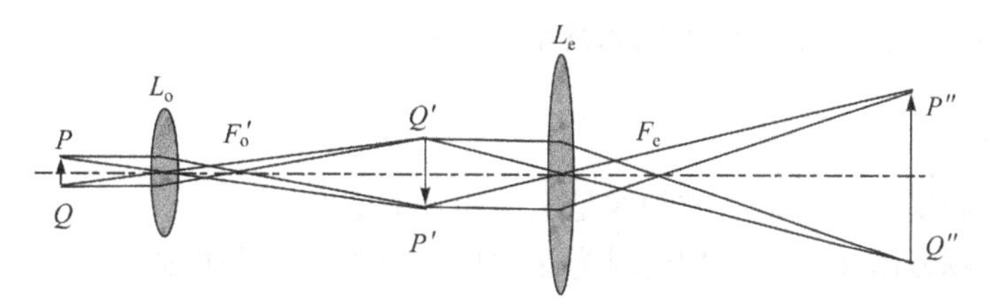

图 6.1-3　显微镜放大原理示意图

【实验内容和步骤】

1. 熟悉生物显微镜各部件的名称和作用，并掌握生物显微镜的调节和使用方法

(1) 将欲观察的标本薄片置于载物台中心，用夹夹紧，打开光源.

(2) 旋转物镜转换器，让低倍物镜对准标本薄片.

(3) 从侧面看着镜头，先旋转载物台横向、纵向移动手轮，使标本薄片处于中间位置，再转动载物台粗调手轮使载物台上升，将标本薄片靠近物镜.

(4) 从目镜观察标本，在观察标本的同时慢慢下降载物台，直至看清物体的像，再左右旋动微调手轮使物体的像最清晰. 切勿在观察时用粗调手轮调节载物台上升，否则物镜有可能碰到标本薄片硬物而损坏镜头，特别是使用高倍物镜观察物体时，被观察面(标本面)距离物镜只有 0.2～0.5 mm，一不小心就会损坏镜头.

(5) 旋转载物台横向、纵向移动手轮，观察标本薄片不同位置像的变化情况.

(6) 旋转物镜转换器，让高倍物镜对准标本薄片(注意：转换时物镜不能碰到被观察物). 再左右旋动微调手轮使物体的像最清晰，观察标本局部放大像的特点.

2. 摄影

(1) 按实验步骤 1 的调节方法调节生物显微镜，选好需要拍摄的标本部位.

(2) 将 135 胶卷装入照相机中，再将照相机的镜头卸下，然后将照相机的机身、相机接头镜筒连接好按图 6.1-1 所示固定在生物显微镜上(照相机使用见实验 5.11 照相技术初步或照相机使用说明书).

(3) 从照相机视窗观察标本成像，如果不清晰再左右旋转载物台微调手轮，让像最清晰. 调整相机快门速度，控制曝光时间(可由指导教师根据实际情况提供参考数据).

(4) 用不同的曝光时间拍摄 5 次，进行比较.

(5) 记录下光源参数(光源功率、光源强度)和每次曝光时间.

3. 照片冲洗(见实验 5.11 照相技术初步)

【思考题】

(1) 显微摄影时目镜所成的像是实像还是虚像?

(2) 生物显微镜调节载物台时为保护物镜应注意哪些事项?

实验 6.2　非正常眼的模拟与矫正

【实验目的】

(1) 加深理解眼睛成像的光学原理；

(2) 了解眼睛屈光的成因及其矫正方法.

【实验仪器】

物屏(分别以透光箭头“↑”和“↑”作为物体)，光具座，凸透镜 L，透镜组(编号 A～G，其中 A、B、C 为凸透镜，分别模拟正常眼、近视眼、远视眼；D 为正交方向曲率不等的凸透镜，模拟散光眼；E 为凹透镜，F 为凸透镜，G 为凸圆柱透镜，E，F，G 模拟眼镜).

整个实验装置如图 6.2-1 所示，光源 I、物屏 K、透镜 L、透镜架 J 和像屏 P，安装在光具座上. 透镜架 J 的中央有直径为 4 cm 的孔，在孔的两侧各嵌有一个 U 形槽，供放置透镜用. 透镜架右侧 U 形槽(靠近像屏 P 一侧)放置的透镜作为模拟眼，像屏 P 作为视网膜，二者构成了一个模拟简约眼. 透镜架的左侧 U 形槽放置相应的透镜作为佩戴的眼镜用.

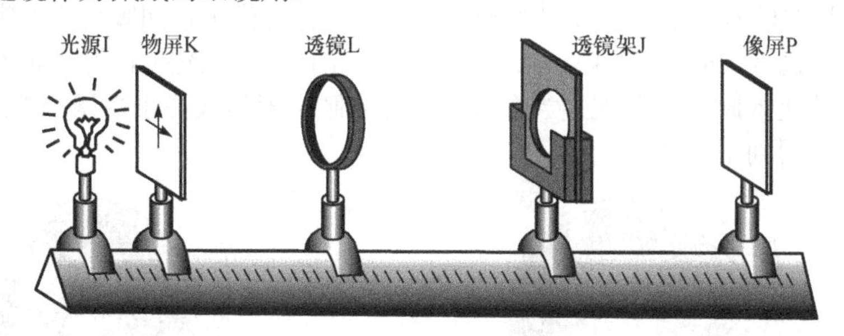

图 6.2-1　实验装置

【实验原理】

从光学角度来看，眼睛是由折射率不同的角膜、水状液、晶状体、玻璃体液等物质组成的共轴球面折射系统，简称为眼的折光系统，如图 6.2-2 所示. 若该系统的折光能力正常，即通过眼睛自身的调节，能使远近不同的物体成清晰像于视网膜上，这种眼称为正常眼；否则，屈光不正，称为非正常眼. 常见的非正常眼有近视眼、远视眼和散光眼.

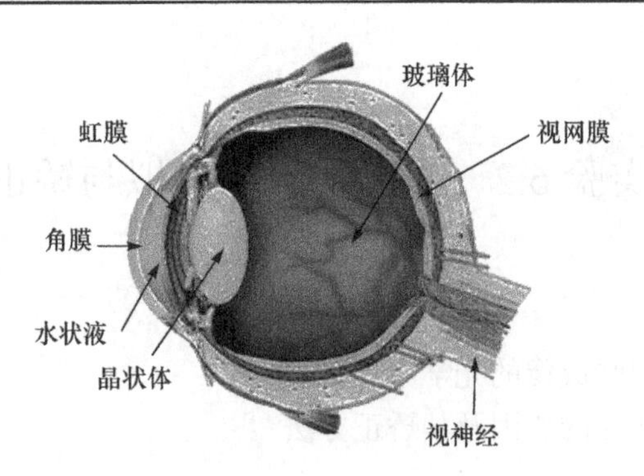

图 6.2-2 眼的折光系统

1. 近视眼

若眼睛的折光能力过强或眼球的前后距离太长，或二者兼有，则该眼便是近视. 当眼睛放松时，平行光线射入到近视眼后，将成像于视网膜前，在视网膜上得不到清晰的像，如图 6.2-3 所示. 其矫正方法是佩戴适当焦度的凹透镜制成的眼镜，使光线进入眼睛之前先适当发散，再经眼睛折射后成像于视网膜上. 近视屈光不正便得到了矫正.

2. 远视眼

若眼睛的折光能力过弱或眼球的前后距离太短，或二者兼有，则该眼便是远视. 当眼睛放松时，平行光线射入到远视眼后，将成像于视网膜后，在视网膜上得不到清晰的像，如图 6.2-4 所示. 其矫正方法是佩戴适当焦度的凸透镜制成的眼镜，使光线进入眼睛之前先适当会聚，再经眼睛折射后成像于视网膜上. 远视的屈光不正便得到了矫正.

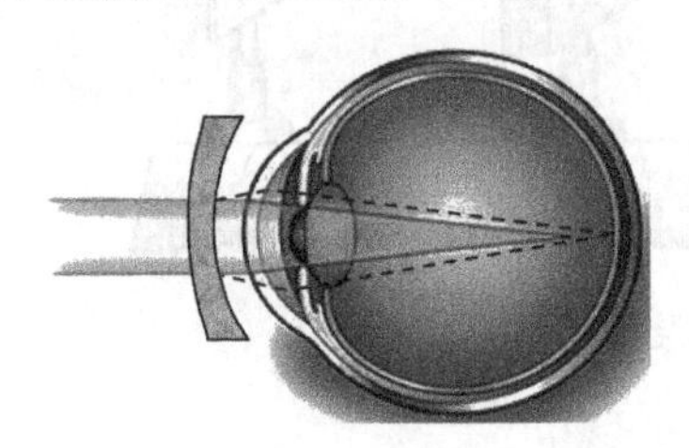

图 6.2-3 近视眼

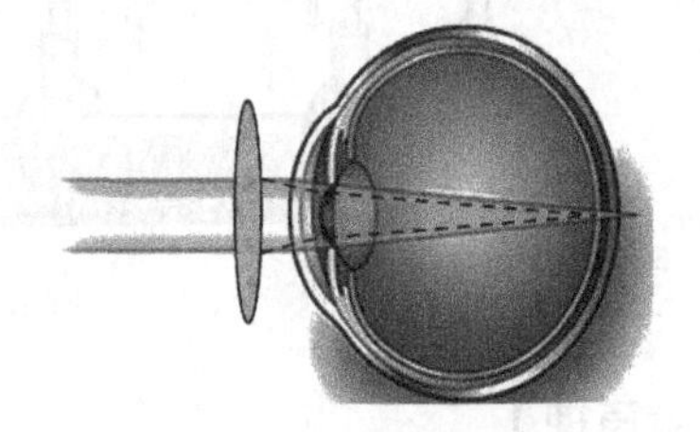

图 6.2-4 远视眼

3. 散光眼

若眼睛折光系统在不同方向的曲率半径不同，则对应的聚焦能力也不同，因此产生像散，即点光源经眼睛折射后始终不能成像于一点，则是弥散在一定范围内，这种眼称为散光. 若具有最大焦度的子午面垂直于具有最小焦度的子午面，则称为正规散光眼，否则称为非正规散光眼. 一般正规散光眼可借助柱面透镜来矫正，非正规散光眼则难以矫正. 散光眼看正方格时则见纵横长度不相等，看正交线时，则上下、左右交角不同，且往往不能同时看清楚. 图 6.2-5 为正规散光眼成像示意图，设 M 为视网膜，由于眼睛水平方向的会聚能力太弱，故应佩戴适当焦度的凸圆柱透镜，增强水平方向的会聚能力，使水平方向和垂直方向的光线均会聚于视网膜上，达到矫正散光眼屈光不正的目的.

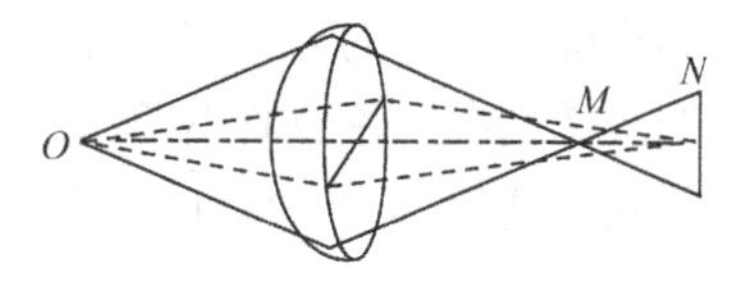

图 6.2-5　正规散光眼成像示意图

通常用焦距 f 的倒数表示透镜的折光本领，称为焦度. 焦距为 1 m 的透镜，其焦度为 1 屈光度. 在配眼镜时，焦度用度作单位，1 屈光度=100 度.

为研究眼睛的成像原理，本实验用凸透镜模拟眼睛的折光系统(在实验中，分别用透镜 A，B，C，D，简称为 A 眼、B 眼、C 眼、D 眼)，利用凸透镜的成像来研究眼睛的成像原理及其非正常眼的矫正方法.

【实验内容和步骤】

(1) 观察各编号透镜的外形，判断透镜的类型.

(2) 如图 6.2-1 所示，将有“↑”箭头的物屏、透镜 L 安装在光具座上，接通光源的电源. 用自准直法将物屏调到 L 的焦平面上. 这样，由光源照亮物体发出的光线经透镜 L 后成为平行光线.

(3) 透镜 A 模拟正常眼. 安装于 J 的右侧槽中，调节物屏、透镜 L 和 A，使之等高共轴. 让平行光线入射到透镜 A 上，用平行光法调节像屏 P 的位置，直至物屏上的物体在屏上成的像清晰为止. 像屏 P 的位置即为正常眼的视网膜位置，记下此位置.

(4) 近视眼及其矫正. 用透镜 B 替换透镜 A，模拟近视眼，由透镜 L 出射的平行光经透镜 B 后，在视网膜(像屏 P)上不能形成清晰的像；若将像屏 P 适当向左侧移动，才能在像屏 P 上得到清晰的像，说明 B 为近视眼. 将像屏 P 恢复至正常眼视网膜位置，选择适当焦距的凹透镜 E 模拟眼镜，置于透镜架 J 的左侧 U 形槽中，使平行光线入射，观察 P 上的成像情况，如果成像清晰，则 B 眼的缺陷得到了矫正；否则需另配眼镜. 用自准直法测出 E 的焦距，根据 $D=1/f$，求出眼镜 E 的焦度，即可知该近视眼镜的度数.

(5) 远视眼及其矫正. 用透镜 C 替换透镜 B，模拟远视眼. 重复步骤(4)矫正 C 眼的缺陷，求出应佩戴的远视眼镜的度数.

(6) 散光及其矫正. 用透镜 D 替换透镜 C，模拟散光眼，物体换作带“✢”

的物屏，发出的光线经 L 后成为平行光并入射到 D 上，前后移动 P，观察透镜 D 的成像情况. 将 D 作为散光眼，像屏 P 置于正常眼的视网膜的位置上，选择适当的圆柱透镜 G 作为眼镜，慢慢旋转 G，直至在屏上得到清晰的像为止，这样散光的缺陷便得到了矫正.

【数据记录和数据处理】

自行设计记录表格.

【思考题】

(1) 远视眼是否比近视眼看得更远？为什么？

(2) 某同学配了一副眼镜，经检测其焦距为 50 cm 的凸透镜，问此同学是近视眼还是远视眼，他配的眼镜的度数是多少？

实验 6.3　微小生物标本的测量

【实验目的】

(1) 熟悉显微镜的主要结构及其性能；
(2) 掌握显微镜的成像原理及操作要点；
(3) 学会用显微镜测微小物体的方法.

【实验仪器】

生物显微镜，目镜微尺，物镜微尺，微小生物标本.

【实验原理】

1. 显微镜的结构及使用方法

本实验使用偏光生物显微镜(见实验 6.1-1 显微摄影)，机械部分包括：镜架、机械筒、载物台，这是显微镜的骨架，可装置聚光镜、照明灯、不同倍数的物镜和目镜及调焦系统. 在镜筒上端放置目镜，下端放置物镜. 为了获得清晰的虚像，需要调节镜筒与被观察物之间的距离(调焦). 载物台是放置被观察物体的，台上有夹具，可将载玻片固定，载玻片的位置可借助在载物台的纵向移动手轮和横向移动手轮调节，来寻找目标像，物镜转换器可绕固定轴转动，来更换不同倍数的物镜.

照明部分包括：聚光灯、聚光镜和光栅.

光学部分包括：目镜和物镜. 被观察物经目镜和物镜放大的原理如图 6.3-1 所示.

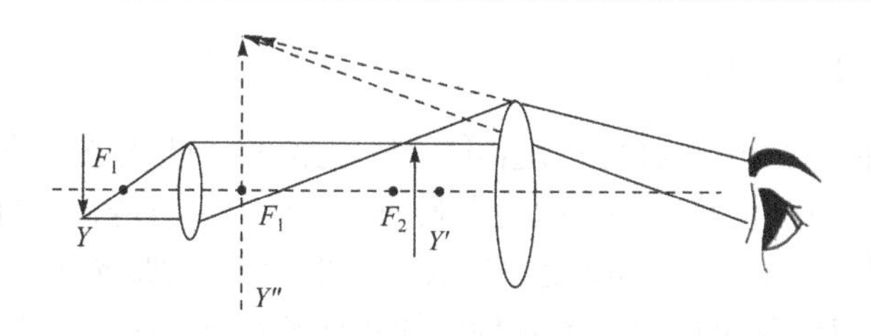

图 6.3-1　显微镜光路图

物体 Y 放在物镜焦点 F_1 之外，靠近焦点的地方，它经物镜放大成放大的实像 Y'，Y' 位于目镜焦点 F_2 之内，靠近焦点的地方. Y' 又经目镜放大成放大的虚像 Y''，位于明视距离处，也就是眼睛所能看到的放大像.

由图 6.3-1 可知，对于一定的目镜和物镜，要使被观察物的像成在明视距离处，物镜和被观察物的距离是一定的. 当需要更换物镜或目镜时这一距离会发生改变. 放上观察物后，必须上下调节显微镜才能观察到物像，这个过程称为调焦.

2. 显微镜的调焦方法

用不同倍数的物镜观察物体时，所能看到的清晰范围是不同的. 例如，用 10× 物镜(即 10 倍物镜)观察一个细胞时，则看到上壁就看不到下壁，看到下壁又看不到上壁. 在视野中垂直范围内所能清晰观察到的界限称为焦深. 物镜的放大倍数越大焦深越小，调焦越困难，所以显微镜的调焦需要正确而又细致的操作，步骤如下.

(1) 灯光照明. 调节亮度控制钮/电源开关，直到获得所需亮度. 照明亮度取决于各种条件，如标本衬度，物镜放大率，眼睛调节能力等，太弱或太强的光都不适合. 一般情况下，不要将照明亮度调至最强状态，否则会使灯泡在满载荷下工作，从而缩短灯泡寿命.

(2) 调焦.

(a) 将标本置于工作台中间，先用 10× 物镜和 10× 目镜，为防止标本和物镜相碰，应先使载物台上升，使标本与物镜靠近，然后再使标本与物镜相离，在相离过程当中，达到调焦目的. 操作时可先缓慢逆向旋转粗调手轮，使标本下降，同时在 10× 目镜里搜索图像，最后用微调手轮细调焦距.

(b) 低倍镜调好焦后，转换至高倍镜，不必从头调焦，只要稍许转动微调手轮，很快就可以看到清晰的高倍放大像了.

先往上后往下调焦的操作方法，可以避免镜筒挤压观察物而造成物镜或观察物的损伤；先低倍后高倍则能迅速地找到物像. 这两条是正确使用好显微镜的操作要点，操作时一定要牢记.

(c) 聚光镜、光源、孔径光阑已经调好，不必自行调节.

3. 显微镜的测量方法

普通的生物显微镜，其目镜为惠更斯型：它由两块凸透镜分开一段距离组成. 面向物镜的一块称为向场透镜，面向人眼的一块称为接目透镜，两者之间装有光阑，被观察物体经物镜以及向场透镜所成的实像就位于视野光阑所在的平面上.

为了测量被观察物的大小，在镜筒内的视野光阑处放置一块目镜微尺. 目镜微尺是直径约 20～21 mm 的圆形玻片，其上的刻度尺通常为 10 mm，100 分格(图 6.3-2). 使目镜微尺与被观察物体所成的实像重合，找出实像占据目镜微尺的分格数 a，预先求得目镜微尺在视野光阑处每个分格所代表的长度 m，则可测得被观察物体的长度为

$$L = am \tag{6.3-1}$$

为了求得目镜微尺每个分格所代表的长度，需要测定被观察物体上多大的一段长度其实像恰与目镜微尺的一个分格长度相等，这个长度即目镜微尺一个分格所量度的物长，叫做微尺值.

同一块目镜微尺，当用于不同的物镜、目镜组合时，其微尺值不同，均需要实际地测定，方法是必须与一标准物镜微尺(镜台微尺)进行比较后来确定.

物镜微尺是在一块特制的载玻片中央封固一具有刻度标尺的圆环. 全长为 1 mm，标尺上刻有 100 等份的小格(图 6.3-2(b))，每个最小分格的长度为 0.01 mm.

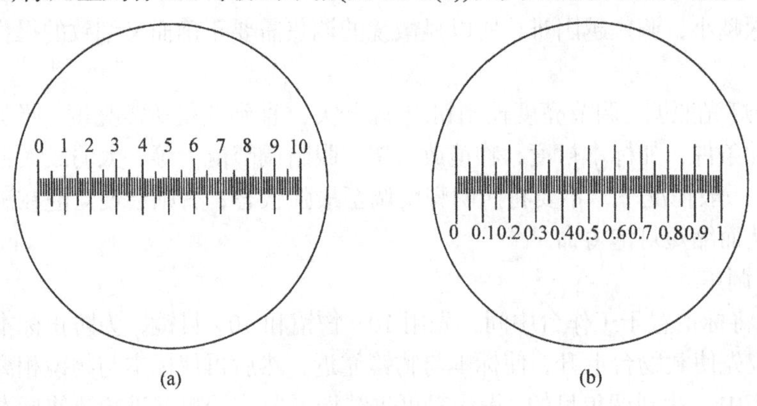

图 6.3-2　目镜微尺和物镜微尺(10×)

把每一分格为 0.01 mm 的物镜微尺置于载物台上，调解显微镜至看到物镜微尺清晰的像，且将物镜微尺的实像与放在视野光阑处的目镜微尺相重合后进行比较，如图 6.3-3 所示.

为了提高有效数字的位数，应当用物镜微尺上尽可能长的一段来和目镜微尺上的刻度相比较. 如果物镜微尺 N_0 个分格与目镜微尺 N_1 个分格的长度相等，并且设物镜微尺每一分格长为 m，则有

$$N_1 m = N_0 n \tag{6.3-2}$$

于是，目镜微尺每一分格所代表的长度为

$$m = \frac{N_0}{N_1} n$$

$$m = \frac{N_0}{N_1} \times 0.01 \tag{6.3-3}$$

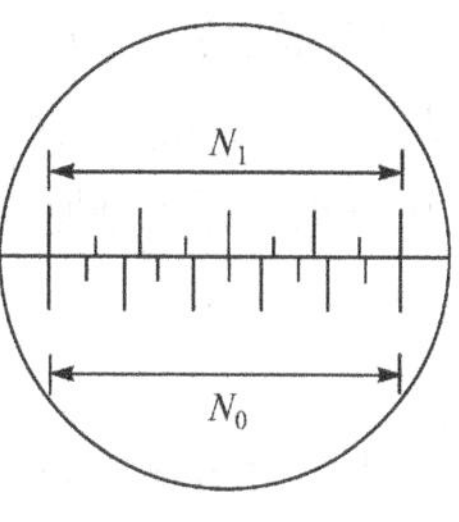

图 6.3-3

式中，N_0 和 N_1 可在显微镜中读出，因此，m 值可由式(6.3-3)求得. m 值确定后，从载物台上取下物镜微尺，换上标本片，读出实像的待测部位所对应的目镜微尺格数 a，再根据式(6.3-1)即可求出待测部位的长度.

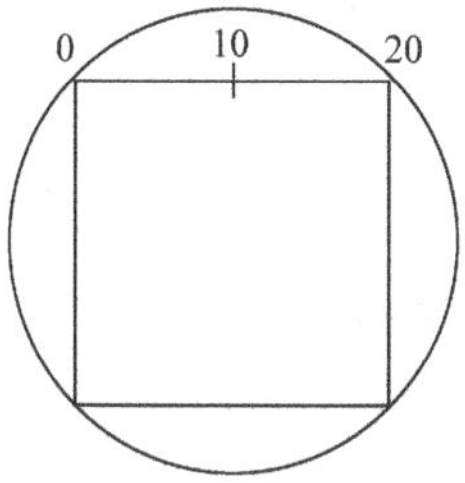

图 6.3-4

另外还有一种目镜微尺刻的是方格形的(即边长为 20 mm，也就是面积为 400 mm^2)，如图 6.3-4 所示，其中每个分格的边长所代表的长度 m，其求值方法同上，也就是都需要用物镜微尺进行比较后才能确定其 m 值大小(共 20 个分格).

【实验内容和步骤】

1. 熟悉显微镜各部分的构造及操作方法

装上普通的标本，用低倍、高倍物镜分别寻找出放大的像.

2. 测定目镜微尺值 m

将低倍物镜对准镜筒，细心地将物镜微尺置于载物台上夹好，注意字迹面一定要面向镜筒. 转动标本 X-Y 推进器螺旋，移动物镜微尺使其对准通光孔. 调节照明系统和焦距，直到同时清晰地看到目镜微尺和物镜微尺的像为止. 转动目镜使两微尺的刻度线平行重合，然后换入高倍物镜. 此时，只要稍稍转动微调手轮进行聚焦，就可更加清晰地看到目镜微尺和物镜微尺的像. 从物镜微尺两端找出视野中目镜微尺上与之等长的格数，重复比较三次，记下每次的 N_0、N_1 值，计算出 m 值的算术平均值 $\bar{m}$.

3. 观察草履虫细胞的形态结构，测量细胞、细胞核体积及核质指数

由镜台取下物镜微尺，换上草履虫细胞玻片标本. 用低倍、高倍物镜观察染色不同的细胞及细胞核的形态. 为了便于实验中测量，可选一较大的细胞为目的物. 旋转目镜微尺使其与细胞或细胞核对称长轴或短轴相重合，然后用目镜微尺分别测量出它们的长半径 a_{c1} 或 a_{n1} 和短半径 b_{c1} 或 b_{n1}. 由于细胞核的形状一般近似可以看成椭圆形，为减少测量误差，上述测量值可采用算术平均值，为此，可把目镜微尺相对

对称轴旋转一小角度θ，同时记下相应的测量值a_{c2}、a_{c3}、a_{n2}、a_{n3}以及b_{c2}、b_{c3}、b_{n2}、b_{n3}，如图 6.3-5 所示. 然后分别计算出它们各自的算术平均值$\overline{a}_c$、$\overline{a}_n$和$\overline{b}_c$、$\overline{b}_n$，并由此计算出细胞及细胞核的体积$\overline{V}_c$、$\overline{V}_n$和细胞指数N_p，公式如下：

$$\overline{V}_c = 4\pi\overline{a}_c\overline{b}_c^{\,2}/3,\quad \overline{V}_n = 4\pi\overline{a}_n\overline{b}_n^{\,2}/3,\quad N_p = \frac{\overline{V}_n}{\overline{V}_c - \overline{V}_n}$$

式中，$\overline{a}_c$为细胞长半径的算术平均值；$\overline{b}_c$为细胞短半径的算术平均值；$\overline{a}_n$为细胞核长半径的算术平均值；$\overline{b}_n$为细胞核短半径的算术平均值；$\overline{V}_c$为细胞体积的算术平均值；$\overline{V}_n$为细胞核体积的算术平均值.

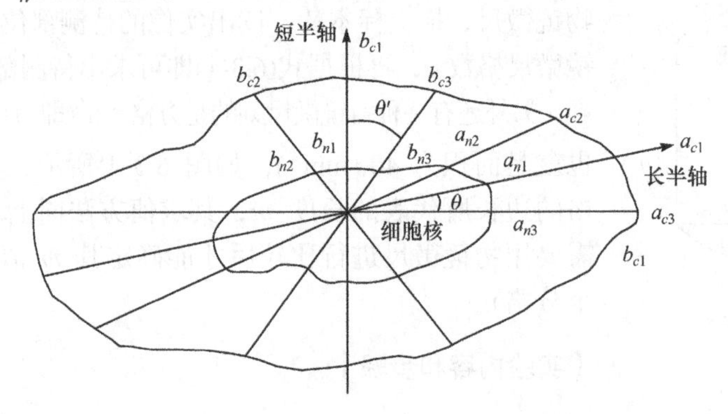

图 6.3-5　细胞、细胞核测试方法图

4. 观察人体白细胞的形态结构，测量细胞、细胞核体积及核质指数

由镜台上取下草履虫玻片标本，换上人体白细胞玻片标本，方法同上. 取一较大的细胞为目的物，分别测出中性粒细胞、嗜酸性粒细胞、嗜碱性粒细胞、单核细胞及淋巴细胞的长、短半径和核的长短半径，然后分别计算出它们的体积及核质指数，分辨方法见图 6.3-6.

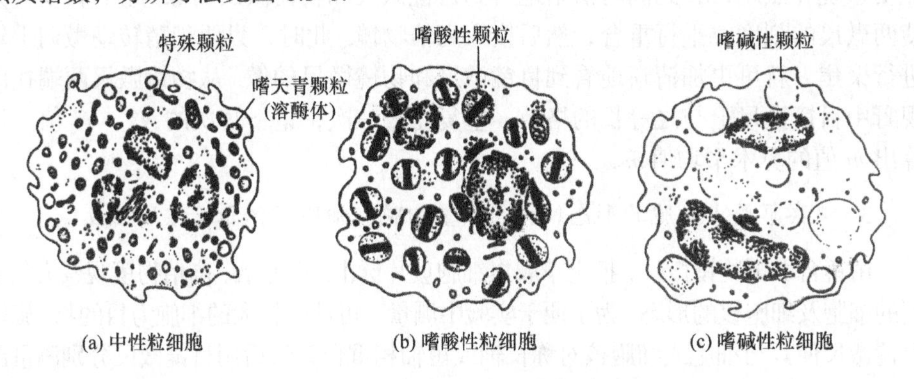

图 6.3-6　3 种粒细胞超微结构模式图

【注意事项】

(1) 测量过程中一定要使升降台先上升，后下降，以免损坏标本.

(2) 调焦过程中镜筒先放低位，后放高位.

(3) 当眼睛注视目镜时，只准使镜筒移离物体.

【思考题】

(1) 当更换显微镜目镜时目镜的微尺 m 是否要重新测量？为什么？更换物镜呢？

(2) 为什么调焦过程强调镜筒应先放在低位，后调向高位，且先使用低倍镜？

实验 6.4　温度传感器的特性及人体温度测量实验

实验 6.4.1：PN 结温度传感器的温度特性测量及应用

【实验目的】

(1) 在恒定小电流条件下，测量 PN 结温度传感器正向电压与温度的关系，求出 PN 结温度传感器的灵敏度与相关系数；

(2) 用 PN 结温度传感器、放大电路和数字电压表组装数字式电子温度表，并对数字式温度表进行校正(用医用级水银温度计作标准)；

(3) 用组装数字式电子温度表(PN 结温度传感器)进行人体各部位(眉心，腋下，手心，下肢)温度分布情况的测量,口腔用水银体温表(需用酒精消毒)，了解人体各部分的温差.

【实验仪器】

FD-BHM-A 温度传感器特性及人体温度测量实验仪(可控温数显干井式恒温加热系统，PN 结温度传感器，可调整放大器，数字电压表，插接线，医用级口腔表等).

【实验原理】

PN 结温度传感器是利用半导体 PN 结的正向结电压对温度依赖性，实现对温度的检测，实验证明在一定电流通过的情况下，PN 结的正向电压与温度之间有良好的线性关系. 通常将硅三极管 b、c 极短路，用 b、e 极之间的 PN 结作为温度传感器测量温度. 硅三极管基极和发射极间正向导通电压 U_{be} 一般约为 600 mV(25 ℃)，且与温度成反比. 线性良好，温度系数约为 $-2.3\ \text{mV}\cdot℃^{-1}$，测温精度较高，测温范围可达−50～150 ℃.

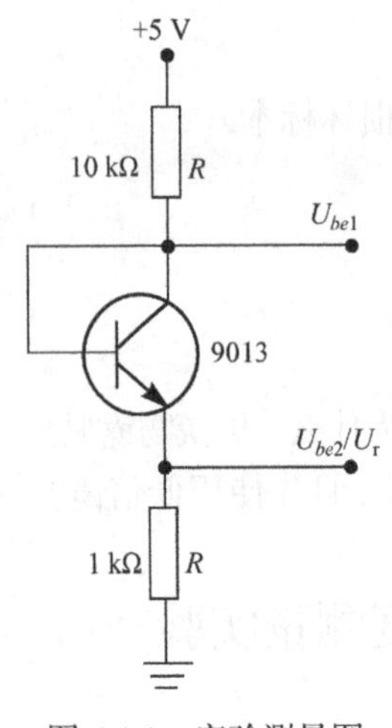

图 6.4-1　实验测量图

通常 PN 结组成二极管的电流 I 和电压 U 满足

$$I = I_S\left[e^{qU/kT} - 1\right] \tag{6.4-1}$$

在常温条件下，且 $U > 0.1\text{V}$ 时，式(6.4-1)可近似为

$$I = I_S e^{qU/kT} \tag{6.4-2}$$

式中，T 为热力学温度；I_S 为反向饱和电流；电子电量 $q = 1.602\times10^{-19}$ C；玻尔兹曼常量 $k = 1.381\times10^{-23}\ \text{J}\cdot\text{K}^{-1}$.

正向电流保持恒定且电流较小条件下，PN 结的正向电压 U 和热力学温度 T 近似满足下列线性关系：

$$U = BT + U_{g0} \tag{6.4-3}$$

式中，U_{g0} 为半导体材料在 $T = 0$ K 时的禁带宽度；B 为 PN 结的结电压温度系数.

实验测量如图 6.4-1 所示. 图中用+5V 恒压源使流过 PN 结的电流约为 400 μA(25 ℃). 测量 U_{be} 时用 U_{be1}、U_{be2} 两端，作传感器应用时从 U_{be2}/U_r 输出.

【实验内容和步骤】

PN 结温度传感器温度特性的测量及应用如下.

(1) 将控温传感器 Pt100 铂电阻插入干井式恒温加热炉中心孔，PN 结温度传感器插入干井式恒温加热炉另一个孔内. 按要求插好连线. 从室温开始测量，然后开启加热器，设置控温系统温度，每隔 10.0 ℃测量 PN 结正向导通电压 U_{be}，用最小二乘法拟合出 PN 结温度传感器输出电压与温度的关系，求出 PN 结温度传感器的灵敏度与相关系数.

(2) 制作电子温度计：将 U_r 作为信号通过放大电路放大为 10 mV/℃的电压输出，并将输出电压与标准温度进行对比校准，即可制成电子温度计. 插上 PN 结实验电路电源(+5 V)，将控温传感器 Pt100 铂电阻(A 级)，插入干井炉中心孔，用水银体温表对控温传感器 Pt100 铂电阻进行 37.0 ℃的校正，控温仪作 37.0 ℃的自适应整定. 调整电路的校正与调零电位器，使输出电压与温度变化同步(即温度每 1 ℃输出电压变化 10 mV). 测量电子温度计的线性度(35.0～42.0 ℃)，每隔 0.5 ℃测量一次，到 42.0 ℃止.

(3) 进行人体各部位(腋下、眉心、手掌内)的温度测量(除口腔外)并与水银体温表测量口腔(口腔表)的温度进行比较，了解人体各部位温差的原因.

实验 6.4.2：电压型集成温度传感器(LM35)温度特性的测量及应用

【实验目的】

(1) 测量电压型温度传感器(LM35)输出电压与温度的关系，求出 LM35 温度传感器的灵敏度；

(2) 用 LM35 温度传感器、放大电路和数字电压表组装数字式电子温度表，并对数字式温度表进行校正(用医用级水银温度计作标准)；

(3) 用组装数字式电子温度表(LM35 温度传感器)进行人体各部位(眉心，腋下，手心，下肢)温度分布情况的测量,口腔用水银体温表(需用酒精消毒)，了解人体各部分的温差.

【实验仪器】

FD-BHM-B 温度传感器特性及人体温度测量实验仪，可控温数显干井式恒温加热系统，LM35 温度传感器，可调整放大器，数字电压表，插接线，医用级口腔表等.

【实验原理】

LM35 温度传感器，标准 T0-92 工业封装，由于其输出的是与温度对应的电压($10\ \text{mV}\cdot{}^\circ\text{C}^{-1}$)，且线性极好，故只要配上电压源，数字式电压表就可以构成一个精密数字测温系统. 输出电压的温度系数 $K=10.0\ \text{mV}\cdot{}^\circ\text{C}^{-1}$，利用下式可计算出被测温度 t(℃)：

$$U_0 = Kt = (10\ \text{mV}\cdot{}^\circ\text{C}^{-1})t$$

即

$$t = U_0/K \tag{6.4-4}$$

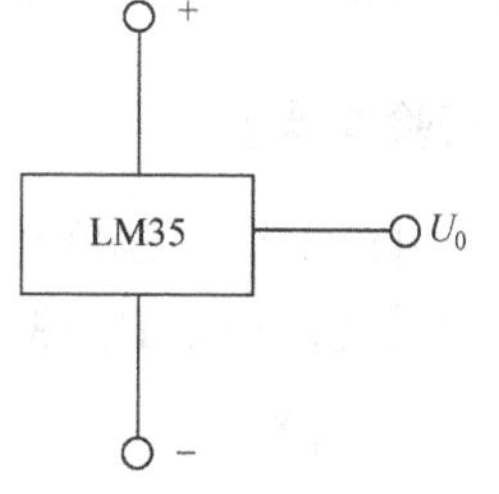

图 6.4-2　LM35 温度传感器的电路符号

LM35 温度传感器的电路符号见图 6.4-2，U_0 为输出端. 实验测量时只要直接测量其输出端电压 U_0，即可知待测量的温度.

【实验内容和步骤】

集成温度传感器 LM35 温度特性的测量及应用如下.

(1) 插接好电路，将控温传感器 Pt100 铂电阻(A 级)插入干井式恒温加热炉中心孔，开始从环境温度起测量，然后开启加热器，每隔 10.0 ℃控温系统设置一次，控温后，恒定 2 min 测试传感器 LM35 的输出电压. 用作图法拟合得出电压型温度传感器(LM35)输出电压与温度的关系，求出 LM35 温度传感器的灵敏度.

(2) 制作电子温度计：将电压输出型 LM35 的输出电压通过放大电路并将输出电压与标准温度进行对比校准，即可制成电子温度计. 插上 LM35 实验电路电源(+5 V)，将控温传感器 Pt100 铂电阻(A 级)，插入干井式恒温加热炉中心孔，用标准水银温度计对控温传感器 Pt100 铂电阻(A 级)进行 37.0 ℃的校正，控温仪作 37.0 ℃的自适应整定. 调整电路的校正电位器，使输出电压与温度变化同步(即每 1 ℃变化 10 mV). 测量电子温度计的线性度(35.0～42.0 ℃)，每隔 0.5 ℃测量一次，到 42.0 ℃止. (选做)

(3) 进行人体各部位(腋下、眉心、手掌内)的温度测量(除口腔外)并与水银体温表测量口腔(口腔表)的温度进行比较，了解人体各部位温差的原因. (选做)

实验 6.4.3：负温度系数热敏电阻(NTC 1K)温度传感器温度特性的测量及应用

【实验目的】

(1) 用恒流源法测量负温度系数热敏电阻的阻值与温度的关系，求得灵敏度.

(2) 用热敏电阻温度传感器 NTC 1K(负温度系数)、放大器和数字电压表组装成数字式电子温度表，并对数字式温度表进行校正(用医用级水银温度计作标准)(选做).

(3) 进行人体各部位(腋下、眉心、手掌内)的温度测量(除口腔外)并与水银体温表测量口腔(口腔表)的温度进行比较，了解人体各部位温差的原因.

【实验仪器】

FD-BHM-B 温度传感器特性及人体温度测量实验仪，可控温数显干井式恒温加热系统，NTC 1K 热敏电阻温度传感器，可调整放大器，数字电压表，插接线，医用级口腔表等.

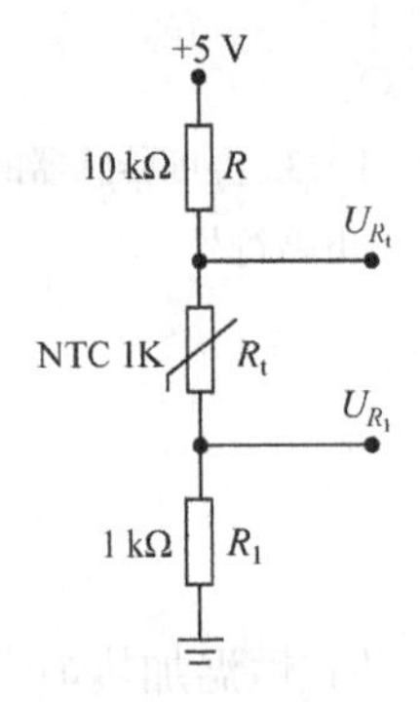

图 6.4-3　恒压源电流法测量热电阻电路图

【实验原理】

1. 恒压源电流法测量热电阻

恒压源电流法测量热电阻，电路如图 6.4-3 所示，电源采用恒压源，R_1 为已知数值的固定电阻，R_t 为热电阻. U_{R_1} 为 R_1 上的电压，U_{R_t} 为 R_t 上的电压，U_{R_1} 用于监测电路的电流. 当电路电压恒定、温度恒定时则 U_{R_1} 一定，电路的电流 I_0 则为 U_{R_1}/R_1，只要测出热电阻两端电压 U_{R_t}，即可知道被测热电阻的阻值. 当电路电流为 I_0，温度为 T 时，热电阻 R_t 为

$$R_t = \frac{U_{R_t}}{I_0} \tag{6.4-5}$$

2. 负温度系数热敏电阻(NTC 1K)温度传感器

热敏电阻是利用半导体电阻阻值随温度变化的特性来测量温度的，按电阻阻值随温度升高而减小或增大，分为 NTC 型(负温度系数热敏电阻)、PTC 型(正温度系数热敏电阻)和 CTC 型(临界温度热敏电阻). NTC 型热敏电阻阻值与温度的关系呈指数下降关系，但也可以找出热敏电阻某一较小的、线性较好范围加以应用(如 35～42℃). 如需对温度进行较准确的测量则需配置线性化电路进行校正测量(本实验没进行线性化校正). 以上三种热敏电阻特性曲线见图 6.4-4.

在一定的温度范围内(小于 150 ℃)NTC 型热敏电阻的电阻 R_t 与温度 T 之间有如下关系：

$$R_t = R_0 e^{B\left(\frac{1}{T}-\frac{1}{T_0}\right)} \tag{6.4-6}$$

式中，R_t、R_0 是温度为 T、T_0 时的电阻值(T 为热力学温度，单位为 K)；B 是热敏电阻材料常数，一般情况下 B 为 2000～6000 K. 对一定的热敏电阻而言，B 为常数，对式(6.4-5)两边取对数，则有

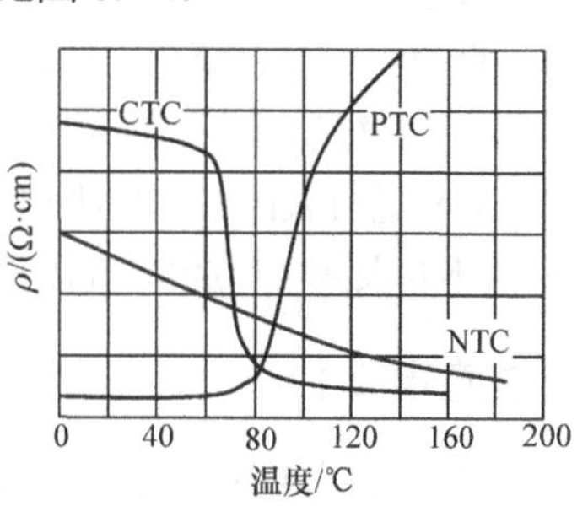

图 6.4-4　热敏电阻特性曲线

$$\ln R_t = B\left(\frac{1}{T}-\frac{1}{T_0}\right) + \ln R_0 \tag{6.4-7}$$

由式(6.4-6)可见，$\ln R_t$ 与 $1/T$ 呈线性关系，作 $\ln R_t$-$(1/T)$直线图，用直线拟合，由斜率即可求出常数 B.

【实验内容和步骤】

NTC 1kΩ 热敏电阻温度特性的测量及电子温度计的制作.

(1) 恒压源电流法测量热敏电阻的阻值.

用恒压源法测热敏电阻的方法见图 6.4-3. 图 6.4-3 为测量热敏电阻阻值所用恒压源实验电路，测量热敏电阻时插上+5 V 恒压电源、热敏电阻. 在一定的温度时(温度不变)检测 1 kΩ 电阻上的电压即可知道流过 R_t 的电流，即 $I = U_{R_1} / R_1$，则测量热敏电阻上的电压即可知道它的阻值($R_t = U_{R_t} / I$).

注意：每改变一次温度都要重新测量流过 R_t 的电流(R_t 的阻值已经变化了).

将控温传感器 Pt100 铂电阻(A 级)，插入干井式恒温加热炉的中心孔，另一只待测试的 NTC 1K 热敏电阻插入干井式恒温加热炉另一孔，从室温起开始测量，

然后开启加热器，每隔 10.0 ℃控温系统设置一次，控温稳定 2 min 后，用式(6.4-5)测量、计算 NTC 1K 热敏电阻的阻值，到 80.0 ℃止. 将测量结果用最小二乘法直线拟合，求出结果.

(2) 制作电子温度计(选做).

将 U_{R_t} 作为信号进入放大电路进行放大和调整，使电路得到 10 mV/℃的输出，并将输出电压与标准温度进行对比校准，即可制成电子温度计. 将控温传感器 Pt100 铂电阻(A 级)，插入干井式恒温加热炉中心孔，用水银体温表对控温传感器 Pt100 铂电阻(A 级)进行 37.0 ℃的校正(注意：水银体温表如再次测量温度比前次测量温度低，则必须将体温表温度指示水银柱甩下来，以下实验相同). 控温仪作 37.0 ℃的自适应整定. 调整电路的校正与调零电位器，使输出电压与温度变化同步(即温度每 1 ℃变化，输出电压变化 10 mV). 测量电子温度计的线性度(35.0～42.0 ℃)，每隔 0.5 ℃测量一次，到 42.0 ℃止.

(3) 进行人体各部位(腋下、眉心、手掌内、下肢)的温度测量(除口腔外)，并与水银体温表测量口腔(口腔表)的温度进行比较，了解人体各部位温差的原因. (选做)

【注意事项】

考虑到实验的安全性，温度传感器实验设置的最高实验温度为 80.0 ℃. 实验时可根据实验时间、季节情况选择 6～8 个温度点作测量实验. 仪器的加热装置采用了温度传感器测量技术中较准确的干井式恒温加热炉，其控温准确度由控温系统 P.I.D 控制保证，在设定温度值时达±0.1 ℃，在全温度范围内达±0.3 ℃(利用控温系统内部设置“UU”微调，在全温度范围内控温准确度也可达±0.1 ℃). 干井式恒温加热炉可使恒温块中围绕中心干井的四个干井与中心井温度一致. 与恒温水槽相比，采用此种干井式结构，体积小，不需搅拌器. 既能使实验非常安全，也使恒温块中的几个井的温差极小. 仪器附件中的水银体温表操作要注意安全，要轻手轻放，万一发生断裂水银泄漏要妥善处理，以免污染环境. 仪器加热器电源为直流 24 V 安全电压，电流 0.5 A，功率 12 W. 干井加热炉从室温升至 100 ℃约 15 min. 同时为了快速重复做实验，仪器内另装风扇，可快速降低干井内温度.

实验 6.5　气体压力传感器特性及人体心律、血压测量实验

【实验目的】

(1) 了解气体压力传感器的工作原理、测量气体压力传感器的特性；

(2) 用气体压力传感器、放大器和数字电压表来组装数字式压力表，并用标准指针式压力表对其进行定标，完成数字式压力表的制作；

(3) 了解人体心律、血压的测量原理，利用压阻脉搏传感器测量脉搏波形、心跳频率，用自己组装的数字压力表采用柯氏音法测量人体血压；

(4) 验证理想气体的玻意耳(Boyle)定律.

【实验仪器】

压力传感器特性及人体心律血压测量实验仪由 8 个部分组成：①指针式压力表，②MPS3100 气体压力传感器，③数字电压表，④100 ml 注射器气体输入装置，⑤压阻脉搏传感器，⑥智能脉搏计数器，⑦血压袖套和听诊器血压测量装置，⑧实验接插线.

【实验原理】

压力(压强)是一种非电量的物理量，它可以用指针式气体压力表来测量，也可以用压力传感器把压强转换成电量，用数字电压表测量和监控. 本仪器所用气体压力传感器为 MPS3100，它是一种用压阻元件组成的桥，其原理图如图 6.5-1 所示.

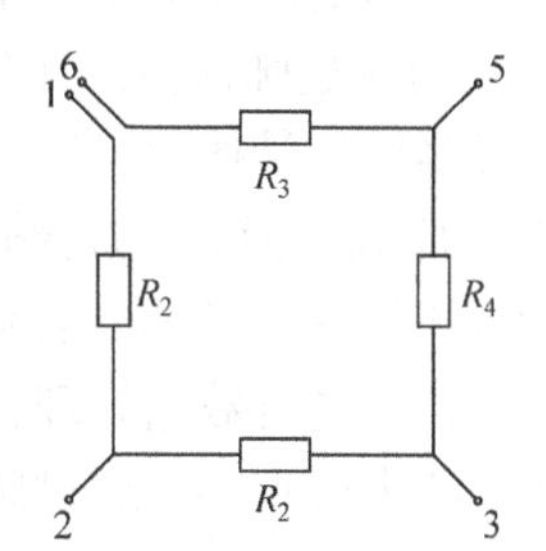

管脚	定义
1	GND
2	V^+
3	OUT^+
4	空
5	V^-
6	GND

图 6.5-1　MPS3100 原理图

给气体压力传感器加上+5 V 的工作电压，气体压强范围为 0～40 kPa,则它随着气体压强的变化能输出 0～75 mV(典型值)的电压，在 40 kPa 时输出 40 mV(min)；100 mV(max). 由于制造技术的关系，传感器在 0 kPa 时，其输出不为零(典型值±25 mV)，故可以在 1、6 脚串接小电阻来进行调整. MPS3100 传感器的线性度极好(典型值为 0.3% SF)，气体压力传感器的输出电压 U 与气体压强 p 的线性关系为

$$U = Ap \tag{6.5-1}$$

其中，A 为气体压力传感器灵敏度，单位：mV/kPa.

1. 理想气体定律

气体的状态参量为：体积 V，压强 p，温度 T. 对一定量的气体，在温度不太低，压强不太高的情况下，气体可视为理想气体，理想气体遵守以下定律.

(1) 玻意耳定律：对于一定量的气体，假定气体的温度 T 保持不变，则其压强 p 和体积 V 的乘积是一常数

$$p_1V_1 = p_2V_2 = \cdots = p_rV_r = \text{常数} \tag{6.5-2}$$

(2) 理想气体状态方程：任何一定量气体的压强 p 和气体的体积 V 的乘积除以自身的热力学温度 T 为一个常数，即

$$\frac{p_1V_1}{T_1} = \frac{p_2V_2}{T_2} = \cdots = \frac{p_rV_r}{T_r} = \text{常数} \tag{6.5-3}$$

2. 心律和血压的测量

人体的心率、血压是人的重要生理参数，心跳的频率、脉搏的波形和血压的高低是判断人身体健康的重要依据. 故测量人体的心率、血压也是医学类专业学生必须掌握的重要内容.

1) 心律、脉搏波与测量

心脏跳动的频率称为心律(次/分钟)，心脏在周期性波动中挤压血管引起动脉管壁的弹性形变，在血管处测量此应力波得到的就是脉搏波. 因为心脏通过动脉血管，毛细血管向全身供血，所以离心脏越近测得的脉搏波强度越大，反之则相反. 在脉搏波强的血管处,用手指在体外就能感应到脉搏波. 随着电子技术与计算机技术的发展，脉搏测量不再局限于传统的人工测量法或听诊器测量法. 利用压阻传感器对脉搏信号进行检测，并通过单片机技术进行数据处理，实现智能化的脉搏测试，同时可通过示波器对检测到的脉搏波进行观察，通过脉搏波形的对比来进行心脏的健康诊断. 这种技术具有先进性、实用性和稳定性，同时也是生物医学工程领域的发展方向. 但考虑到脉搏波不仅有脉搏频率参数，其中更有间接的血压、血氧饱和度等参数，所以脉搏波的观察在医学诊断中非常重要.

2) 血压与测量

人体血压指的是动脉血管中脉动的血流对血管壁产生的侧向垂直于血管壁的压力. 主动脉血管中垂直于管壁的压力的峰值为收缩压,谷值为舒张压. 血压是反映心血管系统状态的重要的生理参数. 特别是近年来，高血压在中老年人群中的发病率不断上升(据统计已达 15%～20%)，而且常常是引起心血管系统一些疾病的重要因素，因此血压的准确检测在临床和保健工作中变得越来越重要. 临床上血压测量技术可分为直接法和间接法两种. 间接法测量血压不需要外科手术，测量简便，因此在临床上得到广泛的应用. 血压间接测量方法中，目前常用的有两种，即听诊法(auscultatory method，柯氏音法)和示波法(oscillomutric method). 听诊法由俄国医生 Kopotkoc 在 1905 年提出，迄今仍在临床中广泛应用. 但听诊法

存在其固有的缺点：一是在舒张压对应于第四相还是第五相问题上一直存在争论，由此引起的判别误差很大；二是通过听柯氏音来判别收缩压、舒张压，其读数受使用者听力影响，易引入主观误差，难以标准化. 近年来许多血压监护仪和自动电子血压计大都采用了示波法间接测量血压. 示波法测量血压的过程与柯氏音法是一致的，都是将袖带加压至阻断动脉血流，然后缓慢减压，其间手臂中会传出声音及压力小脉冲. 柯氏音法是靠人工识别手臂中传出的声音，并判读出收缩压和舒张压. 而示波法则是靠传感器识别从手臂中传到袖带中的小脉冲，并加以差别，从而得出血压值. 考虑到目前医院常规血压测量还是用柯氏音法，所以本实验要求掌握的也是用柯氏音法测量人体血压.

【实验内容和步骤】

实验时注意：本实验仪器所用气体压力表为精密微压表，测量压强范围应在全范围的 4/5，即 32 kPa. 微压表的 0～4 kPa 为精度不确定范围，故实际测量范围为 4～32 kPa. 实验时压气球只能在测量血压时应用，不能直接接入进气口，测量压力传感器特性时必须用定量输气装置(注射器). 严禁实验时加压超过 36 kPa(瞬态)，瞬态超过 40 kPa，微压表可能损坏！

1. 实验前的准备工作

仪器实验前要开机 5 min，待仪器稳定后才能开始做实验. 注意实验时严禁加压超过 36 kPa.

2. 气体压力传感器 MPS3100 的特性测量

(1) 气体压力传感器 MPS3100 输入端加上实验电压(+5 V)，输出端接数字电压表，通过注射器改变管路内气体压强.

(2) 测出气体压力传感器的输出电压(4～32 kPa 测 8 点).

(3) 画出气体压力传感器的压强 p 与输出电压 U 的关系曲线(直线，非线性≤0.3% FS)，计算出气体压力传感器的灵敏度及相关系数.

3. 数字式压力表的组装及定标

(1) 将气体压力传感器 MPS3100 的输出与定标放大器的输入端连接，再将放大器输出端与数字电压表连接.

(2) 反复调整气体压强为 4 kPa 与 32 kPa 时放大器的零点与放大倍数，使放大器输出电压在气体压强 4 kPa 时为 40 mV，在气体压强 32 kPa 时为 320 mV.

(3) 将放大器零点与放大倍数调整好后，琴键开关按在 kPa 挡，组装好的数字式压力表可用于人体血压或气体压强的测量及数字显示.

4. 心律的测量

(1) 将压阻式脉搏传感器放在手臂脉搏最强处，插口与仪器脉搏传感器插座连接，接上电源(+5 V)，绑上血压袖套，稍加些压力(压几下压气球，压强以示波器能看到清晰脉搏波形为准，如不用示波器则要注意脉搏传感器的位置，调整到计次灯能准确跟随心跳频率).

(2) 按下“计次、保存”按键，仪器将会在规定的一分钟内自动测出每分钟脉搏的次数，并以数字显示测出的脉搏次数.

5. 血压的测量

(1) 采用典型柯氏音法测量血压，将测血压袖套绑在上手臂脉搏处，并把医用听诊器插在袖套内脉搏处.

(2) 血压袖套连接管用三通接入仪器进气口，用压气球向袖套压气至 20 kPa，打开排气口缓慢排气，同时用听诊器听脉搏音(柯氏音)，当听到第一次柯氏音时，记下压力表的读数为收缩压，若排气到听不到柯氏音时，那最后一次听到柯氏音时所对应的压力表读数为舒张压.

(3) 如果舒张压读数不太肯定时，可以用压气球补气至舒张压读数之上，再次缓慢排气来读出舒张压.

柯氏音法：一种无创血压测量方法，属于间接测量人体血压的方法，是通过袖带加气压挤血管，使血流完全堵断，这时用听诊器听血管的波动声是没有的，然后慢慢放气至听到脉搏声，此时认为是高压即收缩压；继续放气通过听诊器能听到强而有力的脉搏声，且慢慢变轻，直至听到很平稳较正常脉搏声，这时认为血管完全未受挤压，也就是作为低压，即舒张压. 柯氏通过袖带加压和听脉搏音来测量血压解决了无创测压的方法，对人类医学的贡献是很大的，直到现在很多医生还在用此法测量血压，人们为了纪念柯氏称此法为柯氏音法.

6. 验证理想气体玻意耳定律

(1) 将注射器吸入空气拉管至 100 ml 刻线，注射器出口用气管连接至仪器气体输入口，此时若管道内的气体体积为 V_0，那么此时总的气体体积为 V_0+V_1(100 ml)，压力表显示压强为零(实际压强约为 760 mmHg 或 101.08 kPa).

(2) 将注射器内气体压缩，此时总的气体体积将减少，压强将升高. 每减少 5 ml 测量一次管道内压强，至少测 5 次. 则依次得 V_2+V_0, p_2；V_3+V_0, p_3；V_4+V_0, p_4；V_5+V_0, p_5.

(3) 作 $\dfrac{1}{p_i+p_1}$-V_i 直线图，求出斜率 K 和截距 K_{V_0}，然后证明

$$(V_2+V_0)\ p_2=(V_3+V_0)p_3=(V_4+V_0)p_4=(V_5+V_0)p_5$$

验证了玻意耳定律.

实验 6.6　测量人体阻抗的频率特性

【实验目的】

(1) 了解人体阻抗的概念;

(2) 测量人体阻抗的频率特性;

(3) 掌握音频信号发生器、晶体管毫伏表的使用方法.

【实验仪器】

直流稳压电源，XD_2 音频信号发生器，多用电表，固定电阻两只，电极和导线等.

【实验原理】

人体是由各种组织构成的非常复杂的导体，体表有一层导电性最差的皮肤，体内为导电性较强的体液和具有不同导电性的各种组织. 人体阻抗是皮肤阻抗和其他组织阻抗之和，皮肤阻抗远远大于其他组织阻抗. 通过实验我们可以得出：人体阻抗具有容性阻抗的特点. 由于人体相当复杂，下面我们采用模拟的方法来解释.

1. 皮肤阻抗

皮肤的结构如图 6.6-1 所示，它的最外层是表皮，包括角质层，其中有汗腺孔，下面是真皮及皮下组织，其中有大量血管，由于真皮及皮下组织导电性较好，可模拟为纯电阻 R，皮肤的阻抗大小主要取决于角质层，角质层相当于一层很薄的绝缘膜，类似于电容器的中间介质，真皮和电极片类似于电容器的两极板.

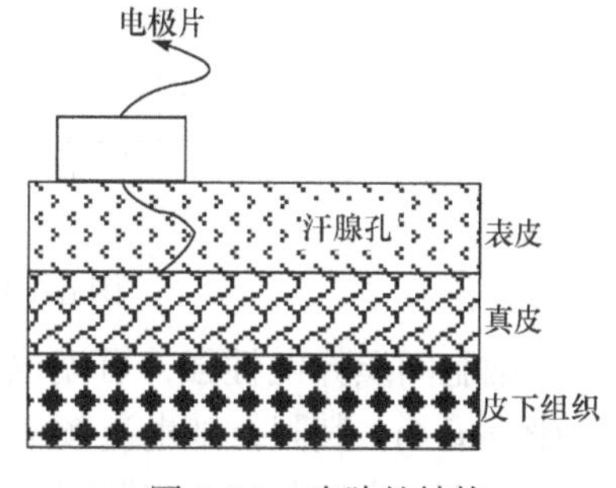

图 6.6-1　皮肤的结构

由于汗腺孔里有少量的离子通过，所以我们把表皮模拟为漏了电的电容器，看成纯电容 C' 和纯电阻 R' 的并联.

表皮阻抗

$$Z=\frac{R'}{\sqrt{1+(\omega R'C')^2}}=\frac{1}{\sqrt{\frac{1}{R'^2}+(2\pi fC')^2}} \tag{6.6-1}$$

因此，我们把皮肤阻抗模拟为电阻电容的组合(图 6.6-2).

从以上分析我们可以看出影响皮肤阻抗的主要因素有以下两点.

(1) 皮肤的干湿程度对皮肤阻抗的影响. 当皮肤潮湿时，汗腺孔里水分很多，R' 减小，皮肤阻抗下降；相反，皮肤干燥时，汗腺孔里水分很少，R' 增大，皮肤阻抗增加.

(2) 电流的频率对皮肤阻抗的影响. 当直流和低频交流电通过皮肤时，据式(6.6-1)，f 较小，皮肤阻抗较大，而高频交流电 f 较大，皮肤阻抗较小，所以皮肤关系如阻抗是随交流电频率的增加而减少的，具有容性阻抗的特点. 皮肤阻抗与频率的关系如图 6.6-3 所示.

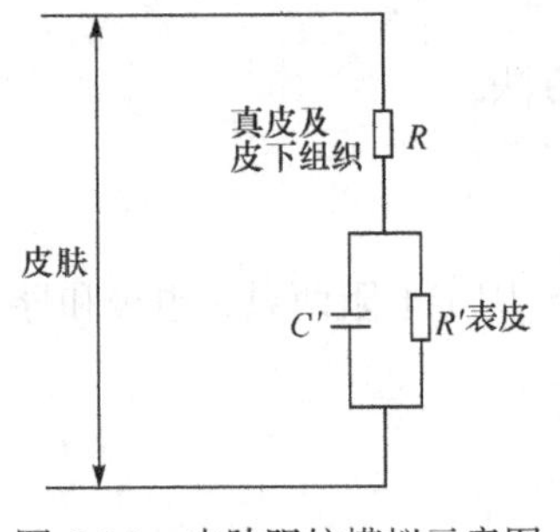

图 6.6-2 皮肤阻抗模拟示意图

2. 其他组织阻抗

电流通过皮肤后，就进入到组织，组织的阻抗远远小于皮肤阻抗，其导电性取决于含水量和相对密度. 体内有各种生物模(细胞膜)，把两种导电性很好的溶液分隔开，膜对某些离子易惨透，对另一些离子不易渗透，可把生物膜模拟为漏电电容，膜阻抗为膜电容 C 和膜电阻 R 的并联，即

$$Z=\frac{R}{\sqrt{1+(\omega RC)^2}}=\frac{R}{\sqrt{1+(2\pi fCR)^2}} \tag{6.6-2}$$

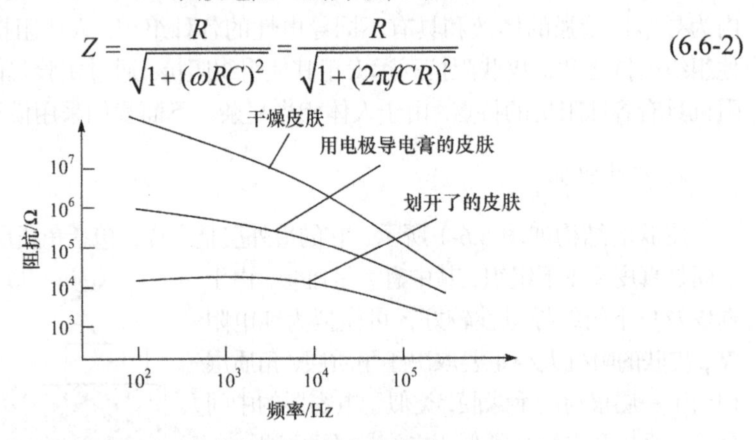

图 6.6-3 皮肤阻抗与频率的关系

细胞间质导电性强，可模拟为电阻. 因此可把其他组织看成电阻和电容的组合(图 6.6-4)，其阻抗随电流频率的增加而减少.

总之，人体阻抗是皮肤阻抗和其他组织阻抗之和，是大小不同的电阻和电容的复杂组合，机体的等效电路如图 6.6-5 所示. 从以上分析可知，影响人体阻抗的

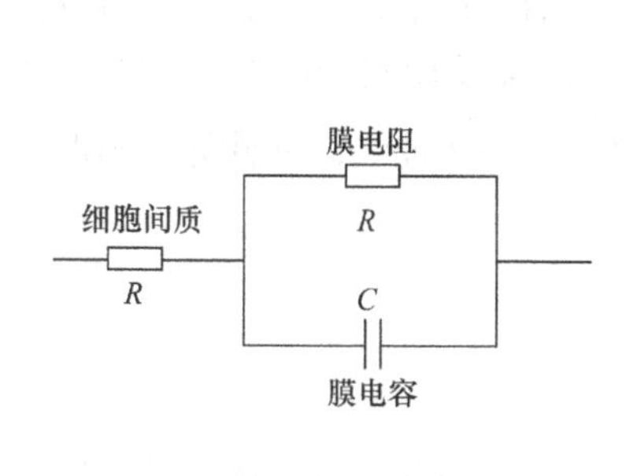

图 6.6-4 其他组织阻抗模拟示意图

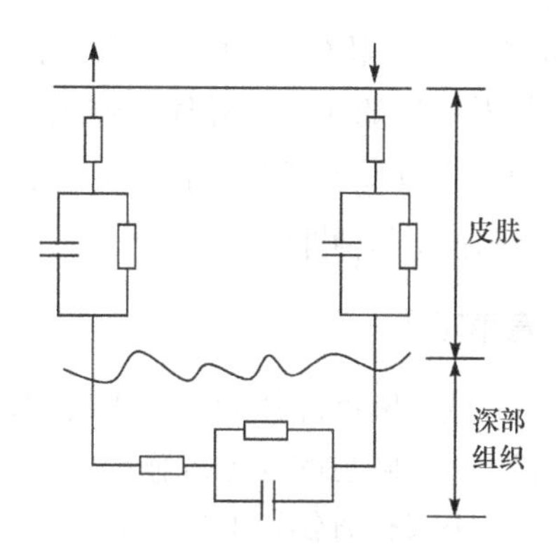

图 6.6-5 机体的等效电路

主要因素是电流的形式、频率和皮肤的干湿程度. 此外，实际测量的人体阻抗还包括电极与皮肤的接触电阻；电极与皮肤的接触松紧，接触面积的大小，接触面的清洁程度以电极与皮肤之间有无导电膏都直接影响接触电阻. 还有性别、年龄、皮肤的血液循环状态、病理过程、神经系统的活动也对皮肤阻抗有影响.

【实验内容和步骤】

1. 人体直流阻抗的测量

实验装置示意图如图 6.6-6 所示.

先用消毒酒精清洗皮肤表面，然后用电极夹住蘸有 NaCl 溶液的纱布，固定在手臂上. 图 6.6-6 中，电源用直流稳压电源，使其输出为 5.0 V(用多用表测量)，电阻用 $R_1 = 1.0\times10^4\ \Omega$，接通电路，待电路稳定 3 min 后，用多用电表分别测量 U_{ren} 和 U_{R_1}.

由欧姆定律可知

$$\frac{U_{R_1}}{R_1} = \frac{U_{\text{ren}}}{Z_1}$$

所以手臂的直流阻抗为

$$Z_1 = \frac{U_{\text{ren}}}{U_{R_1}} R_1$$

算出人体手臂的电阻，测量四次，并进行数据处理.

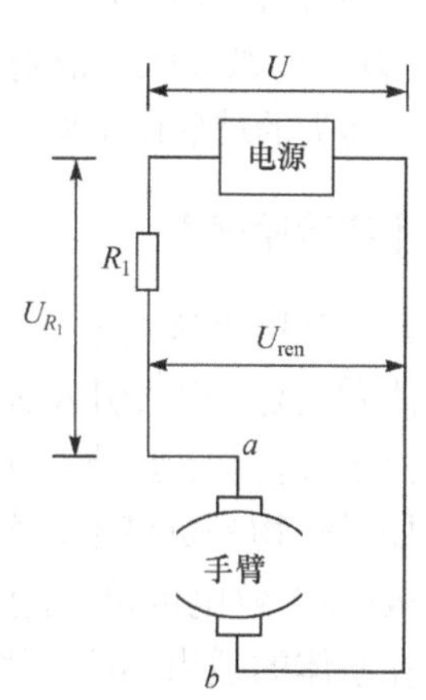

图 6.6-6 实验装置示意图

2. 人体交流阻抗的测量

在图 6.6-6 中，把直流电源换成信号发生器，先将信号发生器的输出衰减放在 40 dB，并把输出细调逆时针调到底，打开电源开关，预热

5 min 以上，电阻 $R_2 = 5.1\times 10^3\ \Omega$，接通电路，然后逐渐增大输出使之为 40 mV，改变信号发生器的频率，并保持输出电压不变，分别测出膜阻抗 U_{ren} 和 U_{R_2}，根据 $Z_2 = R_2 U_{\text{ren}} / U_{R_2}$ 计算出手臂的交流阻抗 Z_2，作 Z_2-lg f 曲线，说明变化规律，并指出人体阻抗呈何种性质.

【注意事项】

(1) 认真阅读晶体管毫伏表使用说明书.

(2) 不要随意改变电源输出电压，更不能把市电直接接入人体，注意安全.

(3) 不要在有伤口的地方做实验.

【思考题】

(1) 为什么潮湿的手比干燥的手更容易触电？为什么划开了的皮肤更易触电？

(2) 皮肤阻抗的特点是什么？

实验 6.7　模拟直流电离子透入疗法

【实验目的】

(1) 了解离子透入疗法的使用技术；

(2) 学会测量离子迁移率.

【实验仪器】

直流稳压电源，万用电表，铜(或铅)板电极(上有纱布套)1 对，导线，玻璃板 1 块，滤纸 3 张，带滴管的生理盐水 1 瓶，含甲基橙溶液的画线笔，稀盐酸 1 瓶，细而尖的玻璃棒 1 根(蘸稀盐酸用)，尺子 1 把，秒表 1 个，清洗用的抹布 1 块.

【实验原理】

利用直流电把药物通过皮肤汗腺管引入肌体的方法叫做离子透入疗法. 其具体做法是：用欲引入肌体的药物溶液湿润衬垫，把它放在需要这种药物和部位上，衬垫放置在和药物离子电性相同的电极上. 如果药物是正离子，药物放在阳极上，如果药物是负离子，药物放在阴极上，该电极叫同名电极或称有效电极. 另一电极(称无效电极)的衬垫不含药物. 用生理盐水(或稀盐水)湿润无效电极的衬垫放在肌体的适当部位，当直流电压加在两电极上时，药物离子在电场的作用下移动而进入肌体，然后被血液或淋巴液带往全身.

本实验采用模拟的方法. 用生理盐水湿润的滤纸代替肌体，用稀盐酸(HC1)中的氢离子(H^+)代替药物离子，主要观察 H^+在电场力的作用下从正电极向负电极移动的情况. 用甲基橙作指示剂，当甲基橙作用于稀盐酸时，使 H^+的有机核团呈红色，以便观察.

设正负两极间的距离为 L，加在两极间的电压为 U_L，在 t s 时间，测定 H^+位移如果为 S，则可近似计算 H^+的迁移率 μ，即单位场强作用下的离子平均速度. 两极间的电场强度可近似为 $E = U_L / L$，H^+的平均迁移速度 $v_+ = S / t$，所以，迁移率

$$\mu_+ = \frac{v_+}{E} = \frac{SL}{U_L t} \tag{6.7-1}$$

可调节不同的 L 和 U_L，选取不同的 t，测得相应不同的 S，即可求得 μ_+ 的平均值.

【实验内容和步骤】

(1) 用含有甲基橙溶液的画线笔在滤纸上画 3 条粗细不超过 1 mm 的直线，直线长度大约 8 cm，画在滤纸的中间(滤纸两端需各空出 2 cm).

(2) 将玻璃板洗净擦干，把画好直线的滤纸平铺在玻璃板上，如图 6.7-1 所示. 将两片包有纱布套的铜板电极用生理盐水略为润湿后压于滤纸两端，两极板间距离 10 cm，电极与划好的直线要有 1 cm 的距离，否则甲基橙溶液遇酸后会染及纱布套.

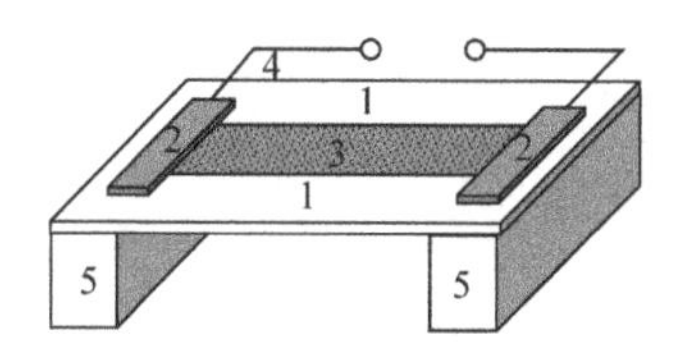

图 6.7-1　实验装置示意图

(3) 用生理盐水适当均匀湿润整个滤纸，但不能太湿，过干或过湿均会影响实验效果.

(4) 两电极分别与电源正负极接通，暂不要打开电源开关.

(5) 用玻璃棒的尖端蘸稀盐酸，在 3 条直线的近正极端上，分别滴一小滴稀盐酸溶液，于是直线上盐酸处将呈红色，即 H^+被“染色”(注意不可将盐酸滴在负极端).

(6) 打开电源开关，使输出直流电压为 30 V，可串接万用表观察电流为 1～2 mA，待电流、电压稳定后，迅速分别在红线前缘作一标记，并同时开始计时，经 10 min，再在红线前缘作标记. 3 条线中红点移动最快的一条，测出其两标记间的距离即为 S. 并记录下 L、U_L、t.

(7) 观察完毕，将输出电压调至最小，关闭电源.

(8) 根据式(6.7-1)计算出 μ_+.

(9) 将玻璃板洗净擦干后，按步骤(1)～(6)重复 2 次. 每次可改变两极间的距

离 L 及选取不同的 U_L 和 t，分别测出 H^+位移和迁移率，并求出平均迁移率，记入表 6.7-1 中.

(10) 实验全部做完后，整理桌面并将纱布套洗净拧干晾干，以备下次实验使用.

【数据记录和数据处理】

表 6.7-1　模拟直流电离子透入数据表

	L/cm	t/s	U_L/V	S/cm	μ_+ /(cm^2 · V^{-1} · s^{-1})	$\overline{\mu}_+$
1						
2						
3						

【思考题】

进行离子透入疗法前首先应该了解什么？如果不能知道药物离子的极性，怎么办？

第 7 章　设计性实验

实验 7.1　用单摆测定重力加速度

【实验目的】

(1) 求出当地重力加速度的值；
(2) 考察单摆的系统误差对测重力加速度的影响；
(3) 培养学生设计简单实验的能力.

【实验仪器】

单摆，停表(或数字毫秒计)，钢卷尺，乒乓球.

【要求】

(1) 写出用单摆测定重力加速度的实验原理，推导出其计算公式；
(2) 测定当地的重力加速度；
(3) 改变摆长探讨摆长对重力加速度的影响；
(4) 用乒乓球代替单摆的锤，考察空气浮力对测重力加速度的影响.

实验 7.2　自由落体运动的研究

【实验目的】

(1) 学习用自由落下的物体验证自由落体运动规律；
(2) 用自由落体测定当地的重力加速度.

【实验仪器】

自由落体装置，数字毫秒计，光电门(两个)，铁球.

【要求】

(1) 写出验证自由落体运动规律的实验方案；
(2) 用图解法和最小二乘法处理数据；

(3) 计算出当地的重力加速度.

实验 7.3　基于力敏传感器密度计的设计

【实验目的】

(1) 熟悉力敏传感器的原理;
(2) 学习力敏传感器的定标方法.

【实验仪器】

力敏传感器，密度计，比重瓶，砝码，天平，待测物体.

【要求】

(1) 写出利用力敏传感器测量物质密度的原理;
(2) 写出设计方案;
(3) 利用设计的密度计测量待测固体和液体的密度;
(4) 比较和说明设计的密度计与传统的密度计的优越性.

实验 7.4　可溶性不规则固体密度的测量

【实验目的】

(1) 了解测量可溶性不规则固体密度的方法;
(2) 学习减少实验误差的方法.

【要求】

测定物质的密度一般要测出该物质的质量和体积，然后根据密度公式就可以算出物质的密度，在普通物理实验教材中有这方面的专门介绍，在这里我们要求测量可溶性物质(如食盐)的密度(是可溶性物质，又是不规则固体，导致其体积难测，常规方法不可行).

设计要求：设计实验方案经理论论证和实验测量的确可行，实验结果误差较小.

实验 7.5　液体黏滞系数与浓度的关系研究

【实验目的】

(1) 了解液体黏滞系数与浓度的变化关系;

(2) 了解黏滞系数测试实验仪测定黏滞系数的方法.

【实验仪器】

变温黏滞系数测试实验仪主机，实验架，水箱，玻璃容器，激光器，水泵，加热器，温度计，温度传感器，重锤，引导管，小钢球，蒸馏水等.

【要求】

(1) 至少配制 8 种不同浓度的溶液进行实验;
(2) 利用 MATLAB 语言或 C 语言编程作出它们的关系曲线,并拟合出曲线方程.

实验 7.6　电表内阻的测定

【实验目的】

(1) 了解半偏法测量电表内阻的实验原理;
(2) 掌握电学实验的综合设计方法;
(3) 学习总结各种测定电表内阻的方法，分析掌握其可能达到的测量精度.

【实验仪器】

微安表 2 个，电阻箱，滑线变阻器，直流稳压电源，开关等.

【要求】

(1) 用半偏法和替代法分别进行测量，并对半偏法进行改进减少误差;
(2) 用电势差计法进行测量;
(3) 用电桥法进行测量;
(4) 每一种测量方法，课前画出实验线路图，推导出被测电表内阻的计算公式，简述实验原理、步骤和注意事项;
(5) 对几种方法作一定的比较和说明.

实验 7.7　非线性电阻特性的研究

【实验目的】

(1) 了解非线性元件的伏安特性，拓宽对电阻伏安特性的认识;

(2) 训练设计简单电路的能力.

【实验仪器】

晶体二极管，小灯泡，滑线变阻器，电阻箱，单刀开关.

【要求】

(1) 已知灯泡额定功率 $P = 0.55$ W，额定电压 $U = 2.2$ V，电源输出电压为 3 V；

(2) 要求设计出测量灯泡伏安特性的方案(①包括线路图及设计思想，写出电路中所使用元件的规格. ②电流能够细调)；

(3) 写出电流测量的范围及测量间隔(不少于 15 组数据)；

(4) 记录灯泡刚发光时的电压与电流数值. 求出灯泡电阻的最大值与最小值；

(5) 写出实验步骤；

(6) 研究二极管的非线性特性(研究正向特性与反向特性)；

(7) 对所作出的曲线进行分析.

【提示】

(1) 考虑如何设计才能保证灯泡不被烧坏；

(2) 二极管反向电阻很大，考虑用普通的指针式电压表或电流表是否合适.

【思考题】

本实验中研究小灯泡的伏安特性时应选择分压电路还是限流电路？为什么？

实验 7.8　酒精的折射率与其浓度关系的研究

【实验目的】

(1) 掌握用全反射法测定液体的折射率；

(2) 了解阿贝折射计的测量原理，熟悉使用方法；

(3) 研究酒精的折射率与其浓度的关系.

【实验仪器】

光源，玻璃瓶及滴管，酒精，蒸馏水等.

【要求】

(1) 配制不同浓度的酒精溶液(10%，20%，30%，40%，50%，60%，70%等)；

(2) 用图解法和最小二乘法得出酒精的折射率与其浓度的关系，并进行分析.

实验 7.9　薄片厚度的测量

【实验目的】

(1) 观察等厚直条纹；
(2) 用等厚干涉法测量薄片厚度.

【实验仪器】

读数显微镜，平晶(两块)，钠光灯，薄片.

【要求】

(1) 观察干涉条纹的特点；
(2) 测量薄片的厚度.

实验 7.10　利用等厚干涉测量液体的折射率

【实验目的】

(1) 学习利用牛顿环测量液体的折射率；
(2) 观察液体等厚干涉条纹.

【实验仪器】

读数显微镜，牛顿环，待测液体，玻璃器皿等.

【要求】

(1) 推导测量液体折射率的公式并设计实验方案；
(2) 简述实验主要步骤和测量过程中的主要注意事项；
(3) 记录测量数据，并计算出液体的折射率；
(4) 分析实验过程和测量结果.

实验 7.11　玻璃折射率的测量

【实验目的】

(1) 加深对布儒斯特定律的理解；

(2) 学会用布儒斯特定律测量材料折射率的原理和方法.

【实验仪器】

分光计，光滑平面的待测材料(如玻璃块)，偏振片.

【要求】

设计出测量原理，推导出测量计算公式，测量得出玻璃的折射率.

实验 7.12 利用分光计研究牛顿环实验的设计

【实验目的】

(1) 掌握用牛顿环测定透镜曲率半径的方法；
(2) 通过实验加深对等厚干涉原理的理解.

【实验仪器】

分光计，牛顿环，钠灯，凸透镜片，透明玻璃片和支架.

【要求】

设计出测量原理，推导出测量计算公式，测量得出透镜的曲率半径.

参 考 文 献

付妍, 梁路光. 2003. 医用物理实验[M]. 北京: 高等教育出版社.
李平舟, 陈秀华, 吴兴林. 2002. 大学物理实验[M]. 西安: 西安电子科技大学出版社.
梁路光, 赵大源. 2004. 医用物理学[M]. 北京: 高等教育出版社.
陆申龙, 马世红, 冀敏. 2005. 医药类物理实验课教学改革的探讨与实践[J]. 物理实验, (12): 20-22.
吕斯骅. 2006. 全国中学生物理竞赛实验指导书[M]. 北京: 北京大学出版社: 95-97.
吴俊林, 刘志存. 2007. 大学物理实验[M]. 西安: 陕西师范大学出版社.
邢凯, 丁琦. 2019. 大学物理实验[M]. 2 版. 上海: 同济大学出版社.
杨述武, 赵立竹, 沈国土, 等. 2007. 普通物理实验[M]. 4 版. 北京: 高等教育出版社.
伊殿云. 1999. 医用物理实验[M]. 济南: 山东科学技术出版社.
周殿清. 2009. 基础物理实验[M]. 北京: 科学出版社.

附　录

附录1　实验报告写作格式参考(节选)

物理基础实验训练(误差及基本测量)

一、实验目的

(1) 学习实验数据记录方法、有效数字和不确定度的计算；

(2) 掌握实验报告的撰写格式、数据处理方法、实验结果表示和误差分析；

(3) 熟悉游标卡尺、螺旋测微器、物理天平的构造和测量原理以及使用方法.

二、实验仪器

(通用设备简单列明，应写明仪器型号、规格和厂家，有些贵重仪器还要简单标注注意事项，并用括号括起来.)

××游标卡尺(型号、规格和厂家)，螺旋测微器(型号、规格和厂家)，物理天平(型号、规格和厂家)，圆柱，金属球等.

三、实验原理及预习问题

(认真阅读教材第1章和2.1节内容. 实验需主要掌握的原理：设计问题要求学生思考和推导，避免抄书，实验前应完成实验预习报告内容，预习成绩以预习报告完成情况进行打分，实验报告原理部分以此部分内容完成情况进行打分.)

(1) 简述直接测量量的A类和B类不确定度的计算方法以及合成不确定度的计算.

(2) 简述仪器读数的有效位数的确定方法、测量结果的表示应注意哪些问题.

(3) 以五十分游标为例，简述游标卡尺的游标原理和读数方法.

(4) 简述使用螺旋测微器测量长度的步骤和读数方法.

(5) 简述使用物理天平测量质量的操作步骤.

四、实验内容和步骤

(实验内容：用游标卡尺和天平测量圆柱体的密度；用螺旋测微器和天平测量钢球的密度. 简要写出实验步骤. 注意：测量圆柱和小球的直径时，要从不同方向和位置进行测量.)

五、数据记录和数据处理

(数据记录：用列表法记录数据，画表格线要用直尺，表格整齐、美观、规范. 数据处理：查阅误差理论部分，学会数据处理方法. 参阅附录2举例.)

六、实验小结和体会

(1) 本次实验体会最深的是什么？
(2) 游标卡尺、螺旋测微器如何进行零点校准？
(3) 如何调节物理天平？
(4) 你对实验有哪些建议？

电子示波器原理与使用

一、实验目的

(1) 了解示波器的原理、结构和性能；
(2) 学习示波器的使用方法；
(3) 掌握用示波器测量电信号的电压和频率的方法.

二、实验仪器

(通用设备简单列明，应写明仪器型号、规格和厂家，有些贵重仪器还要简单标注注意事项，并用括号括起来.)

××示波器(型号、规格和厂家)，函数信号发生器(型号、规格和厂家)等. 示波器和信号发生器的使用说明要先熟读和掌握.

三、实验原理及预习问题

(实验需主要掌握的原理：设计问题要求学生思考和推导，避免抄书，实验前应完成实验预习报告内容，预习成绩以预习报告完成情况进行打分，实验报告原理部分以此部分内容完成情况进行打分.)

(1) 简述电子示波器的构造和结构框图.
(2) 简述电子示波器显示 U-t 图形(即电压信号波形)的原理.
(3) 同步电路的原理和作用.
(4) 怎样用示波器测量交流电压信号的电压和频率？
(5) 待测信号输入电子示波器后，图形杂乱或不稳定，应如何调节才能使图形清晰和稳定?

(6) 若显示的图形总是向左运动，应怎样调节?

(7) 观察两个信号的合成李萨如图形时，应如何操作示波器?

(8) 用示波器观察周期为 0.2 ms 的正弦电压，若在荧光屏上显示三个完整而稳定的正弦波形，扫描电压的周期等于多少毫秒?

四、实验内容和数据处理

(1) 熟悉电子示波器、函数信号发生器的面板及使用方法.

(2) 利用电子示波器观察函数信号发生器输出 100 Hz、5 V 的正弦波，200 Hz、2 V 的方波，以及 50 Hz、2 V 的三角波的图形，调节旋钮使信号在示波器荧光屏上显示 2～3 个周期的波形，并画出此波形图.

(3) 用示波器测量函数信号发生器输出的电压正弦波信号的电压峰-峰值 $U_{P\text{-}P}$.

测量次数	1	2	3	4	5	6
$U_{P\text{-}P}$ 示值/V	1.5	5.0	10.8	15.3	17.5	20.0
电压衰减分度/(V/DIV)						
测量值 $U_{P\text{-}P}$/V						
有效值 U/V						

(4) 频率和周期的测量.

测量次数	1	2	3	4	5	6
函数信号发生器示值 f/Hz	20.0	243.0	540.0	864.0	1000.0	1300.0
扫描速率开关分度/(s/DIV)						
测量值 T/s						
频率 f/Hz						

(5) 利用李萨如图形测量频率(将函数信号发生器背面的 OUTPUT 接入 CH2 输入，前面的正弦电压信号输出接入 CH1 输入).

测量次数	1	2	3	4	5	6
X、Y轴的切点数之比	1 : 1	1 : 2	2 : 1	2 : 3	3 : 1	3 : 2
A路的频率f_x/Hz(示值)						
B路的频率f_y/Hz						

注意事项：①荧光屏上的光点(扫描线)不可调得过亮，并且不可将光点(或亮线)固定在屏幕上某一点时间太久，以免损坏荧光屏；②电子示波器和信号发生器上的所有开关及旋钮都有一定的调节限度，调节时不能用力太猛；③双踪示波器的两路输入端 CH1 和 CH2 有一公共接地端，同时使用 CH1 和 CH2 时，接线时应防止将外电路短路.

五、实验小结和体会

(1) 本次实验体会最深的是什么?

(2) 思考示波器和其他电子测量仪器(如电压表、频率计)的区别.

(3) 思考示波器能用在哪些方面.

(4) 你对实验有哪些建议?

等厚干涉现象与应用

一、实验目的

(1) 理解牛顿环和等厚干涉条纹的形成原因及特点；

(2) 学习用等厚干涉法测量透镜的曲率半径；

(3) 掌握读数显微镜的调整和使用；

(4) 学会用逐差法处理实验数据.

二、实验仪器

(通用设备简单列明，应写明仪器型号、规格和厂家，有些贵重仪器还要简单标注注意事项，并用括号括起来.)

三、实验原理及预习问题

(实验需主要掌握的原理：设计问题要求学生思考和推导，避免抄书，实验报告原理部分以此部分内容完成情况进行打分.)

(1) 简述牛顿环的构造以及形成干涉条纹的原因和特点.

(2) 什么是半波损失？在怎样的情况下才会存在半波损失？(查阅课外相关资料)

(3) 简单推导干涉条纹的暗纹的半径与透镜曲率和光的波长之间的关系.

(4) 简述利用逐差法如何消除由干涉环的级数和中心位置不易确定造成的困难(用公式说明).

(5) 简述测量显微镜的使用步骤和注意事项.

四、实验内容和步骤

(实验内容：用十一线电势差计测量干电池的电动势和内阻，写出具体步骤.)

五、数据记录和数据处理

(注意：要求设计出实验数据记录表，原始数据记录不得用铅笔填写，不得大量涂改，实验完成后必须由指导教师签字.)

六、实验小结和体会

(1) 本次实验体会最深的是什么？

(2) 牛顿环干涉条纹是怎样形成的？

(3) 在使用测量显微镜测量数据的过程中，为什么不能反向转动测量显微镜的测微鼓轮？

附录 2　基本测量数据记录和处理举例

1. 圆柱体密度的测量的数据记录和数据处理

表 1　圆柱体直径和高的测量数据表

游标卡尺规格 0-125 mm　误差限 $\Delta_{卡}$ = 0.02 mm　零点读数 0.00 mm

测量次数 i	1	2	3	4	5	6
d_i / mm	19.92	19.94	19.90	19.96	19.90	19.88
h_i / mm	32.08	32.04	32.06	32.04	32.04	32.06

用物理天平测量圆柱的质量为(单次测量) m = 78.65 g，误差限 $\Delta_{天平}$ = 0.05 g.

根据公式 $\overline{x}=\frac{1}{n}\sum_{i=1}^{n}x_i$ 和 $s(\overline{x})=\sqrt{\frac{\sum_{i=1}^{n}(x_i-\overline{x})^2}{n(n-1)}}$，使用电子计算器计算

$$\overline{d}=19.917\text{ mm},\qquad s(\overline{d})=0.0120\text{ mm}$$

$$\overline{h}=32.053\text{ mm},\qquad s(\overline{h})=0.0067\text{ mm}$$

圆柱的密度：$\bar{\rho}=\dfrac{4m}{\pi\bar{d}^2\bar{h}}=7.8798\times10^3\ (\text{kg}\cdot\text{m}^{-3})$(有效数字可多保留几位)

标准不确定度计算：

对 d：A 类不确定度　$u_A(d)=s(\bar{d})=0.0120\ \text{mm}$

B 类不确定度　$u_B(d)=\Delta_卡/\sqrt{3}=0.0115\ \text{mm}$

合成不确定度　$u_C(d)=\sqrt{u_A^2(d)+u_B^2(d)}=0.0166\ \text{mm}$

对 h：A 类不确定度　$u_A(h)=s(\bar{h})=0.0067\ \text{mm}$

B 类不确定度　$u_B(h)=\Delta_卡/\sqrt{3}=0.0115\ \text{mm}$

合成不确定度　$u_C(h)=\sqrt{u_A^2(h)+u_B^2(h)}=0.0133\ \text{mm}$

对 m: B 类不确定度　$u_B(m)=\Delta_{天平}/\sqrt{3}=0.0289\ \text{g}$(单次测量只算 B 类不确定度)

ρ 的合成不确定度：

$$u_C(\rho)=\sqrt{\left(\frac{\partial\rho}{\partial d}\right)^2u_C^2(d)+\left(\frac{\partial\rho}{\partial h}\right)^2u_C^2(h)+\left(\frac{\partial\rho}{\partial m}\right)^2u_B^2(m)}$$

$$=\bar{\rho}\sqrt{2^2\cdot\frac{u_C^2(d)}{d^2}+\frac{u_C^2(h)}{h^2}+\frac{u_B^2(m)}{m^2}}$$

$$=13.8\ \text{kg}\cdot\text{m}^{-3}$$

测量结果为

$$\rho=\bar{\rho}\pm u_C(\rho)=(7.880\pm0.014)\ \text{g}\cdot\text{cm}^{-3}$$

注意：标准不确定度首位为 1 时，有效数字取两位，其他情况取一位. 最近真值即“±”符号前的数值. 小数点后的位数与不确定度的位数必须对齐.

2. 钢球密度的测量的数据记录和数据处理

表 2　钢球直径的测量数据表

螺旋测微器规格__0-25__ mm　误差限 $\Delta_千$ = __0.005__mm　零点读数__0.005__mm

测量次数 i	1	2	3	4	5	6
d_i / cm	16.251	16.262	16.261	16.258	16.254	16.263

用物理天平测量钢球的质量为(单次测量) m = __17.65__ g，误差限 $\Delta_{天平}$ = __0.05__ g.

$$\bar{d}=16.2532\ \text{mm}\qquad s(\bar{d})=0.00196\ \text{mm}$$

钢球的密度：　$\bar{\rho}=\dfrac{6m}{\pi\bar{d}^3}=7.8511\times10^3\ \text{kg}\cdot\text{m}^{-3}$

标准不确定度计算：

对 d：A 类不确定度　$u_A(d) = s(\overline{d}) = 0.00196\ \text{mm}$

B 类不确定度　$u_B(d) = \Delta_{千}/\sqrt{3} = 0.00289\ \text{mm}$

合成不确定度　$u_C(d) = \sqrt{u_A^2(d) + u_B^2(d)} = 0.00349\ \text{mm}$

对 m：B 类不确定度　$u_B(m) = \Delta_{天平}/\sqrt{3} = 0.0289\ \text{g}$

ρ 的合成不确定度：

$$u_C(\rho) = \overline{\rho}\sqrt{3^2 \cdot \frac{u_C^2(d)}{d^2} + \frac{u_B^2(m)}{m^2}} = 13.8\ \text{kg} \cdot \text{m}^{-3}$$

测量结果为

$$\rho = \overline{\rho} \pm u_C(\rho) = (7.851 \pm 0.014)\text{g} \cdot \text{cm}^{-3}$$

附录 3　物理常数表

表 1　固体的密度　　(单位：g · cm^{-3})

物质	密度	物质	密度	物质	密度
银	10.492	铅锡合金(7)	10.6	软木	0.22～0.26
金	19.3	磷青铜(8)	8.8	电木板(纸层)	1.32～1.40
铝	2.70	不锈钢(9)	7.91	纸	0.7～1.1
铁	7.86	花岗岩	2.6～2.7	石蜡	0.87～0.94
铜	8.933	大理石	1.52～2.86	蜂蜡	0.96
镍	8.85	玛瑙	2.5～2.8	煤	1.2～1.7
钴	8.71	熔融石英	2.2	石板	2.7～2.9
铬	7.14	玻璃(普通)	2.4～2.6	橡胶	0.91～0.96
铅	11.342	玻璃(冕牌)	2.2～2.6	硬橡胶	1.1～1.4
锡(白、四方)	7.29	玻璃(火石)	2.8～4.5	丙烯树脂	1.182
锌	7.12	瓷器	2.0～2.6	尼龙	1.11
黄铜(1)	8.5～8.7	砂	1.4～1.7	聚乙烯	0.90
青铜(2)	8.78	砖	1.2～2.2	聚苯乙烯	1.056
康铜(3)	8.88	混凝土(10)	2.4	聚氯乙烯	1.2～1.6
硬铝(4)	2.79	沥青	1.04～1.40	冰(0℃)	0.917
德银(5)	8.30	松木	0.52		
殷钢(6)	8.0	竹	0.31～0.40		

注：(1)Cu70%，Zn30%；(2)Cu90%，Sn10%；(3)Cu60%，Ni40%；(4)Cu4%，Mg0.5%，Mn0.5%，其余为 Al；(5)Cu26.3%，Zn36.6%，Ni36.8%；(6)Fe63.8%，Ni36%，C0.2%；(7)Pb87.5%，Sn12.5%；(8)Cu79.7%，Sn10%，Sb9.5%，P0.8%；(9)Cr18%，Ni8%，Fe74%；(10)水泥 1 份，砂 2 份，碎石 4 份.

表 2　液体的密度　　(单位：g · cm^{-3})

物质	密度	物质	密度	物质	密度
丙酮	0.791*	甘油	1.261*	松节油	0.87
乙醇	0.7893*	甲苯	0.8668*	蓖麻油	0.96～0.97
甲醇	0.7913*	重水	1.105*	海水	1.01～1.05
苯	0.8790*	汽油	0.66～0.75	牛乳	1.03～1.04
三氯甲烷	1.489*	柴油	0.85～0.90		

注：标有“*”记号者为 20℃.

表 3　水的密度　　(单位：g · cm^{-3})

温度	0	1	2	3	4	5	6	7	8	9
0℃	0.999 87	0.999 90	0.999 94	0.999 96	0.999 97	0.999 96	0.999 94	0.999 91	0.999 88	0.999 81
10℃	0.999 73	0.999 63	0.999 52	0.999 40	0.999 27	0.999 13	0.998 97	0.998 80	0.998 62	0.998 43
20℃	0.998 23	0.998 02	0.997 80	0.997 57	0.997 33	0.997 06	0.996 81	0.996 54	0.996 26	0.995 97
30℃	0.995 68	0.995 37	0.995 05	0.994 73	0.994 40	0.994 06	0.993 71	0.993 36	0.992 99	0.992 62
40℃	0.992 2	0.991 9	0.991 5	0.991 1	0.990 7	0.990 2	0.989 8	0.989 4	0.989 0	0.988 5
50℃	0.988 1	0.987 6	0.987 2	0.986 7	0.986 2	0.985 7	0.985 3	0.984 8	0.984 3	0.983 8
60℃	0.983 2	0.982 7	0.982 2	0.981 7	0.981 1	0.980 6	0.980 1	0.979 5	0.978 9	0.978 4
70℃	0.977 8	0.977 2	0.976 7	0.976 1	0.975 5	0.974 9	0.974 3	0.973 7	0.973 1	0.972 5
80℃	0.971 8	0.971 2	0.970 6	0.969 9	0.969 3	0.968 7	0.968 0	0.967 3	0.966 7	0.966 0
90℃	0.965 3	0.964 7	0.964 0	0.963 3	0.962 6	0.961 9	0.961 2	0.960 5	0.959 8	0.959 1
100℃	0.958 4	0.955 7	0.956 9							

表 4　空气的密度　　(单位：kg · m^{-3})

温度/℃ \ 压强/kPa	95.99	97.33	98.66	99.99	101.33	102.66	103.99
0	1.225	1.242	1.259	1.276	1.293	1.310	1.327
4	1.207	1.224	1.241	1.258	1.274	1.291	1.308
8	1.190	1.207	1.223	1.240	1.256	1.273	1.289
12	1.173	1.190	1.206	1.222	1.238	1.255	1.271
16	1.157	1.173	1.189	1.205	1.221	1.237	1.253
20	1.141	1.157	1.173	1.189	1.205	1.220	1.236
24	1.126	1.141	1.157	1.173	1.188	1.204	1.220
28	1.111	1.126	1.142	1.157	1.173	1.188	1.203

注：大气压强降低 1.333 kPa 时空气密度减小约 0.016 kg · m^{-3}.

表 5　液体的表面张力

物质	水					水银	乙醇	甲醇	乙醚	甘油
接触气体	空气	空气	空气	空气	空气	空气	空气	空气	蒸气	空气
温度/℃	10	30	50	70	100	15	20	20	20	20
表面张力 $/(\times10^{-3}\mathrm{N\cdot m^{-1}})$	74.22	71.18	67.91	64.4	58.9	487	22.3	22.6	16.5	63.4

表 6　海平面上不同纬度处的重力加速度　　(单位：$\mathrm{m\cdot s^{-2}}$)

纬度 φ	g	纬度 φ	g	纬度 φ	g
0°	9.780 490	45°	9.806 294	90°	9.832 216
5°	9.780 881	50°	9.810 786	西安 34°16′	9.79684 计算
10°	9.782 043	55°	9.815 146		9.7965 理论
15°	9.783 940	60°	9.819 239	延安 36°36′	9.79608 计算
20°	9.786 517	65°	9.822 941		9.7955 理论
25°	9.789 694	70°	9.826 135	北京 39°56′	9.801 22
30°	9.793 378	75°	9.828 734	上海 31°12′	9.794 36
35°	9.797 455	80°	9.830 647	杭州 29°11′	9.793 57
40°	9.801 805	85°	9.831 819		

注：①表中所列数字是根据公式 $g=9.780\,490\,00\times(1+0.005\,288\,4\sin^2\varphi-0.000\,005\,9\sin^2 2\varphi)$ 算出的. 其中，φ 为纬度.

②重力加速度与海拔 h 的关系可以近似地表示为 $g_h=g-0.000\,002\,860\,h$，式中，h 为海拔(单位为 m，$h\leqslant 40\,000\ \mathrm{m}$)；$g_h$ 为海拔 h 处的重力加速度(单位为 $\mathrm{m\cdot s^{-2}}$).

表 7　液体的黏度　　(单位：Pa · s)

温度	水 $/(\times10^{-4})$	水银 $/(\times10^{-4})$	乙醇 $/(\times10^{-4})$	氯苯 $/(\times10^{-4})$	苯 $/(\times10^{-4})$	四氯化碳 $/(\times10^{-4})$	甘油
0℃	17.94	16.85	18.43	10.56	9.12	13.5	12.1
10℃	13.10	16.15	15.25	9.15	7.58	11.3	3.95
20℃	10.09	15.54	12.0	8.02	6.52	9.7	1.499
30℃	8.00	14.99	9.91	7.09	5.64	8.4	
40℃	6.54	14.50	8.29	6.35	5.03	7.4	
50℃	5.49	14.07	7.06	5.74	4.42	6.5	
60℃	4.70	13.67	5.91	5.20	3.91	5.9	
70℃	4.07	13.31	5.03	4.76	3.54	5.2	
80℃	3.57	12.98	4.35	4.38	3.23	4.7	
90℃	3.17	12.68	3.76	3.97	2.86	4.3	
100℃	2.84	12.40	3.25	3.67	2.61	3.9	

表 8　固体中的声速(沿棒传播的纵波)　(单位：$m \cdot s^{-1}$)

固体	声速	固体	声速	固体	声速
铝	5000	莫涅尔合金	4 400	硼硅酸玻璃	5170
黄铜(Cu_7O，Zn_3O)	3480	镍	4 900	重硅钾铅玻璃	3720
铜	3750	铂	2 800	轻氯铜银冕玻璃	4540
硬铝	5150	不锈钢	5 000	丙烯树脂	1840
金	2030	锡	2 730	尼龙	1800
电解铁	5120	钨	4 320	聚乙烯	920
铅	1210	锌	3 850	聚苯乙烯	2240
镁	4940	银	2 680	熔融石英	5760

表 9　液体中的声速(在 20 ℃下)　(单位：$m \cdot s^{-1}$)

液体	声速	液体	声速	液体	声速
CCl_4	935	$CHCl_3$	1002.5	CS_2	1158.0
C_6H_6	1324	C_6H_5Cl	1284.5	H_2O	1482.9
$CHBr_3$	928	$C_3H_8O_3$(甘油)	1923	Hg	1451.0
$C_6H_5CH_3$	1327.5	CH_3OH	1121	NaCl 4.8%水溶液	1542
CH_3COCH_3	1190	C_2H_5OH	1168		

表 10　气体中的声速(在 101 325 Pa，0 ℃下)　(单位：$m \cdot s^{-1}$)

气体	声速	气体	声速	气体	声速
空气	331.45	CS_2	189	NO	325
Ar	319	Cl_2	205.3	N_2O	261.8
CH_4	432	H_2	1 269.5	Ne	435
C_2H_4	314	He	970	O_2	317.2
CO	337.1	N_2	337	H_2O(水蒸气)(100 ℃)	404.8
CO_2	258.0	NH_3	415		

表 11　液体的折射率($\lambda = 589.3$ nm)

物质名称	温度/℃	折射率	物质名称	温度/℃	折射率
水	20	1.333 0	三氯甲烷	20	1.446 0
乙醇	20	1.361 4	甘油	20	1.474 0
甲醇	20	1.328 8	加拿大树胶	20	1.530 0
乙醚	22	1.351 0	苯	20	1.501 1
丙酮	20	1.359 1	α-溴代萘	20	1.658 2
二硫化碳	18	1.625 5			

表 12　晶体和玻璃的折射率($\lambda = 589.3$ nm)

物质名称	折射率	物质名称	折射率	物质名称	折射率
熔凝石英	1.458 43	冕玻璃 K_6	1.511 10	重火石玻璃 ZF_1	1.647 50
氯化钠	1.544 27	冕玻璃 K_9	1.516 30	重火石玻璃 ZF_6	1.755 00
氯化钾	1.490 44	重冕玻璃 ZK_8	1.614 00	钡火石玻璃 BaF_8	1.625 90
萤石 CaF_2	1.433 81	火石玻璃 F_8	1.605 51	重钡火石玻璃 $ZBaF_3$	1.656 80

表 13　钠灯光谱线波长

颜色	波长/nm	相对强度
黄	588.99	强
黄	589.59	强

表 14　固体的线膨胀系数

物　质	温度/℃	线膨胀系数/($\times10^{-6}$ ℃ $^{-1}$)
铝	27	23.2
铁	27	11.7
铜	0～100	17
黄铜	0～100	19
熔凝石英		0.42

表 15　酒精在不同温度下的黏滞系数 η 和密度 ρ 值

温度 θ /℃	黏滞系数 η /($\times10^{-7}$ Pa · s)	密度 ρ /(kg · m $^{-3}$)	温度 θ /℃	黏滞系数 η /($\times10^{-7}$ Pa · s)	密度 ρ /(kg · m $^{-3}$)
21	11684	788.60	31	9708	780.12
22	11463	787.75	32	9536	779.27
23	11249	786.91	33	9368	778.41
24	11039	786.06	34	9204	777.56
25	10835	785.22	35	9044	776.71
26	10635	784.37	36	8888	775.85
27	10441	783.52	37	8735	775.00
28	10251	782.67	38	8586	774.14
29	10066	781.82	39	8440	773.29
30	9885	780.97	40	8298	772.43

表 16　水在各种温度下的黏滞系数η和密度ρ值

温度 θ /℃	黏滞系数η /($\times10^{-7}$Pa · s)	密度ρ /(kg · m^{-3})	温度 θ /℃	黏滞系数η /($\times10^{-7}$Pa · s)	密度ρ /(kg · m^{-3})
21	9810	998.02	31	7840	995.37
22	9579	997.80	32	7679	995.05
23	9358	997.56	33	7523	994.73
24	9142	997.32	34	7371	994.40
25	8937	997.07	35	7225	994.06
26	8737	996.81	36	7085	993.71
27	8545	996.54	37	6947	993.36
28	8360	996.26	38	6814	992.99
29	8180	995.97	39	6685	992.62
30	8007	995.67	40	6560	992.24

附录 4　实验数据记录表

"基础物理实验"数据记录表

学号：__________ 姓名：__________ 班级：__________ 实验日期：________

实验一　基础物理实验训练(误差及基本测量)

1. 圆柱体密度的测量的数据记录(用游标卡尺测量)

表 1　圆柱体直径和高的测量数据表

误差限 $\varDelta_{卡}$ = __________　　零点读数__________mm

测量次数 i	1	2	3	4	5	6
d_i / mm						
h_i / mm						

用物理天平测量圆柱的质量为(单次测量) m = __________ g，误差限 $\varDelta_{天平}$ = __________ g.

2. 钢球密度的测量的数据记录(用螺旋测微器测量)

表 2　钢球直径的测量数据表

误差限 $\Delta_{千}$ = ________　　零点读数________mm

测量次数 i	1	2	3	4	5	6
d_i / mm						

用物理天平测量钢球的质量为(单次测量) m = ________ g，误差限 $\Delta_{天平}$ = ________ g.

实验报告和数据处理要求：按照误差理论有关知识，在实验报告中规范处理实验数据，学会实验报告的书写.

指导教师签字(盖章)：

年　　月　　日